冶金工业出版社

普通高等教育“十四五”规划教材

烧结球团设计原理

主　编　钱功明
副主编　杨　福

北　京
冶　金　工　业　出　版　社
2025

内 容 提 要

本书系统介绍了烧结球团设计的基本知识、设计方法和思路，详细阐述了烧结球团设计内容及过程、工艺设计规范及要求、烧结球团工艺过程计算、烧结球团车间布置及设备配置、烧结球团的技术经济指标等内容，并对近年来烧结球团设计及应用中的新技术、新工艺和新设备进行了介绍。

本书可作为高等院校矿物加工工程专业本科生教学用书，也可供有关科研院所、生产企业的科研、设计及工程技术人员参考。

图书在版编目(CIP)数据

烧结球团设计原理／钱功明主编. -- 北京：冶金工业出版社，2025. 4. --（普通高等教育“十四五”规划教材）. -- ISBN 978-7-5240-0122-5

Ⅰ. TF046. 6

中国国家版本馆 CIP 数据核字第 2025F0J237 号

烧结球团设计原理

出版发行	冶金工业出版社	**电　　话**	(010)64027926
地　　址	北京市东城区嵩祝院北巷 39 号	**邮　　编**	100009
网　　址	www. mip1953. com	**电子信箱**	service@ mip1953. com

责任编辑　高　珊　美术编辑　吕欣童　版式设计　郑小利

责任校对　梁江凤　责任印制　范天娇

北京印刷集团有限责任公司印刷

2025 年 4 月第 1 版，2025 年 4 月第 1 次印刷

787mm×1092mm　1/16；14 印张；335 千字；214 页

定价 39. 00 元

投稿电话　(010)64027932　投稿信箱　tougao@ cnmip. com. cn

营销中心电话　(010)64044283

冶金工业出版社天猫旗舰店　yjgycbs. tmall. com

（本书如有印装质量问题，本社营销中心负责退换）

前　言

近年来，随着国家“节能降耗”“双碳”目标等重大政策实施和推进，钢铁工业技术快速进步，企业生产沿着高效、低耗、绿色、智慧的方向纵深快速发展。烧结球团作为钢铁工业炼铁炉料主要生产工艺也取得了长足的进步，设备大型化、资源多样化、技术先进、自动化水平高等特征明显，相应的国家设计标准、行业规范进行了持续调整更新，这对工艺设计提出了更高要求。同时产业转型升级对学生处理复杂工程问题的综合能力、可持续发展、全生命周期、创新创造能力等方面的知识、能力和素质提出更高要求，教材需要打破原有学科专业壁垒，丰富内容，使其成为符合时代发展的知识载体。因此，编写“扎根中国大地，立足现代教育，面向现有工程，着眼未来工厂”的烧结球团厂设计教材，符合当前高等教育发展需要，是真正满足“教有所需，学有所用”的教学资源。

本书在参考有关著作、教材及相关文献资料的基础上，结合编者在教学、生产实践中的经验和应用体会编写而成。全书对烧结球团的相关设计原理和设计方法进行了较全面的总结和阐述，对当今成熟的设计思想和方法进行了较详细的介绍，重点对烧结球团工艺选择与计算、设备选型与配置、厂房布置作了介绍。本书的特色主要有两点：一是实用性强，为了增强学生的计算思维，应用实际生产数据介绍了生产过程计算示例，并提供了复习思考题供学习训练；二是逻辑系统性强，根据烧结球团设计程序确定顺序，内容循序渐进。

本书由武汉科技大学钱功明担任主编，杨福担任副主编，中冶南方武钢设计院徐作行、武汉科技大学研究生舒思颖等参与了编写及校阅工作。杨福参加了全书的编写和修改审核工作，全书最后由钱功明统稿和审定。

本书在编写过程中，得到了武汉科技大学及各位专家的支持和帮助，在此，深表谢意，同时对参考文献的有关作者诚表感谢。

由于编者水平所限，书中不妥之处，敬请读者批评指正。

编　者

2024 年 12 月于武汉

目　录

1 概　论

1.1 造块工程设计的意义及内容

目前人造块状原料的生产方法主要有三种，即烧结法（sintering）、球团法（pelletizing）和压团法（briquetting），统称为造块（agglomeration）。在冶金工业中，造块，尤其是烧结和球团两大方法，对促进钢铁工业发展起着举足轻重的作用：（1）充分利用资源并扩大了其利用范围，如富铁粉矿和贫矿经分选得到的精矿皆须通过造块后才有可能利用；（2）冶炼厂含有用成分高的废料、尘泥和渣，在造块中掺和使用或单独使用，使工厂环境质量提高，综合利用了资源；（3）经造块的产品物理性能和冶金性能改善，强化了下一步工序的使用效果，并使之获得最佳的生产产品质量，取得最大的经济效益，促进国民经济的发展。

我国冶金造块技术发展历经了“引进消化—吸收改进—创新超越”的过程。特别是进入21世纪以来，我国不仅要求造块生产本身高效、清洁、低耗，而且对造块产品质量提出了更高的要求，如理想的化学成分、严格的粒度组成和优良的冶金性能等。同时，由于我国冶金资源对外依存度高、优质铁矿原料短缺，使得造块生产不仅要能利用磁铁矿、赤铁矿等传统原料，还必须尽可能多地利用褐铁矿、镜铁矿、复杂共生铁矿和钢铁、有色冶金、化工及相关企业的含铁二次资源。基于此，我国的广大造块工作者努力开拓创新，深入探索研究，不断开发含铁资源高效清洁造块的新技术、新工艺，保证了钢铁冶炼优质原料的供给。目前，我国不仅钢铁产量遥遥领先世界其他国家，产品质量和技术水平也取得长足进步。

工程设计是人们运用科技知识和方法，有目标地创造工程产品构思和计划的过程，几乎涉及人类活动的全部领域。虽然工程设计的费用往往只占最终产品成本的一小部分（8%~15%），然而它对产品的先进性和竞争能力却起着决定性的影响，并往往决定70%~80%的制造成本和营销服务成本。所以说，工程设计是现代社会工业文明最重要的支柱，是工业创新的核心环节，也是现代社会生产力的龙头。工程设计的水平和能力是一个国家和地区工业创新能力和竞争能力的决定性因素之一。

对工程项目的建设提供有技术依据的设计文件和图纸，是建设项目进行整体规划、体现具体实施意图的重要过程，是科学技术转化为生产力的纽带。同时，也是处理技术与经济关系的关键性环节，是确定与控制工程造价的重点阶段。设计是否经济合理，对工程建设项目造价的确定与控制具有十分重要的意义。

一个设计优良的烧结厂或球团厂，不仅可以保证生产的正常运行，而且能够确保产品的质量，具有重要的社会效益和经济效益。

烧结球团设计的基本内容是根据矿石特性和烧结或球团试验研究结果：（1）确定合

理的工艺流程；（2）选择合理的工艺设备，进行合理的设备配置；（3）规划合适的厂房结构；（4）配备必要的劳动定员等，以满足烧结厂或球团厂正常生产的需要；（5）综合考虑安全环保、职业卫生和可持续发展等因素。

烧结厂或球团厂设计的目的是为钢铁厂加工各种含铁原料，生产出优质高炉炉料，做到技术先进、经济合理、安全适用，争取最优的经济效益。

烧结厂或球团厂设计要遵循以下原则：（1）设计方案要符合有关现行国家标准和行业标准，如《烧结厂设计规范》(GB 50408—2015)，《铁矿球团工程设计标准》(GB/T 50491—2018)，《高炉炼铁工程设计规范》(GB 50427—2015）等；（2）设计选用的技术方案要具有合理性、可靠性、完善性和一定的先进性；（3）设计选用的设备应符合通用化、标准化，便于岗位维护，设备配置应力求紧凑合理；（4）严格执行环境保护政策，从源头控制污染物的产生，对生产过程中产生的废弃物进行减量化、资源化和无害化处理处置，以达到社会效益、经济效益和环境效益的和谐统一。

1.2　烧结球团设计的工作步骤及内容

烧结球团设计是在工程项目总设计师的组织下，以烧结与球团工艺专业为主体，其他相关专业相辅助（总图、通风、水道、电力、自动化、环保、通信、矿机、土建、技经工经、工业炉、机修等)，共同完成的整体设计。

设计过程中要全面考虑建厂和生产的问题，包括：（1）厂址选择和总体布局；（2）生产工艺的选择；（3）原料、材料、燃料、水、动力及劳动力的来源和供应；（4）电气自动化水平；（5）计量、检验、化验及试验；（6）设备检修及检修装备；（7）成品销售；（8）原料与产品运输；（9）环境保护、安全与工业卫生；（10）住宅和福利设施；（11）厂房建筑和施工等。

设计分为三个阶段：设计前期阶段、设计阶段、配合施工及试生产阶段。

1.2.1　设计前期阶段

设计前期阶段工作内容包括编制企业建设规划、项目建议书、项目可行性研究报告（原料、地址、经费等)、设计任务书、厂址选择报告等文件报告；制定入厂原料条件和产品质量指标；提出烧结（球团）试验要求，参加试验，审查试验报告，参与制定有关协议，收集资料等。

1.2.1.1　企业建设规划

编制企业建设规划的目的是为国家、地区、部门的规划提供项目建议书，为可行性研究提供依据。主要任务是初步提出烧结厂或球团厂的建设规模、服务年限、原则流程、产品方案，初步估算建设投资，初步评价建厂经济效益等。对于新建厂，包括：（1）原料、燃料及主要辅助材料的供应情况（基地）、运输情况（条件、方式）；（2）建厂地区的交通状况（水运、铁路和公路等运输情况）；（3）水（生产、生活水源）、电供应情况；（4）建厂地区的地形地貌及地质构造，地下水文情况及历史上的洪水水位标高、地震烈度等；（5）烧结厂或球团厂的建设规模；（6）投资粗略概算；（7）附图，工艺流程图和总平面布置图等。对于扩建厂，除上述内容外，还应增加以下内容：（1）生产现状，改、扩建理由；（2）现有的生产指标；（3）已有设备数量、已有投资及现有职工定员等主要经济指标。

1.2.1.2 项目建议书

编制项目建议书的主要目的是为项目初步决策提供依据。凡拟列入长期计划或建设前期计划的项目，都应编制项目建议书。建议书的主要任务是在企业建设规划的基础上，通过调查研究，对拟建项目的主要原则问题（如市场需求、资源情况、外部条件、产品方案、建设规模、基建投资、建设效果、存在问题等）作出初步论证和评价，据此说明项目提出的必要性和依据。建议书中的内容包括以下内容。

（1）项目名称、主办单位及负责人。

（2）项目内容及申请理由。项目内容要说明建议项目的技术名称、内容及国内外技术差距和概要情况。如为进口设备要说明拟进口的理由，概要的生产工艺流程和生产条件，主要设备名称、规格、数量；进口国家及厂商名称（外文全称要写全）。

（3）承办企业基本情况。说明工厂是新建、改建或扩建，建设规模、产品方案、工厂地点及其他基本情况。

（4）产品名称。简要规格及其销售方式（国内销售还是出口外销）。

（5）主要原材料、电力、燃料、熔剂、交通运输及协作配套等方面的近期情况和今后的要求。

（6）项目资金估算及来源。项目的外汇额，外汇资金的来源，国内费用的估计与来源。

（7）项目的进展安排。

（8）初步的技术、经济分析。

（9）邀请外商来华技术交流计划及出国考察计划等。

1.2.1.3 项目可行性研究报告

项目可行性研究报告的目的是为投资决策提供依据。其任务是：对拟建项目的技术、工程、经济指标进行深入细致的调查研究、全面分析和多方案比较，从而对拟建项目是否应该建设，以及如何建设作出论证和评价。可行性研究按其研究的内容范围和深度不同，通常分为投资机会研究、初步可行性研究、详细可行性研究三个主要阶段：

（1）投资机会研究，其投资和成本的估算允许误差可达±30%；

（2）初步可行性研究，其投资和成本的估算误差约为±20%；

（3）详细可行性研究（最终可行性研究，简称可行性研究），其投资和成本的估算允许误差在±10%以内，它是投资决策前的一个关键步骤。

报告内容主要是对以下几方面在工程技术、经济上是否合理、可行进行全面分析和论证，做到多方案比较，提出评价。

（1）产业化基础及分析：编制可行性研究报告的依据；项目提出的背景和必要性（改、扩建项目要说明企业现有概况），投资的经济意义；国内外技术发展现状和趋势；项目技术来源、技术先进性和成熟性；产业化前期工作和现有支撑条件；产业化带动分析（产业化主导产品的优势、带动的相关技术与产品）；项目单位基本状况等。

（2）市场预测分析：需求预测；产品市场占有率分析。

（3）建设规模和进度：建设内容和实施方案；建设规模；产品方案和主要产品技术、

经济指标；建设时间、进度。

（4）资源、原材料、燃料及公用设施情况：根据地质报告、矿产储量及地质勘探资料，矿石选矿试验报告等有关资料，阐明原料、辅助原料及燃料的储量、品级、化学成分及开采利用条件；所需公用设施的数量、供应方式和供应条件。

（5）建厂地点、自然条件：厂址的地理位置，气象、水文、地质、地形条件和社会经济现状；交通、运输、通信及供水、供电和供气的现状及发展趋势；厂址比较与选择意见。

（6）工艺技术和设备的设计方案：项目的构成（指包括的单项工程），主要技术工艺和设备选型方案的比较，引进技术、设备的来源国别、主要设备的国内外分工制造或与外商合作制造的设想。改、扩建项目时，说明对原有固定资产的利用情况；工艺流程和消耗定额；全厂布置方案和土建工程量估算；公用辅助设施和厂内外交通运输方式；采暖、通风及空调方案；生产自动化水平、厂房生产标准及特殊要求。

（7）环境保护、劳动安全保护及消防：污染源、污染物及环保措施（三废治理方案）；原材料及产品的安全性能及安全防护措施；劳动保护、消防措施。

（8）企业组织机构，劳动定员和人员培训（估算数）。

（9）项目经费：资金总投入（包括主体工程和协作配套工程）；生产流动资金的估算；资金来源、筹措方式，用资计划、用汇计划的可行性；资金偿还、投资回收计划及相应措施。

（10）财务评价：产品成本估算；投资达产进度；销售和利润估算；财务评价指标的计算与分析；财务评价结论。

（11）风险分析及结论：技术、产品风险分析；经济风险分析。

（12）附表、附图。

1）附表：项目主要内容一览表；主要设备选型表；原材料、燃料、动力消耗供应表；项目进度、年度计划实施表；固定资产投资分析估算表；投资计划与资金筹措表。

2）附图：烧结厂总平面图；工艺流程图；车间配置图；全厂建筑物平、剖面图等。

1.2.1.4 设计任务书

所有新建、改建、扩建项目在编制初步设计之前，都要编制设计任务书。它是编制初步设计文件的主要依据。

设计任务书编制有两种情况：一种是拟建项目经过了可行性研究阶段。这时的设计任务书由上级主管部门对可行性研究报告审查批准，并对工程建设的主要原则问题（如规模、产品方案、流程、投资、建设进度、水电供应等）进行批复，其批复文件就是设计任务书。另一种是拟建项目未经可行性研究，设计任务是在项目建议书（甚至企业建设规划）基础上进行编制的。这种编制又有两种方式：一种是由上级主管部门主持编制，设计单位参加；另一种是由上级主管部门委托设计单位代行编制，然后经审查批准，以上级正式下达的设计任务书为准。

设计任务书有正文和附件，正文是一些原则问题，附件是正文的详细说明，它的内容、深度和所需基础资料应与可行性研究报告一致。正文主要内容有：（1）建设规模、建厂地点；（2）建设原则（分期或一期建成）、建厂进度；（3）产品方案、产品销售；（4）原料供应方式；（5）投资估算；（6）生产流程、车间组成、主要工艺设备与设备水平的推荐意见；（7）资源、交通运输、供水、供电、机修和其他问题的简要说明。

设计任务书的下达标志着设计前期工作基本结束，设计条件基本具备，设计工作即将开展。因此，设计任务书编制必须慎重对待，认真研究。

1.2.1.5　烧结与球团试验

A　烧结试验

对一般常用含铁原料不要求进行烧结试验，可参考类似条件的试验及生产数据；对较复杂或尚无生产实践的含铁原料以及特殊的工艺流程必须进行烧结试验。一般的烧结工艺流程采用烧结杯装置进行烧结试验。对特别复杂的流程，如氯化烧结、脱砷、脱氟等试验，应在烧结杯试验基础上再进行半工业性试验，以取得可靠的设计和指导生产的数据。

试验内容包括：

（1）原料（含铁原料、熔剂、燃料）的物理化学性质；

（2）配比试验；

（3）碱度试验；

（4）水分、燃料试验；

（5）点火工艺参数（时间、温度、负压等）；

（6）烧结工艺参数（垂直烧结速度、负压等）；

（7）强化烧结过程（料高、生石灰、添加剂等）；

（8）烧结矿各项指标测定（化学成分、转鼓指数、落下强度、粒度组成、冶金性能、矿相）。

烧结试验报告的主要内容应包括下列各项：

（1）试验规模及其装置；

（2）试验方法及其步骤；

（3）原料、熔剂、燃料的物理化学性质；

（4）烧结试验的操作指标及烧结矿质量指标；

（5）合适的配料比和烧结矿碱度，混合料的适宜水分及固定碳含量，添加生石灰或消石灰对烧结的影响；

（6）有害杂质硫、砷、氟、铅、锡、锌等的除去率；

（7）其他特殊内容。

B　球团试验

球团厂设计前，一般都要进行实验室试验或工业模拟试验，内容包括：

（1）原料的物化性能分析；

（2）造球试验（生球质量指标），包括膨润土种类、用量，润磨工艺参数，造球工艺参数；

（3）预热、焙烧试验（成品球质量）；

（4）冶金性能、矿相检测。

1.2.2　设计阶段

一般情况包括初步设计和施工图设计。对于复杂、特大、新工艺、新任务包括三部分：初步设计、技术设计、施工图设计。

设计开始前，设计人员须深入现场进行周密调查，收集必要的原始资料，以选择符合客观实际的设计方案，做出比较正确的设计。

原始资料的收集一般应包括下列内容。

（1）计划任务书（设计前期阶段）：通过计划任务书了解建设目的，建厂规模及主机选型、产品方案、主要协作关系、建设进度、远景计划、计划投资估算及设计分工等。

（2）厂区工程地质资料：厂区及其重要建筑物占地范围内的地质构造，各层土壤的物理性质及地耐力，水文地质情况及最高洪水水位。

（3）地形图：收集建筑场地的地貌及地形现状，比例尺 1∶1000 或 1∶2000 的地形图，对改、扩建工程，还应收集现有建筑物、构筑物的测绘图和地下管网的竣工图等资料。

（4）气象、水源及地震资料：最冷最热月份的平均温度，最冷最热温度；冻结深度；导线结冰厚度；相对湿度；夏季通风、冬季采暖计算温度以及采暖期天数；主导风向、最大风速及风压值；年总降雨量，昼夜和小时最大降雨量；最大积雪深度和雪压值；年雾日数，地震的一般特征、地震等级、震中活动情况。

（5）有关协议书（或合同、文件等）：协议书包括用地协议；铁路运输及接轨协议；蒸汽、煤气、压缩空气的供应及机修协议；供电及供排水协议；输电线、通信线及地上地下管线与其他线路交叉协议；各种原料、燃料及成品矿供销数量及运输方式协议；资金筹措协议和其他有关协议。

（6）厂址选择报告及有关调查报告：厂址选择报告；建设地区的电力系统现状调查报告；建厂区域的综合调查报告；建厂地区的建筑材料及施工条件调查报告（包括地方建筑材料、国家调拨的主要建筑材料、施工部门的起重设备能力、预制或金属构件的制作和安装水平、预应力构件的制作施工能力，新技术的制作、施工能力等方面的调查内容）；如系改建、扩建工程，需有改建、扩建工程现状的全面调查报告。

（7）烧结或球团试验报告：包括全面的烧结或球团试验或部分工艺流程的试验报告。

1.2.2.1　初步设计

在收集完原始资料后，根据设计任务书规定的内容进行具体设计的工作步骤，包括详细的设计说明书、图纸（标注了数量和质量的流程图，反映车间布置和设备配置的平断面图）、设备表、概算表等。

A　烧结厂初步设计

对于烧结厂设计，设计的内容如下。

（1）总论：

1）概述、设计依据、设计原则、规模、工作制度、产品方案和服务年限等；

2）厂址选择特点（地理位置，交通，气象，水、电和气的供应等）；

3）生产规模与产品方案（烧结机面积、作业率、利用系数）；

4）设计中有关问题的说明（TFe、碱度、粒度、温度）。

（2）原料、熔剂和燃料条件，包括种类、产地、运输方式、物化特性等。

（3）工艺流程，工艺流程的选择与论证。

（4）生产过程计算，包括配料计算、物料平衡计算、热平衡计算和各工艺过程的物料平衡计算。

（5）主要工艺设备选择及计算。

（6）工艺设备配置和厂房布置。

（7）技术经济。

（8）环保、能源利用、电力、安全卫生、通风除尘、仪器与计算机、通信、给水排水、修理及仓库、土建等。

（9）附图、附表，有关设计的各种图纸是设计文件的重要组成部分，是编制工程概算的主要依据。图纸包括烧结厂总平面图，工艺流程数、质量图，设备连接系统图，车间配置图，建筑物平面布置图及断面图；车间平、断面图等。附图、附表的具体内容如下。

1）建筑物平面布置图及断面图：要求标注各车间建筑物轮廓尺寸、主要平台标高，并注明各建筑物名称。

2）工艺流程图：说明作业的名称及流程，标出混合料各组分及各组分之和、各工序产物之流向，最终产品的质量、粒度、分配量及流向，标出添加水及煤气数量。

3）设备连接系统图：按生产流程形象地表示出各生产设备之间的连接关系，表示出原料、成品、空气、废气流向、原料场、料堆、受料槽原料名称，主要设备的名称、型号、规格及数量。

4）车间配置图：标出该厂房的主要设备、规格和数量，标出车间内外部地坪标高、吊车轨面标高；矿槽断面注明物料名称、粒度、容重及矿槽有效容积。

5）附表：设备清单和材料清单；全厂组织机构及劳动定员；总成本概算，固定资产投资概算；原、燃料物化性质表，物料平衡表，配料槽储存一览表；1 t 烧结矿的配料组成；烧结矿化学成分表；主要技术经济指标。

B 球团厂初步设计

球团厂设计的主要内容深度及编写规定如下。

（1）总论：

1）概述、设计依据、设计原则、规模、工作制度、产品方案和服务年限等；

2）厂址选择特点（地理位置，交通，气象，水、电和气的供应等）；

3）生产规模与产品方案（年产量、作业率、利用系数）；

4）设计中有关问题的说明（TFe、粒度、温度等）。

（2）原料、黏结剂、燃料、熔剂及其他辅助材料，包括含铁原料品种、来源、年供给量、运入方式、化学成分、比表面积、湿度、烧损、堆比重、筛分粒度，煤气发热值、质量指标；使用煤作燃料时，应说明固定碳、挥发分、灰分及灰分熔点；采用链箅机-回转窑时，还要计算结圈参数和沉积参数；根据所选工艺对上述参数进行评价论述，择优选定；燃料品种、来源、年供应量、运输方式；石灰石、白云石、菱镁矿、膨润土、冶金添加剂、生石灰或消石灰的来源，年供给量及运进方式；各种物料的化学成分、粒度、湿度、烧损及堆比重；所采用添加剂的黏结性能、持水能力、热稳定性等。

（3）工艺流程计算及装备水平。球团工艺流程包括：原料的接受和储存；原料的混匀；铁精矿的干燥；熔剂与原料的准备；混合料的配料；混合机的形式及配置方式；造球；辊筛及不合格生球的破碎设施；干燥、预热、焙烧、冷却工艺的选定论述及成品检验。计算内容包括：配料计算，物料平衡计算，风流系统风量、风压等参数计算。论述工艺和设备上的革新及消化移植引进技术和自动控制水平。

（4）车间组成和主要设备选择计算，包括主要建筑物，如原料仓库、破碎筛分和磨矿、配料、混合、造球、焙烧、成品筛分等；主要设备有干燥机，混匀设施，堆取料机，抓斗起重机，强力混合机，各种破碎、磨碎机，造球机，焙烧设备，冷却机，各种工艺风机，除尘器等。

（5）附图、附表。附图包括建筑物平面布置图及断面图、工艺流程图、设备联系图、各车间配置图、风流系统平衡图等；附表包括设备、材料表，劳动定员表，概算表，原、燃料物理、化学性能表，物料平衡表，风速、风压、风温等参数表，球团矿物理性能检验和化学成分表和主要技术经济指标。

1.2.2.2 施工图设计

施工图设计要求如下：

（1）满足非标准设备和金属结构件的制作要求；

（2）满足设备和材料的订货要求；

（3）满足施工单位编制施工预算和施工计划的要求；

（4）满足指导施工的要求。

施工图主要包括如下方面。

（1）工艺流程图：表示工艺过程各作业的相互联系或各作业产品质量关系的图样。

要求：作业名称写在长方形框内；标出原料量、产物量；标出添加水及煤气数量；并用“→”表示流向。

（2）设备连接图：采用设备形象地表示工艺过程各作业之间的连接关系及所采用的设备的图纸。

要求：用“→”表示工艺过程走向；图中应包含：1）工艺设备和检修设备；2）与工艺设备密切相关的建、构筑物（矿仓）；3）设备一览表。

（3）建筑物系统图：表示各建筑物之间相互联系的图样，包括平面图、剖面图。

要求：一般只画各建筑物的轮廓、地坪、通廊及带式运输机；要编制建筑的一览表；表示建筑物的方框要标注尺寸、大小，而且尺寸与计算结果一致；标出主要平台的标高；建筑物的位置和方向要与设备联系图一致。

（4）车间配置图：按工艺要求表示车间内工艺设备、辅助设备及金属构件等总的布置图样。

要求：按比例画出各工艺的俯视图、主视图、左视图或加画剖面图；按比例画出各工艺设备、辅助设备和金属构件的外形尺寸和特征，表示出其与车间的配置关系；画出厂房柱距、跨距、各层平台的标高；编制设备类型及金属结构件表。

（5）设备安装图：表示机械设备安装时必需的尺寸及技术要求的图样。

内容包括运输设备、工艺设备。

（6）非标设备的设计，当常规的工艺设备不能满足工程要求时，需进行非标设备设计。通常由工艺专业提出非标设备的性能参数，并由设备专业确定结构形式。

1.2.3 配合施工及试生产阶段

这一阶段的主要工作包括：

（1）交代设计意图；

（2）解释设计文件；
（3）解决施工中出现的问题；
（4）监督施工质量；
（5）参加试生产及交工验收。

复习思考题

1-1　新建的烧结（球团）厂为什么一定要进行设计？
1-2　烧结厂设计的任务是什么？
1-3　烧结厂设计的要求是什么？
1-4　烧结厂设计一般分为哪几个阶段，各阶段的工作内容是什么？
1-5　烧结厂规模是怎么划分的，确定的依据是什么？
1-6　设计时怎样确定利用系数、作业率？
1-7　烧结机为什么要大型化？
1-8　厂址选择的原则是什么？
1-9　初步设计应完成哪些资料工作？
1-10　施工图设计应达到什么要求？
1-11　名词解释：
（1）工艺流程图；（2）设备联系图；（3）建筑物系统图；（4）车间配置图；（5）烧结机利用系数。

2 生产工艺设计

2.1 烧结与球团生产工艺技术发展

在黑色冶金工业中，烧结和球团工艺对促进国内外钢铁工业发展起着举足轻重作用。其中，烧结适用于粒度较粗的富矿粉造块，球团则适合粒度极细的铁精矿成型。烧结矿是我国高炉炼铁使用的最主要的含铁原料，约占炉料结构的70%~80%。球团矿作为酸性炉料，是合理炉料结构的重要组成部分，与高碱度烧结矿搭配可发挥高碱度烧结矿的优越性。

我国烧结球团技术进步历经了“引进→消化→吸收→改进→创新”的过程。经过多年的努力，进行了大量的技术创新，积累了丰富的经验，在新工艺、新设备、新技术方面均取得了很大的进步，主要技术经济指标和环境保护、节能减排指标大为改观，无论是生产规模还是产品质量都已步入了世界强国之列。

2.1.1 我国烧结技术进步

2.1.1.1 工艺技术方面的进步

A 建立综合原料场

我国大中型钢铁公司（如宝钢、武钢等）全部建立了综合原料场，使得原料化学成分稳定、粒度均匀、水分恰当，稳定了烧结和炼铁生产，提高了产品质量并降低能耗。同时，也有利于安全环保。

B 超厚料层烧结

在烧结生产中通过采取强化制粒、蒸汽预热提高混合料温度、适当调节点火器空燃比、合理调节多辊布料器的转速、采用梯形布料等技术措施，能明显改善料层透气性，提高垂直烧结速度。因此，烧结料层的厚度可以大幅增加。厚料层烧结能够提高自动蓄热作用，可以节约燃料用量；同时能够强化烧结氧化气氛，从而降低了烧结矿中 FeO 的含量，使还原性变好；另外，少加燃料有利于以针状铁酸钙为主要黏结相的高强度烧结矿形成，降低返矿和粉尘产生，改善生产环境。宝钢 2 号烧结机 2004 年 12 月的料层厚度达到 800 mm。京唐 500 m^2 烧结机设计料层厚度为 750 mm，实际生产实现了将料厚度由 750 mm 提高至 800 mm。

马钢三铁总厂通过技术改造，2012 年在两台 360 m^2 烧结机上实现了 900 mm 超厚料层均质烧结。此项技术的实施，使得烧结工序的综合技术经济指标显著改善，有着明显的节能增效作用，同时也实现了烧结矿质量的改善。与马钢二铁总厂 700 mm 料层烧结相比，三铁总厂 900 mm 超厚料层烧结矿实现年经济效益约 2.55 亿元。目前，宝钢股份、日照钢铁等很多企业烧结料层厚度达到 1000 mm，个别企业甚至超过了 1000 mm。

C 低温烧结

在厚料层烧结的基础上，可进行低温烧结，即以较低的温度烧结，产生强度高、还原性好的针状铁酸钙为主要黏结相的烧结矿，既节能又减排。

低温烧结有以下特点：

（1）烧结温度低，高温保持时间长。低温烧结工艺的最佳烧结温度为 1230~1270 ℃，最高不超过 1300 ℃。1100 ℃以上的高温保持时间在 3~5 min 以上。

（2）烧结矿的黏结相以针状铁酸钙为主，其数量超过 30%~40%。

（3）烧结矿的显微结构为交织熔蚀结构。理想的烧结矿结构，是由两种矿相组成的非均质结构。一种属于多元体系的针状黏结相，另一种是被上述黏结相所黏结的残留矿石颗粒。未熔矿石约占 30%~40%。以赤铁矿为主的烧结料，其残余结构矿石为赤铁矿；以磁铁矿为主的烧结料，其残余结构矿石为磁铁矿。

D 高铁低硅烧结

一般认为烧结矿中 SiO_2 含量（质量分数）应为 5.5%~6.3%，才能保证足够的液相。高铁低硅烧结矿的 SiO_2 可降低到 4.5%~4.7%，从而降低熔剂的用量，为高炉增产节焦和烧结节能减排创造了条件。

E 热风烧结

将冷却机的热废气引入点火保温炉后面的密封罩内，使烧结表层继续加热，可以改善烧结矿的强度，节能减排。

另外还有小球烧结法、配加褐铁矿（价格低）烧结法、生石灰消化技术、燃料分加、石灰分加、混合料自动加水、预热混合料、各种增效节能添加剂、偏析布料等工艺技术。

2.1.1.2 主要设备方面的进步

A 烧结机的大型化

烧结与球团工程单系统规模大型化，可带来显著的规模经济效益，其单位产品的投资可较大幅度下降，尤其是可以实现生产节能减排，提高产品质量及劳动生产率。因此，在条件允许的情况下，生产规模和单机生产能力要尽可能走大型化发展之路。据资料介绍，如果 100 m^2 烧结机平均每 1 m^2 的建设费用为 1，则 150 m^2 的为 0.9，200 m^2 的为 0.8，而 300 m^2 的仅为 0.75。根据测算，在同样技术条件和装备水平下，与 2×250 万吨/年相比，1×500 万吨/年的规模可节约投资 25%左右，能耗降低 20%以上；还可大幅提高劳动生产率和产品质量，改善环境。

宝钢 1985 年引进的 450 m^2 大型烧结机投产后显示了诸多优势：投资少、产量大、质量好、劳动生产率和自动化水平高，也易于生产管理和环境保护，运营费和燃耗也低，技术经济指标达到了国际先进水平。因此，在消化吸收其技术和国内外烧结先进技术的基础上，我国又先后在宝钢、武钢等钢厂建成了多台大型烧结机。目前我国烧结机以大于 360 m^2 大型烧结机为主，其中最大单机面积达 720 m^2，是截至目前全球最大、工艺最先进、环保措施最严格的烧结机。我国部分 500 m^2 及以上大型烧结机见表 2-1。

表 2-1　国内部分 500 m^2 及以上的烧结机

单位名称	烧结机面积/m^2	台数
武汉钢铁有限公司	550，660	2，1
山西太钢不锈钢股份有限公司	660	1
中天钢铁集团有限公司	550	1
宝山钢铁股份有限公司	660，600	2，1
攀钢股份有限公司	600	1
山东钢铁集团日照有限公司	550	2
鞍钢股份有限公司	600	1

B　烧结机漏风率降低

烧结机漏风主要分四类：机头机尾密封系统漏风、烧结机滑道系统漏风、台车本体漏风、抽风系统漏风。烧结系统的漏风减少了烧结料层的有效风量，使烧结矿的产量和质量降低。同时，漏风导致烧结矿的电耗明显增加。因此，降低漏风率对提高烧结矿产量和质量有重要作用。降低漏风率的措施有：机头机尾密封采取新型密封方式，如板弹簧、柔性密封、杠杆式密封板等；烧结机台车滑板采取双板弹簧密封、加强风箱固定滑道的润滑、台车与滑道全密封等方式；台车本体采取整体结构式、边壁条加宽、箅条压块改进、改善布料降低边缘效应等措施；抽风系统通过风箱弯头设耐磨弯头和柔性膨胀节；风箱、抽风管道、大烟道内加耐磨箅衬、加强堵漏等措施。20 世纪 70 年代初，烧结漏风率高达 60%以上，目前烧结漏风率普遍下降，一般在 30%~40%。

C　节能点火保温炉

为减少热损失，提高热能利用效率，我国不断改进点火保温技术和装备。创新的节能点火保温炉具备如下特点：第一，点火段采用直接点火，烧嘴火焰适中，燃烧完全，高效低耗。第二，点火炉高温火焰带宽适中，温度均匀，高温持续时间能与烧结机速度匹配，烧结表层点火质量好。第三，耐火材料采用耐热锚固件结构组成整体的复合耐火内衬，砌体严密，散热少，寿命长。第四，点火炉的烧嘴不易堵塞，作业率高。第五，点火炉的燃烧烟气有比较合适的含氧量，能满足烧结工艺的要求。第六，采用高热值煤气与低热值煤气配合使用时可分别进入烧嘴混合的两用型烧嘴，煤气压力波动时不影响点火炉自动控制。第七，施工方便，操作简单安全。

其中双斜带式点火保温炉采用直接点火，高效低耗，点火质量好，炉子寿命长，烧嘴不易堵塞，作业率高，在国内得到普遍使用。

2.1.1.3　节能减排方面的进步

“双碳”目标是我国履行 2030 年可持续发展议程做出的大国承诺。长期以来，钢铁工业一直积极进行技术创新，使污染物排放量大幅减少、能耗明显降低，打造“花园式工厂”取得长足进步。2014 年到 2023 年，我国重点统计钢铁企业平均吨钢二氧化硫排放量下降 81%；吨钢烟粉尘排放量下降 70.8%；吨钢综合能耗下降 5.87%。

A　新型除尘设备

目前，国家标准规定，烧结机颗粒物排放浓度小于 10 mg/m^3。由于地方和企业对环保要求越来越高，有些厂对烧结机机头机尾排放浓度甚至已要求小于 5 mg/m^3。从实践来看，单一电除尘即使采用四电场，有些厂也难以满足这个要求。目前，国内普遍采用布袋加电除尘器的新型除尘方式，取得良好效果。

B 管路系统阻力平衡

采用除尘管路系统阻力平衡技术可确保除尘系统各抽风点除尘效果，提高除尘效率，减少粉尘外排量。

C 多种余热回收装置

目前已经开发了余热锅炉、热管、翅片管等各种回收冷却机热废气和烧结机尾部烟气的余热回收设备，或产生热水、蒸汽，或再发电，大幅度降低了烧结能耗。

D 烟气脱硫设施

随着国家节能减排方针的深入贯彻，要求所有烧结厂开发烟气脱硫设施。烧结脱硫技术采用的工艺种类繁多，主要分为湿法、干法、半干法。湿法脱硫主要包括石灰石-石膏法、双碱法、氨吸收法、海水法和氢氧化镁法等；干法脱硫包括活性炭吸附法、烟气循环流化床干法、密相干塔法等；半干法脱硫包括喷雾干燥法（SDA）、增湿灰循环脱硫法（NID）、循环流化床脱硫法（CFB）和 MEROS 法（maximized emission reducton of sintering）等。

针对烧结烟气的特点，开发适应性强、技术经济指标先进、运行安全可靠的烧结烟气脱硫技术，对于我国钢铁企业的烧结烟气治理具有重要意义。

E 烟气脱硝设施

烧结过程中的 NO_x 主要来源于烧结过程中燃料的燃烧。一般情况下，燃烧过程中产生的氮氧化物主要是 NO 和 NO_2，这二者统称为 NO_x，在低温条件下燃烧还会产生一定量的 N_2O。燃烧过程中产生的 NO_x 的种类和数量与燃料性质相关。例如通常的燃烧温度下，煤燃烧产生的 NO_x 中 NO 体积分数为 90%以上，NO_2 体积分数为 5%~10%，N_2O 体积分数为 1%左右。另外，还与燃烧温度和过量空气系数等燃烧条件密切相关。目前，相对较成熟的烟气脱硝技术主要有选择性催化还原技术（selective catalytic reduction，SCR）、活性炭脱硫脱硝一体化工艺和选择性非催化还原技术（selective non-catalytic reduction，SNCR）。此外，还有一些湿法脱除氮氧化物的技术。

2.1.1.4 自动化控制方面的进步

A 三电一体（EIC）计算机控制系统

所有的过程检测参数和设备运转状态均纳入本系统（电控（E）、仪表和计算机控制（I）及管理（C）的一体化），主要对工艺过程进行自动控制和调节，如混合料加水控制，配比计算及控制，点火保温炉燃烧控制，料层厚度控制等。

B 人工智能

高校以及一些企业、设计科研单位在这方面做了大量工作，有的已在实践，如宝钢不锈钢分公司的烧结矿化学成分控制系统等。中冶长天开发的烧结综合控制专家系统在韶关、新余钢铁公司 360 m^2 烧结机中使用，可靠性较好。

现在，大型烧结机都采用先进的工艺和除尘设备，工艺完善，具有自动配料、强化制粒、偏析布料、烧结矿冷却（多采用鼓风环式冷却机）、成品整粒和铺底料系统。而且自动化水平高，几乎都设置了较为完善的过程检测和控制项目，并采用计算机控制系统对全厂生产过程自动进行操作、监视、控制及生产管理，有些厂还采用了模糊控制系统，人工智能系统也在发展中。同时还开发、研制了一批新工艺、新技术、新设备。

2.1.2 我国球团技术进步

球团矿具有强度好、粒度均匀、形状规则、含铁品位高、还原性好等优点，在高炉冶炼中可起到增产节焦、改善炼铁技术经济指标、降低生铁成本、提高经济效益的作用。为适应钢铁工业快速发展、高炉精料技术和合理炉料结构的要求，近年来，球团矿作为优质原料得到青睐和高度重视，一些钢铁厂正在积极筹建或扩大球团矿产能。

2.1.2.1 竖炉球团的发展

我国球团矿生产起步于20世纪50年代，曾有过一段发展球团矿的热潮。如鞍钢将原生产水泥的隧道窑改为生产球团矿，武钢把两台75 m^2烧结机改为生产球团矿的带式焙烧机。济南钢铁公司和杭州钢铁公司先后建起了竖炉，初始阶段生产并不顺利，直到济钢发明了“导风墙和烘干床”，杭钢用临安膨润土生产出酸性球团矿，竖炉才顺利发展。据不完全统计，全国共有竖炉超过150座，最小者4 m^2，最大者16 m^2，多数为8~10 m^2，总产量超过4000万吨。竖炉的优势是：设备简单、投资较少、建设较快，能够利用低发热值的高炉煤气为能源。1960年以前，世界球团70%是竖炉生产的。但是，竖炉球团由于单炉能力小，难以使生产线大型化，且工艺对原燃料条件适应性差、能耗较高、环境排放状况较差和球团矿质量差等原因，难以满足高炉精料及大型化发展需求。所以在带式焙烧机和链箅机-回转窑球团工艺兴起后，国外竖炉球团基本上已停止了发展。目前全世界生产铁矿球团的竖炉绝大部分在中国，但也主要在中小型钢铁企业中发挥着一定的作用。

2.1.2.2 链箅机-回转窑球团的发展

20世纪50年代开始，链箅机-回转窑工艺从水泥行业引入处理铁矿石原料。1956年在美国威斯康星州建成一座链箅机-回转窑实验厂，进行铁球团矿实验研究，取得了成功。1960年第一座工业性生产的链箅机-回转窑球团厂正式投产，年产球团矿40万吨。目前最大的链箅机-回转窑球团生产线年产500万~600万吨。

从20世纪70年代末至80年代初，我国个别厂进行了小型的链箅机-回转窑球团生产，但流程不完整，生产状况不佳。

2000年10月，首钢球团厂建成中国第一条由首钢国际工程公司设计并拥有自主知识产权的、完整的链箅机-回转窑球团生产线后，中国的球团生产线开始走向大型化，球团矿生产能力迅速增长。从2003年起，国内陆续建成年产60万~500万吨链箅机-回转窑球团生产线百余条，生产线规模大多数为年产60万~240万吨，规模最大的为年产500万吨的生产线。球团工艺技术和链箅机-回转窑球团设备设计制造水平也有了相应提高。这些年来，中国的链箅机-回转窑球团生产线产能占中国球团矿产能60%左右，成为中国球团产能的主力。

链箅机-回转窑工艺对原料适应性强，具有生产规模大，球团矿强度高、质量均匀、能耗及生产成本低等特点，燃料不但可用煤气和重油，而且可使用100%煤粉，也可混合使用两种燃料，实现球团矿生产大型化要求，随着系统规模的加大，规模效益特别明显。近年来，链箅机-回转窑的生产能力已经超过竖炉生产能力，成为我国球团矿的主要生产工艺。

2.1.2.3 带式焙烧机球团的发展

带式焙烧机球团工艺于1951年提出，1955年10月世界第一座带式焙烧机球团厂建成投产，其基本结构是从带式烧结机演化而来。带式焙烧机球团工艺在20世纪七八十年代就已经进入了中国，先后投产了110万吨/年（1973年，包头钢铁公司）和200万吨/年（1989年，鞍山钢铁公司）生产线。由于主机设备制造、工艺设计和操作控制以及能源等方面的原因未能获得推广。然后，首钢京唐公司和包头钢铁公司分别投产了400万吨/年（2008年）和500万吨/年（2015年）带式焙烧机球团生产线，使带式焙烧机工艺技术取得长足进步。经过多年的研究与开发，2017年我国形成自主带式焙烧机球团核心技术体系，攻克了带式焙烧机核心设备和与之配套的耐热件，并成功实现工业化应用。据不完全统计，近几年国内带式焙烧机球团项目有：河钢乐亭、福建三明、昆明钢铁、防城港、马钢股份、中天钢铁、攀钢西昌基地、玉昆钢铁等，单条生产线建设规模均在200万~480万吨。带式焙烧机具有适应性广、单机生产能力大等特点，其产能将有望赶超链箅机-回转窑球团的产能。但带式焙烧机投资及运行成本高，必须用高热值煤气和重油作燃料，这使得带式焙烧机只能建在钢铁厂内，并受到煤气平衡、设备制造材料、总图布置和环保等诸因素的限制。

另外，在自动控制方面，改扩建的大中型链箅机-回转窑都设置了较为完善的过程检测和控制项目，并采用计算机控制系统对全厂生产过程自动进行操作、监视、控制以及生产管理。有些厂还采用了模糊控制系统。人工智能也在逐渐得到应用。

以智能造球为例，数字式智能造球系统基于视觉识别技术的发展，实现了生球粒径实时监测。系统通过生球粒级变化匹配生产数据，通过机器学习算法实时匹配各个功能区成球效果，PLC根据模型下发参数，通过PID控制配水阀门开度和造球盘变频器输出实现智能造球。智能造球系统主要由粒级分析模块、控水模块和工控机组成，粒级分析模块通过视觉识别技术实时采集造球盘下方辊筛上的生球信息，通过分析运算得出生球粒级分布，并将粒级分布发送给控水模块，控水模块分析粒级数据的同时匹配生产数据，并根据粒级波动来控制造球盘各个功能区配水量。如当前工况调节配水无良性反馈，系统将根据当前工况调整造球盘的转速和倾角来维持稳定生产。通过TCP/IP协议建立通信网络——将上位机引入生产控制环网，如图2-1所示。

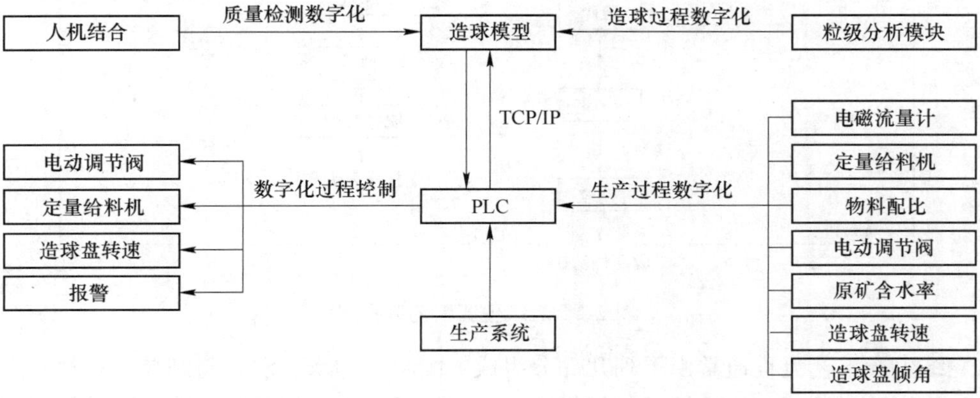

图2-1 智能造球系统

环境保护方面，与烧结厂一样，采用先进的环保工艺技术进行除尘以及脱硫脱硝，大多数球团厂已达到超低排放的要求。

2.2 设计工艺流程选择

2.2.1 工艺流程的意义和要求

根据原料特性，选择相应的造块方法、加工程序及工艺制度，以获得预期的产品，这一过程即为生产工艺选择过程。选择生产工艺必须保证其技术上先进可靠，经济上合理，以获得先进的技术经济指标为目的。

工艺流程选择的要求是，在确保产品质量要求的前提下，能最大限度地利用各种含铁原料，并获得高的劳动生产率和设备利用率，尽可能节省能源从而节省生产成本，为企业谋取最大的利润；并能采用现代化的生产手段，减轻工作人员的劳动强度，改善操作和管理水平；还应该考虑环境污染的问题，要保护环境，保护工作人员的身体健康。

在生产实践中，因原料条件对产品质量要求和生产规模不同，造块生产工艺流程存在差异。图 2-2 所示为现行常用的烧结生产工艺流程图。

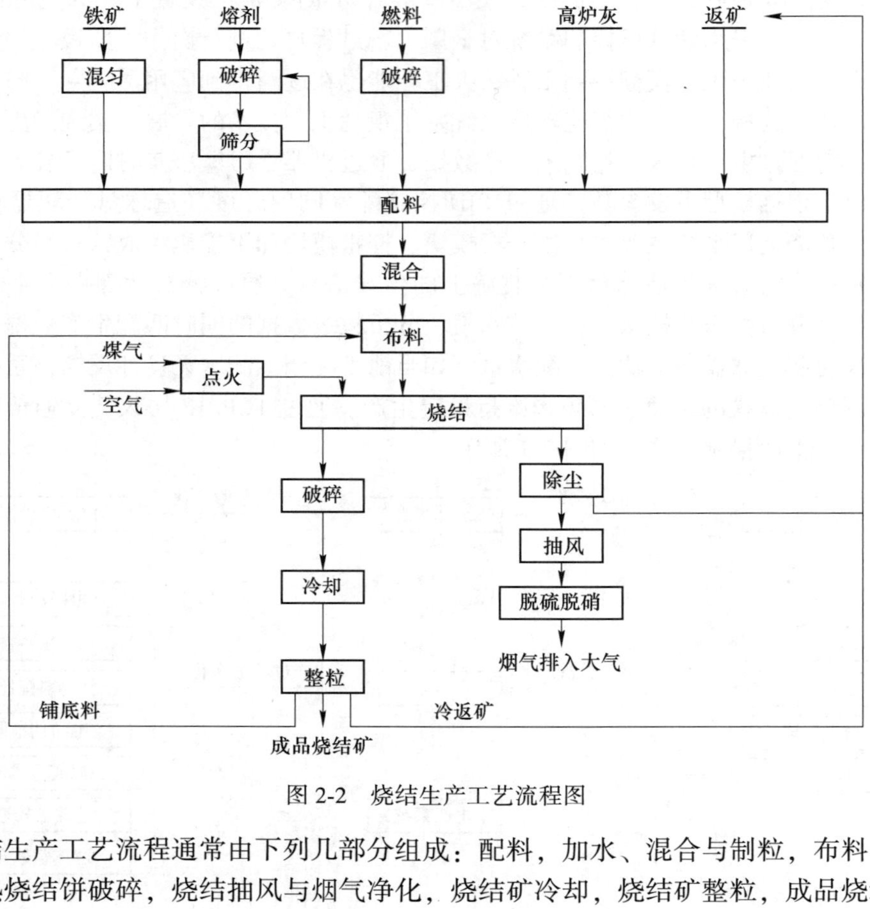

图 2-2 烧结生产工艺流程图

烧结生产工艺流程通常由下列几部分组成：配料，加水、混合与制粒，布料、点火与烧结，热烧结饼破碎，烧结抽风与烟气净化，烧结矿冷却，烧结矿整粒，成品烧结矿质量检测、储存及输出。有原料场时，原料的接受、储存放在原料场，有时部分熔剂（如石灰石、白云石）的接收、储存和准备也可放在原料场。

其中热矿筛分是否设置，应根据具体情况或试验结果经技术经济比较后确定。

机上冷却工艺不包括热矿破碎和热矿筛分。

确定烧结工艺流程时必须采用冷烧结矿，禁止采用热烧结矿。

球团的工艺流程一般包括精矿的预处理（精矿脱水、精矿再磨、精矿润磨、改善精矿的松散性等）；精矿的接受、熔剂和燃料的准备（破碎、筛分）；膨润土或其他添加剂的制备；配料、混合、造球；生球筛分；铺底、铺边与生球布料；生球的干燥、预热、焙烧、均热和冷却；冷筛；成品球的堆存和输出；返矿的堆存及参加配料等工艺环节。

球团生产的三种工艺流程分别如图 2-3~图 2-5 所示。

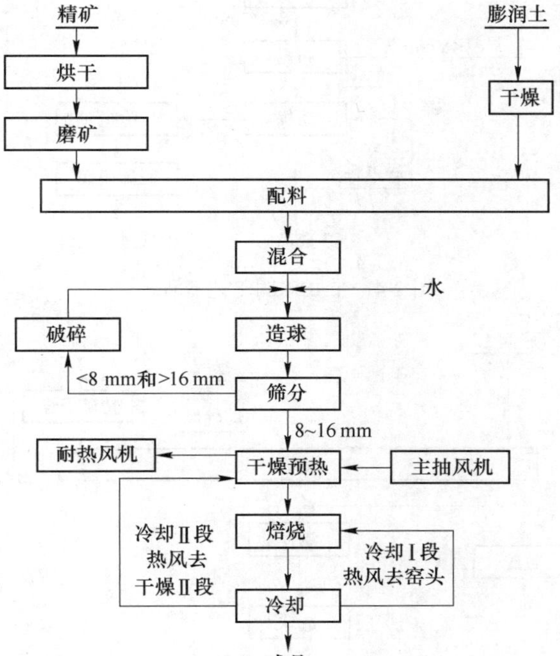

图 2-3 链箅机-回转窑球团工艺流程图

2.2.2 确定工艺流程的原则

确定工艺流程的原则有：

（1）技术上先进、成熟、可靠，设备易于制造和维修；各种熔剂、燃料易就地解决，因地制宜；

（2）对原料有较强的适应性，不致因原料成分变化引起产量降低、质量变坏，使企业处于被动局面；

（3）所选择的工艺流程应保证做到工程投资少，占地面积小，建设周期短；

（4）投产后经济效益大、利润高。

合理的工艺流程，是充分发挥设备能力，合理组织生产，保证生产连续进行，获得先

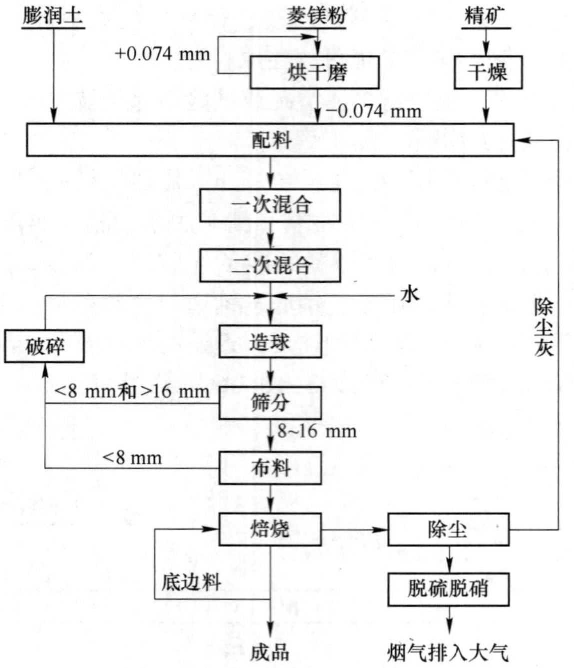

图 2-4　带式球团工艺流程图

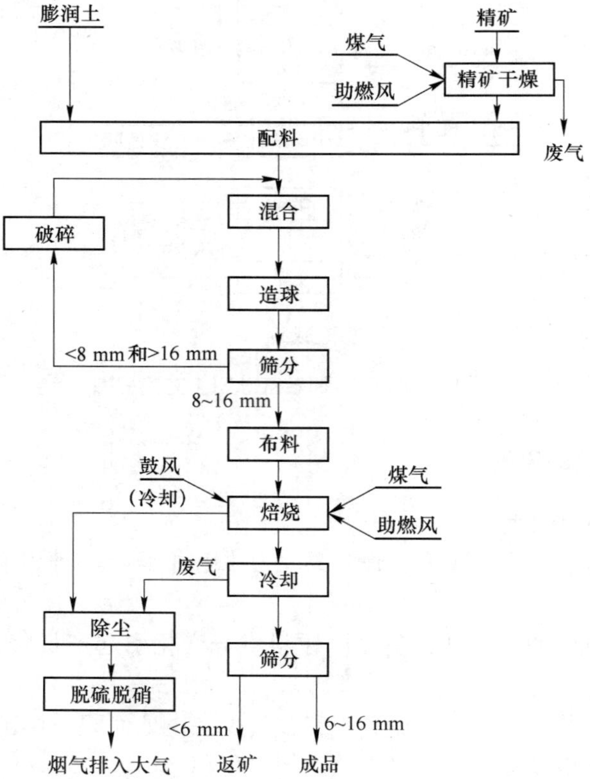

图 2-5　竖炉球团工艺流程图

进的技术经济指标的重要因素。所以，工艺流程的选择必须全面考虑，进行多方案比较。

确定烧结或球团工艺流程的依据有以下四点：

（1）根据原料条件，即入厂原料、熔剂、燃料的物理、化学性质及入厂的原料是精矿还是粉矿来考虑；

（2）根据产品方案，即冶炼部门对产品的物理、化学性质及产品运输方式的要求来确定；

（3）根据试验结论，即试验对烧结或球团工艺提出的特殊要求，提出的增产、高质、节能、环保和提高作业率的要求来确定；

（4）根据操作经验，即参照类似的生产数据确定。

2.3　烧结与球团生产工艺技术规定及要求

烧结与球团工艺的各环节、各工序的技术要求是选择和论证工艺流程的技术依据，它包括技术特性、工艺指标、入厂条件（或标准）和产品标准等。有些已由国家制定成法令、规定和规则，成为设计规范，设计工作中必须严格遵守。如《烧结厂设计规范》(GB 50408—2015）和《铁矿球团工程设计标准》(GB/T 50491—2018)。

烧结与球团厂设计在工艺方面的规范资料主要有：

（1）设备的国家标准；

（2）烧结矿和球团矿的国家标准；

（3）建筑设计的防火规定；

（4）烧结厂、球团厂建筑设计的卫生规定和要求；

（5）供水和排水的卫生规定和要求；

（6）工业废水、生活污水排到河流和水库中的卫生规定和要求；

（7）气体和含尘气体排放到大气中的卫生规定和要求；

（8）天然照明和人工照明的规定；

（9）安全技术的要求和规定；

（10）应用和保管化学药品和毒性物品的规则。

烧结厂或球团厂设计在预算及技术经济方面的规范资料主要有：

（1）设备价格表；

（2）设备安装价格表；

（3）建构筑物工程量预算表；

（4）矿石、烧结矿、燃料及材料的价格表；

（5）设备的运费及安装工作杂费定额；

（6）折旧计算规定；

（7）工资等级、工资率及附加工资的规定。

2.3.1　烧结厂设计基本规定

烧结厂设计主要依据：国家有关法律法规、政策、批准的可行性研究报告，有关文件，建设项目的有关合同及协议等。设计基础资料包括各种计划、规划书，项目建设书，可行性研究报告，烧结试验报告，有关工程地质资料（地形图、水文资料、水源、地质、气象等），建设项目外部条件的有关协议书，厂址选择报告及其周围的生态、环境资料等。

（1）厂址选择。在充分考虑工程地质、水文、气象、自然与生态环境、工业交通、区域经济以及钢铁厂生产要求等因素的情况下，厂址选择要遵循以下原则：

1）尽可能靠近高炉和原料混匀料场；

2）节约用地，不占良田或尽量少占良田，并根据需要留有适当的发展余地；

3）良好的地质条件；

4）远离居民区，避免建在居民区主导风向上方；

5）有较好的供水、供电和交通条件；

6）进行多方案技术经济比较，选择最佳方案。

（2）烧结机规模的确定。烧结机规模应在原料的供应条件和数量的基础上，根据公司发展规划和高炉炉料结构及对烧结矿的数量和质量要求而确定，并考虑少量富余能力（5%~10%）。烧结机的规模和准入应符合下列规定：

1）大型，烧结机单机使用面积等于或大于 360 m^2；

2）中型，烧结机单机使用面积等于或大于 200 m^2 且小于 360 m^2；

3）小型，烧结机单机使用面积等于或大于 180 m^2 且小于 200 m^2；

4）新建和改造烧结厂烧结机单机使用面积不应小于 180 m^2；

5）大中型烧结机应采用带式烧结机。

（3）烧结机利用系数的确定。烧结机利用系数 [$t/(m^2 \cdot h)$] = 成品烧结矿/(烧结时间×有效烧结面积)。烧结机利用系数是确定烧结机生产能力的重要技术经济指标，根据原料的物理、化学特性，应符合下列要求：

1）铁粉矿含量等于或大于 70%时，烧结机利用系数应等于或大于 1.35 $t/(m^2 \cdot h)$；

2）铁精矿含量大于 50%时，烧结机利用系数应等于或大于 1.25 $t/(m^2 \cdot h)$；

3）上述两种原料同时使用时，可根据两者的比例及烧结性能确定。

（4）工作制度和作业率的确定如下。

1）工作制度。烧结厂应按连续工作制进行设计。

2）作业率的确定。作业率以正常生产中设备实际的作业时间与日历时间的百分比来表示。设计中，作业率应根据工艺流程、装备水平、检修条件，以及参照类似生产厂的实践，并适当留有余地来选取。宜取 92%~95%，大型厂取中上值，中型厂取中下值。

（5）设备选型。设备选型应符合下列要求：

1）主要设备应采用国内先进、安全可靠、节能和环保型的设备，当国产设备不能满足要求时，可考虑引进技术或设备，引进的技术或设备必须先进实用、环境友好；

2）辅助设备的规格和性能应与烧结机匹配，并留有一定的富余；

3）严重影响烧结机作业率的主要生产设备可考虑设置备用机或备用系统；

4）严禁采用国内外淘汰的二手烧结生产设备。

2.3.2 球团厂设计基本规定

球团厂设计主要依据：相关政府行政部门的立项文件、项目建议书、可行性研究报告和批准书、环境影响评价书和有关审批文件、建设项目的有关合同及协议等。设计基础资料包括各种计划、规划书，项目建设书，可行性研究报告，模拟工业性试验研究报告，选定的厂址和厂区范围，1∶1000 或 1∶500 的总平面图，厂区工程地质勘察报告及相关资料，厂区周边的水文、气象和地震资料及交通运输生活设施，由外部提供水、电、工业用气，满足需要的依据文件和相关资料及节点位置，各种原料、燃料、辅料的需要、质量条件和入场方式，建设项目外部条件的有关协议书及资料等。

（1）开展铁矿球团工程设计应具备下列条件：

1）有确定的厂址和工程的范围，内、外部条件及相关的基础资料；

2）有可供确定主工艺流程和产品方案的模拟工业性试验报告；

3）符合国家产业政策和环境保护的要求。

（2）工程规模。铁矿球团工程规模的划分应符合下列规定。

1）大型：主机（窑、炉）单系统年产量等于或大于 300 万吨。

2）中型：主机（窑、炉）单系统年产量等于或大于 120 万吨且小于 300 万吨。

3）小型：主机（窑、炉）单系统年产量小于 120 万吨。

（3）技术经济指标。不同原料、燃料、辅料应进行模拟工业性试验研究，其结果应作为工程设计的依据。

（4）工作制度和作业率的确定如下。

1）工作制度。应按连续工作制进行设计。

2）作业率的确定。大、中型球团厂的年日历作业率不应小于 90.4%。

（5）工艺和设备选择应符合下列要求：

1）主工艺和主要设备应采用先进、高效可靠、安全节能的设备；

2）辅助设备的规格和性能应与主系统匹配，并留有余量；

3）不应采用国内外淘汰的二手设备。

2.4 原料、熔剂、燃料准备

2.4.1 烧结工艺的原料、燃料、熔剂及其准备

（1）含铁原料进入烧结厂应符合下列条件。

1）含铁原料的粒度宜为 8~0 mm，轧钢皮和钢渣的粒度应分别小于 8 mm 和 5 mm；特殊铁粉矿和铁精矿的粒度要求应根据试验确定。

2）含铁原料应混匀，混匀矿铁品位波动的允许偏差宜为±0.5%；SiO_2 波动的允许偏差宜为±0.2%。

3）磁铁精矿水分应小于 10%，赤铁精矿水分应小于 11%。

（2）熔剂进入烧结厂宜符合下列条件。

1）石灰石粒度宜为 80~0 mm，CaO 含量不宜小于 52%，SiO_2 含量不宜大于 2.2%，水分宜小于 3%。

2）生石灰粒度宜小于或等于 3 mm，CaO 含量宜等于或大于 85%。

3）消石灰粒度宜小于或等于 3 mm，水分宜为 18%~20%，CaO 含量宜等于或大

于60%。

4）白云石粒度宜为80~0 mm，水分宜小于4%，MgO含量宜等于或大于19%，SiO_2含量宜小于或等于3%。

5）蛇纹石粒度宜为40~0 mm，水分宜小于5%，（CaO+MgO）含量宜大于35%。

6）轻烧白云石粉粒度宜为0~3 mm，CaO含量宜等于或大于52%，MgO含量宜等于或大于32%，SiO_2含量宜小于或等于3.5%。

7）菱镁石粒度宜为80~0 mm，水分宜小于4%，MgO含量宜等于或大于19%，SiO_2含量宜小于或等于3%。

（3）燃料进入烧结厂应符合下列条件。

1）碎焦粒度宜为25~0 mm，固定碳含量宜大于80%，水分宜小于12%。

2）无烟煤粒度宜为40~0 mm，水分宜小于10%，灰分宜小于15%，挥发分宜小于5%，硫宜小于1%，固定碳宜大于75%。

3）烧结点火用燃料宜采用焦炉煤气、天然气、转炉煤气、高炉煤气或其他气体燃料。采用焦炉煤气、天然气、转炉煤气及混合煤气作点火燃料时，烧结冷却室附近煤气压力不应低于4000 Pa；采用高炉煤气作点火燃料时，烧结冷却室附近煤气压力不应低于7000 Pa。各种煤气含尘量均应小于10 mg/m^3。

（4）原料、熔剂、固体燃料的接受与贮存。

1）原料场有混匀料场时，烧结厂不宜再设原料仓。

2）在多暴雨、多台风或严重冰冻地区，混匀料场宜室内设置。

3）大、中型烧结机等大宗物料受料宜采用翻车机；轧钢皮等小批量物料受料宜采用受料槽，并宜设机械化卸料装置。

4）卸料不宜采用抓斗桥式起重机卸车方式。

5）采用汽车运输时，可设专用汽车受料槽。

6）翻车机室和受料槽的地下建筑部分应设防水、排水及通风除尘设施。

7）经料场混匀的原料由胶带输送机直接送至烧结配料槽。生石灰、轻烧白云石宜由密封罐车运至配料室并采用气动输送系统送至配料槽内。生石灰焙烧厂邻近烧结厂时，可直接将生石灰采用气力输送方式送至烧结配料槽。

8）石灰石、白云石和固体燃料在烧结厂加工时应设熔剂仓和燃料仓。有专用运输线时储存时间宜为3~5 d，无专用运输线宜为5~7 d。熔剂、燃料在料场储存时间宜为7~10 d，料场到烧结厂设有专门输送胶带时，烧结厂储存时间不宜少于12 h。

9）北方地区的原料接受和贮存系统宜设防冻、解冻设施。

（5）熔剂和固体燃料的准备。

1）固体燃料破碎筛分宜设在烧结厂，石灰石、白云石宜成品采购。

2）石灰石、白云石需在烧结厂破碎时，应采用闭路破碎筛分流程。

3）配料的石灰石、白云石的最终粒度小于3 mm的应大于90%，且大于5 mm的含量应小于5%。

4）当碎焦粒度为25~0 mm时，应采用两段开路破碎流程。粒度小于10 mm、水分含量小于10%，且小于3 mm粒级的碎焦含量占30%以上时，可采用预先筛分、一段开路破碎流程。粒度大于25 mm粒级含量约占10%以上时可采用预先筛分分出大块，再用二段开路破碎流程。

5）无烟煤破碎，可根据粒度、水分等具体条件采用二段开路破碎流程，小于 3 mm 粒级含量占 30%以上且水分含量小于 10%时，可在一段破碎前增加预先筛分流程。

6）采用铁精矿粉时，碎焦和无烟煤加工的最终粒度小于 3 mm 的应分别占 85%以上和 75%以上。全部采用进口粉矿时，碎焦和无烟煤加工的最终粒度小于 3 mm 的应分别占 75%以上和 65%以上。

7）不同品种或理化性能相差较大的固体燃料，应分开破碎。

8）固体燃料的破碎应避免采用易于产生过粉碎的破碎设备。

9）石灰石、白云石和固体燃料破碎前应设除铁装置。

2.4.2 球团工艺的原料、黏结剂、添加剂的准备及处理

（1）一般规定：

1）各种原料、燃料和辅料的准备和加工质量应满足球团矿生产的要求。

2）各种原料、燃料和辅料的供应量应能满足生产的要求，并应有余量。

3）各种物料，应分类堆存，不应相互掺混。

（2）原料的物理化学性质应符合下列要求：

1）原料中 TFe 含量不宜小于 65%，波动允许偏差宜为±0.5%；SiO_2 含量不宜大于 4.5%，波动允许偏差宜为±0.2%。

2）原料的水分含量宜小于 10%。

3）原料粒度宜为-0.044 mm 含量不小于 70%，比表面积宜为 1800~2000 cm^2/g。

（3）原料的准备应符合下列规定：

1）原料储存应采用封闭原料场。

2）原料储存量，有专用料场时，国内矿应有 5~7 d 的储量，进口矿应有 35 d 以上储量。原料由料场供应时，球团厂应设置 8 h 及以上的缓冲矿槽。

3）当原料的含水量高于要求的水分时应设干燥系统，干燥后原料的水分宜低于生球水分的 1%。当后续生产工艺设有高压辊磨机时，干燥后的原料水分宜为 8%~9%。

4）原料干燥宜采用圆筒干燥机，并宜采用顺流式配置方式。干燥收尘系统排出的烟气温度应高于露点温度。

5）干燥机宜按照干燥 100%原料的能力配备，同时应设置旁路系统，干燥之前的原料储运设施应设防黏和防堵设施。

6）当原料的比表面积和粒度不能满足造球要求时应设预处理工序。预处理工序应根据原料原始粒度的粗细和性能确定。大中型球团工程宜采用球磨工艺、高压辊磨工艺或其组合；小型球团工程可采用润磨或其他磨矿工艺。在高压辊磨机前应设除铁和杂物的处理设施。

7）采用球磨和高压辊磨组合工艺时，磨矿粒度宜为-0.044 mm 含量不小于 70%、比表面积 1500~1800 cm^2/g。

8）高压辊磨机的规格、型号应通过原料高压辊磨试验确定。

（4）黏结剂、添加剂的用量应符合以下规定：

1）黏结剂采用膨润土时，应优先选用钠基膨润土和活化钙基膨润土，并应经模拟工

业性试验验证。膨润土用量不宜大于 15 kg/t。

2）膨润土的质量指标应满足现行国家标准《膨润土》（GB/T 20973）的有关规定。

3）有机黏结剂或无机黏结剂的配比应根据球团试验确定。

4）添加剂配比应根据球团试验确定。

5）添加剂粒度宜为-0.044 mm 含量不小于 90%，水分宜小于 5%。

（5）黏结剂准备、进厂方式和储存应符合下列规定。

1）外部运输距离较近时，宜采用密封罐车运输进厂、气力输送矿仓储存，储存时间宜为 2~3 d。

2）运输距离较远时，宜采用袋装方式运输入厂，并应设置满足 15 d 用量的储存间。

3）当采用块状膨润土时，来料粒度宜小于 10 mm。膨润土不宜与添加剂一起细磨。膨润土细磨应采用带旋风分级的立式磨机。细磨产品宜为-0.044 mm 含量不小于 90%。

4）当生产熔剂性和含镁的球团矿时，在原料中配加的石灰石和白云石等的粒度小于 0.044 mm 的含量应大于 90%。

5）石灰石、白云石等的细磨设施不宜设在球团工厂内，配料室内宜设储仓，并应采用密封罐车进厂，采用气力输送的方式送入储仓，储存量应满足生产需要。

（6）燃料的要求。

1）带式焙烧机和链箅机-回转窑工艺使用的气体燃料宜为天然气、焦炉煤气、混合煤气或其他具有较高热值的煤气，低发热值宜大于 14.63 MJ/m^3，到达焙烧区的相对压力不应低于 5 kPa。

2）链箅机-回转窑工艺使用的固体燃料宜为含有中等挥发分的煤，用于回转窑焙烧的固体燃料质量宜符合表 2-2 的要求。

3）竖炉焙烧宜采用具有较高热值的混合煤气或经预热的高炉煤气。

表 2-2　用于回转窑焙烧的固体燃料质量要求

煤种	低位热值	挥发分	灰分	灰熔点	含硫量	细度（-0.074 mm）	结圈指数 R_p	沉积指数 D_p
烟煤	≥25.08 MJ/kg	17%~25%	<12%	>1350 ℃	≤0.5%	≥85%	≤150	≤300
无烟煤	高	低	低	—	≤0.5%	≥90%	—	—

（7）燃料的准备和处理应符合下列规定。

1）使用气体燃料时，压力调节站、输送管网系统和安全、计量、过滤等设施应根据燃气性质确定。

2）使用液体燃料时，燃油系统设计应符合下列规定。

①应设置燃油接受、储存和供油设施。

②加热、保温系统和过滤、脱水及安全措施，应根据黏度、闪点、凝点、杂质含量、水分、比重等燃油特性确定。

③燃油储存时间应根据燃油运输方式和运输距离确定。当燃油采用铁路或公路运输时，运输距离不大于 300 km 不宜小于 8 d，运输距离大于 1500 km 不宜小于 15 d；当燃油采用管道运输时，运输距离在 5 km 以内不宜小于 2 d，运输距离大于 20 km 不宜小于 4 d。

④总储油罐数量不宜少于 3 个，储油罐应靠近用户设置。当有多个用户时，应在距离总储油罐较远的用户附近设用户油罐，用户油罐不宜少于两个，储存时间不宜少于 1 d。

⑤总储油罐应布置在厂区下风侧，与主要生产车间的距离不应小于 50 m。

⑥储油罐加热系统设计应确保最高温度小于闪点 10 ℃。

⑦在燃油装卸和储存区域应设置隔离措施，并应满足防火、防爆、防雷、防静电要求。

3）使用固体燃料时，储存和制备系统设计应符合下列规定。

①直接使用粉煤时，粒度应符合标准。粉煤储存仓应设置在靠近用户附近且储存时间不宜大于 6 h。

②使用块煤时，原煤粒度宜小于 30 mm，水分宜小于 8%，且应设置原煤储存和粉煤制备系统。

③原煤储存量应根据运输距离确定，距离运输远时宜为 30 d，距离运输近时宜为 7~10 d。原煤储存设施应防雨、通风。

④当原煤粒度大于 30 mm 时应破碎至细磨设备需要的粒度，在破碎、细磨前应去除杂物和金属异物。

⑤原煤细磨宜采用立式磨机，在磨机内应通入 250 ℃热风对原煤干燥，当采用环冷机热气体作为热源时，应设置备用热风炉。磨机出口应设置旋风分级机将粗颗粒返回磨机再磨。

⑥磨机给料口处应设置锁风阀。磨机给料设备应采用密封式可调速电子皮带秤。

⑦原煤仓宜储存磨机 24 h 的用量，仓下部锥体角度不应小于 65°，仓内应通入保护性气体。

⑧粉煤制备系统可分为直接喷吹式系统和中间仓式系统，宜采用直接喷吹式系统。

⑨采用中间仓式系统时，细磨后粉煤气体和固体分离应采用袋式收尘器。袋式收尘器下方应设置储量不大于 6 h 的中间仓。中间仓下部锥体角度不应小于 65°，仓内应通入保护性气体。在中间仓下部应设置密封粉煤定量给料设备和喷吹设备。

⑩粉煤制备系统应设置安全设施。磨机进口和出口管道上应设置防爆阀，截面积不应少于管道截面积的 70%。旋风分级机顶盖上应至少设置两个防爆阀，总截面积（m^2）不应少于旋风分级机容积（m^3）的 4%。采用直吹式系统时，粉煤风机进口管道上应设置截面积不小于管道截面积 70%的防爆阀。采用中间仓式系统时，袋式收尘器顶部应设置总截面积不少于其容积 5%的防爆阀，在中间仓顶部应设置总截面积相当于其容积 1%~5%的防爆阀。防爆阀宜布置在室外或通过管道将爆炸产生的气体送出室外。

2.5 烧结与球团工艺规范

2.5.1 烧结工艺规范

2.5.1.1 配料

（1）配料系统系列数的确定，应和烧结机一对一设置。

（2）原料、熔剂和固体燃料应采用自动重量配料。

（3）配料槽应能贮存 8 h 以上的使用量。

（4）配料槽格数应该根据配料量及配料设备能力确定，主要含铁原料不应少于 3 格，辅助原料宜为每种 2 格，配料量小的也可采用 1 格两个下料口。

（5）主要含铁原料和黏性小的物料应首先进行配料，燃料不宜放在最前配料。

（6）烧结和高炉返矿宜分别配料。

（7）配料中应添加生石灰或消石灰作熔剂；添加数量要根据原料条件、试验结论等具体情况确定。

（8）生石灰消化设施的设置，应根据原料条件、试验结论、环保要求、生石灰配加量及采用的混合制粒时间确定。

（9）回收的粉尘在配料集中处理时，宜对粉尘进行加湿处理。

2.5.1.2 加水、混合与制粒

（1）以铁粉矿为主要原料时应采用二段混合。以铁精矿为主要原料时若采用小球烧结法可设三次混合进行固体燃料外滚。

（2）混合与制粒设备一般采用圆筒混合机和圆筒制粒机；采用小球烧结法时，也可采用圆盘造球机制粒。在混合与制粒设备内宜采取多种措施强化混合与制粒的功能。

（3）采用圆筒混合机时，总混合制粒时间宜采用 5~9 min，以铁粉矿为主要原料时宜取下限值，以铁精矿为主要原料时宜取中上限值（包括固体燃料外滚的时间）。

（4）圆筒混合机充填率，一次混合机宜为 10%~16%，二次混合（制粒）机宜为 9%~15%。

（5）混合机配置，应符合下列规定。

1）一次圆筒混合机与二次圆筒混合机宜设置在地面上。

2）圆筒混合机与给料皮带机宜为顺交方式配置。

3）中小型烧结机滚煤机宜设置在烧结冷却室的高层平台，外滚煤的粒度应小于 3 mm。

（6）混合料添加水量应实行自动测量与控制。

（7）混合料宜进行加热处理，加热介质可为热水、蒸汽。热水应加入混合机、制粒机内；蒸汽宜加入滚煤机混合料矿槽内。

2.5.1.3 布料、点火与烧结

（1）大、中型带式烧结机的布料应采用偏析布料方式。

（2）烧结机规格应与高炉匹配并大型化。

（3）烧结冷却室内大型烧结机宜设置 1 台，中、小型烧结机不应超过 2 台。

（4）烧结机应设铺底料设施，铺底料储存时间宜为 1~2 h。铺至烧结机台车上的铺底料厚度宜为 20~40 mm。

（5）大、中型烧结机设计应采用厚料层烧结，其料层厚度（包括铺底料厚度）以铁精矿为主时，宜等于或大于 600 mm，以铁粉矿为主时宜等于或大于 700 mm。

（6）采用热风烧结时宜用无动力供热风方式。

（7）采用菱铁矿、褐铁矿烧结时，宜在点火前设干燥段预热混合料。

（8）混合料点火温度宜为 1050~1200 ℃，特殊原料点火温度应根据试验确定。点火时间宜为 1~1.5 min。大中型烧结机点火用燃料宜采用前面所述的烧结点火所用的各种煤气。不宜采用煤粉和重油点火。采用焦炉煤气、天然气为点火燃料时煤气单耗宜小于或等于0.065 GJ/t。采用转炉煤气为点火燃料时煤气单耗宜小于或等于0.08 GJ/t。采用高炉煤气为点火燃料时宜采用煤气、空气双预热点火保温炉，煤气单耗宜小于或等于0.16 GJ/t。

(9) 烧结饼破碎后粒度应小于或等于150 mm。

(10) 烧结工艺宜取消热矿筛。

(11) 有热返矿时，宜在烧结机尾直接参加配料，并应将热矿筛偏离矿槽中心。

2.5.1.4 烧结抽风与烟气净化

(1) 烧结主抽风机平均风量宜取（90±5）$m^3/(m^2 \cdot min)$，以褐铁矿、菱铁矿为主要原料时可超过95 $m^3/(m^2 \cdot min)$。

(2) 抽风机压力应根据原料性质、料层厚度、箅条和管道及除尘器阻力、海拔高度确定。大、中型烧结机主抽风机前的负压宜取16~18 kPa。

(3) 烧结烟气除尘应采用二段进行，第一段应为降尘管，第二段应为除尘器。大型烧结机宜设双降尘管。

(4) 大中型烧结机头部采用电除尘器时，降尘管应设有烟气温度自动调节装置。

(5) 降尘管的卸灰装置宜采用双层卸灰阀。

(6) 烟囱高度应通过计算并结合实际确定。

(7) 高原地区主抽风机应根据当地的大气压力和大气中的含氧量选型，电机功率应根据当地电机效率确定。

(8) 采用烟气循环时，应根据循环烟气的含氧量和压力要求确定。

(9) 烧结热烟气宜进行余热利用，并应根据烧结烟气露点温度确定热烟气的利用量。

(10) 新建烧结机应同步配套机头烟气净化设施，烟气净化设施宜联合脱除烟气中的多种污染物，如SO_2、NO_x、粉尘、氟化物、重金属、二噁英等。烟气净化系统应运行稳定，副产物应能合理利用，且不应造成二次污染。

(11) 烟气综合治理应符合现行国家标准《钢铁烧结、球团工业大气污染物排放标准》（GB 28662）的有关规定。

(12) 大中型烧结机头部采用电除尘器时，第三和第四电场的除尘灰处理措施应根据粉尘成分对烧结矿质量的影响程度确定，可设粉尘外排系统。

2.5.1.5 烧结矿冷却

(1) 烧结矿冷却宜选用机外冷却；对于褐（菱）铁矿，也可选用机上冷却。

(2) 大中型烧结机宜采用鼓风环式冷却机，鼓风环式冷却机布置困难时，也可采用鼓风带式冷却机。

(3) 环式冷气机漏风率宜小于10%。

(4) 冷却机的布料宜采用粒度分级偏析布料技术；鼓风式环冷却机布料厚度应为1400~1500 mm。

(5) 冷却机的冷却面积与烧结机烧结面积之比应符合下列规定。

1) 采用鼓风冷却方式时，冷却面积与烧结面积之比宜为0.9~1.2。

2) 采用机上冷却方式时，冷却面积与烧结面积之比宜为0.9~1.0。

3）冷却面积应留有一定余地，以保证冷却效果并留有提高产量的可能性。

（6）鼓风式冷却机的冷却风量宜按每吨烧结饼 2200～2500 m^3 选取，冷却时间宜为 60 min。

（7）冷却机卸出的烧结矿平均温度应小于 150 ℃。

（8）冷却机热废气应进行余热利用，热废气的利用量宜大于 40%。

2.5.1.6 烧结矿整粒

（1）烧结机应采用烧结矿整粒与分出铺底料工艺。

（2）整粒流程应根据建设场地、烧结矿性能和高炉要求等因素确定。50 mm 以上粒级含量小于 10%时，不宜采用烧结矿冷破碎设备，仅设三段冷筛分工艺，筛分设备宜采用振动筛。机上冷却的整粒可按具体条件确定。

（3）设置烧结矿冷破碎设备时，应采用双齿辊破碎机，并应设四次冷筛分工艺，一次筛分应为固定筛，二、三、四次筛分应为振动筛。烧结矿冷破碎前应设自动除铁装置。

（4）通过整粒输出的成品烧结矿粒度、铺底料粒度和返矿粒度宜符合下列规定。

1）无冷破碎时，烧结矿粒度宜为 150～5 mm，其中：粒度大于 50 mm 的烧结矿含量宜小于或等于 8%，粒度小于 5 mm 的烧结矿含量宜小于或等于 5%；有冷破碎时，烧结矿粒度宜为 50～5 mm，粒度大于 50 mm 的烧结矿含量宜小于或等于 5%，粒度小于 5 mm 的烧结矿含量宜小于或等于 5%。

2）铺底料粒度宜为 20～10 mm。

3）返矿粒度宜小于 5 mm。

（5）烧结矿整粒系统宜根据条件设置备用系列，或备用筛分设备。

2.5.1.7 成品烧结矿质量、储存与运输

（1）烧结矿应设置直接送至高炉矿槽的运输系统，同时应设贮存设施。烧结矿贮存根据不同情况，可在原料场储存，也可设成品矿仓储存。原料场宜满足 3～7 d 的烧结矿贮存量，矿仓宜满足 8～12 h 的烧结矿贮存量。

（2）烧结矿产量应为烧结厂输出的成品烧结矿量。高碱度烧结矿的质量应符合表 2-3 中的要求。

表 2-3 高炉对高碱度烧结矿的质量要求

炉容级别 /m^3	铁分波动 /%	碱度波动	铁分和碱度波动的达标率/%	FeO 含量 /%	FeO 波动/%	碱度 ($w(CaO)/w(SiO_2)$)	转鼓指数 (+6.3 mm)/%	还原度 /%
1000	≤±0.5	≤±0.08	≥80	≤9.0	≤±1.0	1.8～2.25	≥71	≥70
2000	≤±0.5	≤±0.08	≥85	≤8.8	≤±1.0	1.8～2.25	≥74	≥72
3000	≤±0.5	≤±0.08	≥90	≤8.5	≤±1.0	1.8～2.25	≥77	≥73
4000	≤±0.5	≤±0.08	≥95	≤8.0	≤±1.0	1.8～2.25	≥78	≥75
5000	≤±0.5	≤±0.08	≥98	≤8.0	≤±1.0	1.8～2.25	≥78	≥75

2.5.1.8 环境保护

（1）设计应贯彻清洁生产标准要求，并应满足现行国家标准《钢铁烧结、球团工业

大气污染物排放标准》（GB 28662）的要求，应使用清洁的能源和原料，且应采用先进的工艺技术与设备。

（2）烧结烟气中有害气体（SO_x、NO_x）的控制，应符合下列规定。

1）烟气中有害气体浓度低，高空稀释后能达到标准时，应采用高烟囱排放。

2）烟气中有害气体超过国家、行业和地方规定的排放标准，或在建设地区大气环境容量不允许的情况下，应采取有效措施进行治理。

3）引进的技术与装置，有害气体排放标准应达到或高于国内标准。

（3）防尘与除尘，应符合下列规定。

1）工艺布置应减少物料的转运次数并降低其落差，减少扬尘量。

2）应采用粉尘发生量少的工艺、技术和设备。

3）对生产过程中产生或散发的粉尘应采取密封和收尘措施。

4）对废弃物的处理与堆存应防止风吹、雨淋、挥发、自燃等各种因素造成的二次污染与危害。

5）钢铁公司的含铁粉尘泥渣应单独处理后由烧结厂回收利用。

6）环境除尘应采用袋式除尘器、电除尘器或其他形式的高效除尘设备。

7）产生大气污染物的生产工艺装置应设立局部气体收集系统和集中净化处理装置。所有排气筒高度不应低于 15 m，排气筒周围半径 200 m 范围内有建筑物时，排气筒高度还应高出最高建筑物 3 m 以上。

（4）污水处理，应符合下列规定。

1）烧结厂设计不应采用水冲地坪，应采用洒水清扫方式。

2）烧结厂应无生产污水、废水排放。

3）生活污水应经处理后达标排放。

（5）噪声防治，应符合下列规定。

1）设计应选用低噪声工艺和低噪声设备。

2）按照工业企业厂界噪声标准，对高噪声设备应采取消声、减振或隔声等防治措施。

（6）烧结厂设计应同时留有厂区绿化空间。

（7）烧结厂环保设施应与主体工程同时设计、同时施工、同时投产。

2.5.1.9　安全、工业卫生与消防

（1）烧结厂设计应包括烧结厂安全、工业卫生与消防设计。在初步设计时应单独成篇，其内容要满足国家规定的相关标准和编制要求。

（2）烧结厂设计必须有防火、防爆、防雷电、防洪设施。其中点火保温炉用煤气应有自动切断保护措施，在烧嘴上方的空气总管末端采取防爆措施；机头电除尘器应根据烟气和粉尘性质设置防爆防腐设施。

（3）烧结厂设计应有设备安全运转与事故防范措施。

（4）烧结厂设计应有电气安全设施及安全照明设施。

（5）烧结厂设计应有防伤害与保障人身安全设施。

（6）不得向室内排放除空气以外的各种气体。

（7）烧结厂安全、工业卫生与消防设施应与主体工程同时设计、同时施工、同时投产。

（8）烧结厂设计应根据经批准的环境影响评价文件要求安装自动监控设备及其配套设施，且应与主体工程同时设计、同时施工、同时投入使用。

（9）排气筒应设置便于采样、监测的采样口和采样检测平台。当采样平台设置在离地面高度等于或大于5 m的位置时，应有通往平台的Z字梯、旋梯或升降梯。有净化设施的，应在其进出口分别设置采样口。采样孔、点数目和位置应符合国家现行标准《固定污染源排气中颗粒物测定与气态污染物采样方法》（GB/T 16157）和《固定源废气监测技术规范》（HJ/T 397）的有关规定。

（10）烧结厂的防火设计，应符合现行国家标准《建筑设计防火规范》（GB 50016）和《钢铁冶金企业设计防火标准》（GB 50414）的有关规定。

2.5.1.10 节能

（1）烧结厂工序能耗设计指标应以每吨成品烧结矿所消耗的千克标准煤计，并应符合《钢铁企业节能设计标准》（GB/T 50632）的有关规定。烧结机的能耗指标应根据烧结机的规格大小、原料的种类、厂址海拔的高低综合取值，新建烧结机的工序能耗应达到一级水平，不大于47 kg/t。

（2）烧结厂设计应设计采用先进节能的烧结新工艺、新技术、新设备。

（3）固体燃料的破碎不宜选用易于产生过粉碎的设备，燃料的平均粒度应达到1.2~1.5 mm。

（4）含铁原料、熔剂、燃料应采用自动重量配料。

（5）烧结配料过程中宜添加生石灰或消石灰作熔剂，并应优先选择生石灰。

（6）烧结料混合过程中宜采用蒸汽、热水预热混合料。

（7）包括设有固体燃料外滚时间在内的混合制粒时间宜取5~9 min，并采用高效混合制粒设备。

（8）成品筛分中应控返矿粒度小于或等于5 mm。

（9）烧结过程中应选择匹配的单位烧结面积的风量和主抽风机前的负压，不应选用过大的主抽风机。

（10）烧结烟气除尘应采用干式高效除尘器。

（11）主抽风机宜采用变频调速。

（12）烧结厂应进行余热利用设计，余热利用宜采用热风点火、热风烧结、生产蒸汽、生产热水、发电等方式，冷却机余热锅炉宜采用直联炉罩式余热锅炉。

2.5.1.11 电气与自动化

A 电气

（1）新建或改、扩建烧结机宜设置主电气楼，主电气楼宜布置在烧结冷却室附近并相互连通。按二级负荷供电时，应由两回路或更多回路同级电压供电；同时供电的两回路及更多回路的供配电线路中一回路中断供电时，其余回路应能满足全部二级负荷用电的要求。

（2）厂内高压配电系统宜采用放射式配电型式；变电所及配电室的高压及低压母线宜采用单母线或分段单母线接线方式，分段处应装设断路器。高压配电室向变压器配电的出线开关应采用高压真空断路器；向高压电动机配电的出线开关应采用高压真空断路器或高压真空接触器及熔断器组（F-C 回路）。厂内高压配电系统宜选用 D、Yn11 结线组别的三相配电变压器。

（3）主抽风机宜采用同步电动机并宜采用软起动方式。当采用高压变频调速装置对主抽风机进行调速时，宜采用异步电动机。需要调速的设备宜采用交流变频调速装置。需频繁换向的电动机控制装置，宜采用无触点开关或交流变频器。

（4）主工艺流程设备宜采用可编程控制器（PLC）控制系统，且应采用系统集中控制和单机操作方式，部分设备宜采用远程单机控制。

（5）全厂应采用绿色照明设计。

（6）烧结厂电气设计应实现优化供电，不得采用落后电机和变压器。

B 自动化

（1）新建的大中型烧结厂应采用 EIC 三电一体的计算机控制系统，所有的过程检测参数和设备运转状态均应纳入计算机控制系统。主要的工艺过程应进行自动控制和调节。应在电气楼设置对整个烧结主工艺系统进行操作、监视、控制、报警和管理的主控室。在其他变电所设置远程站，各远程站间应以数据通信方式传达信息。过程计算机控制系统应留有与上位机的通信接口，需要时可采用上位机管理。

（2）烧结厂应设置行政电话、生产调度电话，并宜采用指令对讲扩音通信、无线对讲通信。对火灾自动报警装置宜采用区域型报警系统，且火灾报警系统应与主要消防设备联动。对重要的工艺过程环节，应采用工业电视系统进行监控。

（3）烧结控制系统应与钢铁公司能源管控中心联接。

2.5.1.12 计量、检验、化验与试验

A 计量

（1）进入烧结厂的各种含铁原料、熔剂、燃料及出厂的成品烧结矿均应设置计量和监测设备，计量设备和计量方式可根据具体条件选定。

（2）水、电、煤气、压缩空气、蒸汽、氮气、氧气等能源介质应设置能源计量和监测设备，且应具有数据通信功能。能源计量和监测设备应能实时、准确、可靠地从能源计量器上采集数据，并应传输至能源管理系统。计量、监测的项目和计量器具的配备要求应符合现行国家标准《钢铁企业能源计量器具配备和管理要求》（GB/T 21368）的有关规定。

（3）余热产蒸汽和余热发电所需要的输入能源介质及输出并网的蒸汽、电应设置单独的计量和监测设备。

（4）焦炉煤气、高炉煤气、转炉煤气、混合煤气、发生炉煤气、天然气等气态能源的计量和监测应包括总管接口处的流量、压力、温度。

（5）蒸汽、压缩空气、氮气、氧气能源的计量和监测应包括总管接口处的流量、压力、温度。

（6）生活水、工业用水的计量和监测应包括总管接口处的流量、压力。

（7）电的计量和监测应包括变电所入口侧的电流、电压、电度、功率、功率因数。

B 检验、化验、试验

（1）烧结矿检验宜设置自动定时采样，并宜设置缩分、制样等设施。

（2）烧结厂的各种含铁原料、熔剂、固体燃料、返矿、混合料及成品烧结矿均应定时进行物理检验与化学分析。

（3）各种含铁原料、熔剂、固体燃料、返矿、混合料的物理检验与化学分析项目应包括化学成分、粒度和水分。成品烧结矿物理检验与化学分析项目应包括化学成分、粒度与强度以及还原度和低温还原粉化率等冶金性能检验。上述检验、化验可在钢铁公司检化验中心完成。

（4）烧结厂设计应确定测定项目、物理检验与化学分析内容、取样制度及取样地点。

（5）大型烧结厂宜设烧结实验室。

2.5.1.13　设备检修及检修装备

（1）烧结厂机械设备备件与易耗品，以及材料、油料和备件库，应由钢铁公司统一安排。

（2）烧结设备的大、中、小修，应由钢铁公司统一安排，宜采用定检定修制。

（3）烧结厂可设机械维修车间或检修站，也可由钢铁公司统一安排。

（4）烧结厂风机转子的动平衡试验，应由钢铁公司统一进行或外协解决。

（5）烧结主厂房±0.00 m平面宜设置台车修理场地。

（6）烧结设备检修的整体装备水平，应根据烧结厂规模和设备最大件的情况确定。

2.5.2　球团工艺规范

2.5.2.1　配料和混合的一般规定

（1）配料应精确和稳定。

（2）原料和配加的微量物料应充分混匀。

2.5.2.2　配料和混合

（1）配料、混合系统宜与焙烧系统一对一配置。

（2）物料应采用自动重量配料，配料精度的允许偏差宜为±0.5%。

（3）配料槽数量应根据物料品种数、配料量及配料设备能力确定。含铁原料配料仓不应少于品种数；其他参加配料的物料，每种应至少设一个配料仓，每种物料宜设不少于两套排料设备。

（4）配料的下料顺序宜为原料、回收粉尘、添加剂、黏结剂。

（5）物料配料量应根据物料实时物理化学性质通过配料计算确定，并应根据物料物理化学性质的变化及时调整。

（6）黏结剂、添加剂和回收粉尘等粉状干物料进入配料仓宜采用气力输送方式，仓顶应设置袋式收尘器。

（7）黏结剂、添加剂和回收粉尘等粉状干物料应采用密闭的配料设备。配料设备启动和停止应根据物料下料顺序和下料延时顺序确定。

（8）原料配料槽下部锥体倾角不应小于70°，其他物料物料配料槽下部锥体倾角不应小于60°。配料槽应设置料位检测装置。配料槽防黏、防磨损措施应根据物料水分、堆积密度、流动性、磨损性和黏性等因素确定。

（9）配合料应采用强力混合设备混匀。

（10）强力混合设备选择不应影响主机作业率，且不宜设置备用设备。

2.5.2.3 造球

（1）一般规定。

1）质量不合格的生球不得进入焙烧系统。

2）生球量应满足焙烧系统需要。

（2）造球规范。

1）造球机的数量应根据原料的成球性能及设备规格确定，并应至少备用一台。

2）圆盘造球机的倾角、转速应可调节；圆筒造球机的转速应可调节。

3）每台造球机应配置一个给料仓，给料仓储存量不宜大于造球机 1 h 的给料量，仓下部锥体倾角不应小于 70°，给料仓应设置防黏、防堵塞设施。

4）造球机应配备加水装置。

5）造球机检修应设专用桥式起重机。

2.5.2.4 生球筛分

（1）生球筛分宜采用辊式筛分机筛除粒度不合格的生球。筛分机漏斗、溜槽、导料板等应设置防黏、防堵塞措施。

（2）生球运输到焙烧系统前应减少转运次数并降低转运落差，每次转运落差不宜大于 500 mm。

（3）合格生球质量宜符合下列规定：

1）落下强度不宜小于 5 次/(个球 · 0.5 m)；

2）8~16 mm 粒级含量宜大于 95%，其中 10~14 mm 含量宜大于 80%，小于 5 mm 含量应小于 2%；

3）爆裂温度宜高于 450 ℃；

4）水分波动允许偏差值宜为±0.25%。

2.5.2.5 布料

（1）一般规定。

1）布料应平整和均匀。

2）铁矿球团工程建设中，宜采用链箅机-回转窑和带式焙烧工艺，且单机规模宜大型化。对现行的竖炉生产工艺应进行技术改造。

（2）布料规范。

1）竖炉炉顶生球布料应采用梭式布料车，布料车行走速度应与胶带机相匹配；布料行程应根据干燥床的长度确定。

2）带式焙烧机和链箅机-回转窑工艺的生球布料宜采用梭式或摆式布料机、宽皮带机和辊式布料机组合。

3）梭式布料机宜为变速驱动、后退单向布料，行程和布料车行走速度应可调；摆式布料机摆动幅度和速度宜可调。

4）宽皮带机的带速应可调。宽皮带机宽度宜大于辊式布料机宽度 200~300 mm。

5）辊式布料机倾角应可调整，且不宜小于 16°，每个辊子宜采用单独传动的方式。辊式布料机宽度宜大于链箅机或带式焙烧机宽度 150 mm。辊式布料机运输段应设置于链箅机箅床或带式焙烧机台车上方。

6）在辊式布料机和焙烧设备接口处应设置防黏料导料装置。

2.5.2.6 干燥、预热、焙烧、冷却

（1）链箅机-回转窑、带式机焙烧机和竖炉工艺，焙烧和冷却系统设计均应符合下列规定。

1）应选择先进、成熟、节能的工艺。

2）工艺流程和参数应根据球团试验和生产实践确定，并应计算物料平衡和热量平衡。

3）主工艺系统应选择成熟、可靠设备，设备设计能力应根据正常流程处理量，生产、操作以及原料变化等因素确定，并应留有富余。焙烧设备富余量不应小于10%，工艺风机风量富余量宜大于20%，压力富余量宜大于40%。

4）主工艺系统设备应配备调节、检测、控制和保护设施。

5）工艺除尘系统应选择高效可靠除尘设备。旋风除尘器和多管除尘器效率不应小于80%。主工艺系统不宜采用布袋除尘器。

6）载有热气流的工艺管道和高温炉窑应设置隔热保温措施。

7）大型工艺风机运行宜采用变频调速控制。

8）生产过程中产生的漏料和粉尘应回收利用。

9）冷却后的球团矿，最高温度不应大于120 ℃，平均温度不应大于80 ℃。高温球团矿显热利用率不应小于90%。

（2）链箅机-回转窑工艺应符合下列规定。

1）链箅机、回转窑、环冷机设计能力应互相匹配。

2）链箅机有效宽度和回转窑内径比值宜为0.7~0.9。

3）采用赤铁矿时链箅机利用系数不宜小于25 t/(m^2·d)，采用磁铁矿时链箅机利用系数不宜小于40 t/(m^2·d)。大中型球团厂回转窑利用系数宜大于9.5 t/(m^2·d)，环冷机利用系数不宜小于65 t/(m^2·d)；小型球团厂回转窑利用系数宜大于7.0 t/(m^2·d)，环冷机利用系数不宜小于50 t/(m^2·d)。

4）链箅机料层应平整，厚度宜为180~220 mm。链箅机侧板宜小于料层10~20 mm。链箅机布料段应设置料层厚度检测，箅床移动速度应可调。

5）链箅机宜设置两个干燥段、一个过渡预热段（TPH）和一个预热段（PH）。在每个工艺段球团停留时间应根据工艺段设计功能确定。当生球水分大于10%时，第一个干燥段宜采用鼓风干燥（UDD）；当生球水分小于10%时，宜采用全抽风干燥。

6）当原料中赤铁矿比例大于70%时，热量补充宜在预热段、过渡预热段设置供热能力可调节的烧嘴或在球团内配加内配碳。内配碳配加量应根据球团试验确定。

7）当链箅机采用鼓风干燥段、抽风干燥段、过渡预热段和预热段时，各段工艺气流宜符合下列规定。

①鼓风干燥段气流宜来自环冷机热废气，气流温度宜为150~350 ℃，且应小于生球爆裂温度150~200 ℃；

②抽风干燥（DDD）段热气流应采用预热段风箱热废气，气流温度宜为350~450 ℃；

③过渡预热段热气流应采用环冷机热废气，气流温度宜为600~1000 ℃；

④预热段热气流应采用回转窑高温废气，焙烧磁铁矿时气流温度宜为1000~1100 ℃，焙烧赤铁矿时气流温度不宜小于1150 ℃。

8）当链箅机采用两段抽风干燥段、过渡预热段和预热段时，各段工艺气流宜符合下列规定。

①抽风干燥1段热气流宜采用环冷机热废气，气流温度宜为250~350 ℃；

②抽风干燥2段热气流应采用预热段风箱热废气，气流温度宜为350~500 ℃；

③过渡预热段热气流应采用环冷机热废气，气流温度宜为600~1000 ℃；

④预热段热气流应采用回转窑高温废气，焙烧磁铁矿时气流温度宜为1000~1100 ℃，焙烧赤铁矿时气流温度不宜小于1150 ℃。

9）链箅机炉罩至料面净空应满足料层风速及检修要求。每段炉罩应设检修门和观察孔，每段炉罩之间应设置隔墙，隔墙宜采用风冷。预热段应设放散烟囱。

10）链箅机炉罩应设耐火内衬，高温段炉罩表面温度宜小于120 ℃，低温段炉罩表面温度宜小于80 ℃。

11）链箅机炉罩内应保持微负压，其相对压力宜为-50~-20 Pa。

12）链箅机风箱保温应根据气流特性设置，宜采用内保温。

13）离开链箅机干燥段和过渡预热段料层气流温度应可调节，且气流温度应高于露点温度。

14）离开链箅机预热段气流温度应可调节，且气流温度应小于设备最高允许温度。

15）应减少链箅机的漏料量。铲料板处漏料率宜小于5%。链箅机散料应收集后回收利用。

16）链箅机布料端应置于封闭设有检修吊车的厂房内。链箅机两侧通道宽度不应小于800 mm。

17）回转窑的长径比宜为6.5~7.0，倾斜度宜为3%~5%，物料在窑内停留时间宜为20~30 min，填充率宜为7%~9%。

18）回转窑基础设计应符合下列规定。

①支承装置基础墩竖向沉降和顶部横向位移均不应大于4 mm；

②相邻支承装置基础墩竖向沉降差和顶部横向位移差均不应大于1 mm，相邻支承装置基础顶部纵向位移差不应大于6 mm；

③回转窑基础整体竖向沉降与周边建筑物基础竖向沉降的差值不应大于10 mm。

19）正常生产时回转窑壳体最高温度应小于250 ℃。

20）回转窑进料端和排料端应设散料收集装置，铲料板漏料经收集后，可由斗式提升机回收入窑。

21）回转窑排料端应设窑头箱、大块固定筛、检修门和观察孔以及烧嘴操作平台。

22）回转窑宜露天设置，并应有检修场地。

23）回转窑烧嘴应置于可移动的小车上，供热能力应留有20%以上的富余量；火焰长度和形状应可调节；烧嘴应配置火焰检测装置和安全措施；一次风风量和压力应可调节，风量不宜大于燃料理论燃烧所需空气量的20%。

24）回转窑窑头箱内应保持微负压，相对压力宜为-100~-50 Pa。

25）焙烧后高温球团矿应在环冷机中冷却，且应采用鼓风冷却。环冷机应设置不少于三个冷却段，并应配备相应的冷却风机。球团矿冷却风量（标准状态）宜为1500~1800 m^3/t。

26）从环冷机排出的热气体应回收利用，高温废气应作为回转窑燃料燃烧的二次风，中低温废气应经回热管道返回链箅机，回热管道上宜设置放散烟囱和管道烧嘴。

27）环冷机料层厚度宜为660~850 mm，料层阻力不宜大于7000 Pa，各冷却段阻力应保持相同或接近。

28）环冷机各冷却段面积应根据提供回转窑和链箅机的热气体量进行分配。

29）环冷机上部固定炉罩应设耐火内衬，高温段炉罩表面温度宜小于120 ℃，低温段炉罩表面温度宜小于60 ℃。炉罩内相邻两个冷却段之间应设隔墙，高温段隔墙宜采用风冷。在装料区和第一冷却段之间应设平料墙，平料墙宜采用风冷。冷却段炉罩应设置检修门，排料区应设除尘口。

30）内外回转侧墙和装料斗应设耐火预制块内衬。

31）环冷机内外侧应设置走台，走台宽度不应小于800 mm。

32）环冷机排料斗应设置称量装置，排料斗应储存2~3个台车物料，排料斗下应设置闸门。排料设备宜采用电振给料机和链板输送机。排料设备应输送事故时未能完全冷却的高温球团矿，耐温不应小于300 ℃。

33）链箅机和环冷机炉罩、链箅机风箱、回转窑筒体以及热风管道的耐火内衬设计应符合现行国家标准《设备及管道保温技术通则》（GB 4272）的有关规定。

（3）带式焙烧应符合下列规定。

1）带式焙烧机宜设置鼓风干燥、抽风干燥、预热、焙烧、均热、一冷和二冷工艺段。

2）鼓风干燥段热源宜采用第二冷却段排出的热气体，从焙烧段高温区和均热段风箱排出的热气体宜循环到抽风干燥段，从第一冷却段排出的热气体应直接给到预热段、焙烧段和均热段。

3）在预热段、焙烧段应设置烧嘴供热，烧嘴燃料应采用气体燃料或液体燃料，焙烧赤铁矿时宜在球团内添加内配碳。

4）带式焙烧机应设铺底和铺边料，铺底铺边料应采用8~16 mm的球团矿，厚度宜为70~100 mm。带式焙烧机不包含铺底料的料层厚度宜等于或大于350 mm。

5）带式焙烧机利用系数，焙烧磁铁矿时宜为22~35 $t/(m^2 \cdot d)$，焙烧赤铁矿时宜为20~27 $t/(m^2 \cdot d)$。

6）带式焙烧机炉罩耐火内衬应根据不同工艺段气流特性确定。耐火内衬使用寿命不应小于4年。高温段炉罩表面温度应小于120 ℃，低温段炉罩表面温度应小于80 ℃。

7）带式焙烧机炉罩至料面净空应满足料层风速和检修要求。

8）烧嘴供热能力应留有20%以上的富余量，烧嘴应配备火焰监测装置；燃烧系统应配备安全措施，助燃风机应设置备用风机。

9）带式焙烧机炉罩内应保持微负压，相对压力宜为-50~-20 Pa。

10）带式焙烧机风箱保温应根据气流特性确定，宜采用内保温。

11）离开带式焙烧机干燥段料层的气流温度应可调节，且气流温度应高于露点温度。

12）离开带式焙烧机焙烧段和均热段气流温度应可调节，且气流温度应小于设备最高允许温度。

13）带式焙烧机应设在有通风设施的厂房内，并应设有检修用起重机、台车库和检修间。带式焙烧机两侧通道宽度不应小于 800 mm。工艺风机及除尘器宜配置在厂房纵向一侧，设备宜设在±0.00 m 平面以上。

（4）竖炉工艺应符合下列规定。

1）原料中磁铁矿比例不应小于 90%，产品应为高炉用酸性球团矿。

2）生球在干燥段停留的时间应大于 5 min。

3）焙烧气流温度不应小于 1250 ℃，燃烧产物含氧量不应小于 4%。竖炉应设置导风墙，其结构应满足球团焙烧温度均匀和稳定要求。

4）主厂房应设炉顶汽化冷却汽包平台、布料平台、燃烧室平台、齿辊卸料平台和竖炉下部排料平台。

5）应增设炉外冷却设备，成品球团矿冷却后温度应小于 120 ℃，平均温度不应大于 80 ℃。冷却设备宜采用鼓风带式冷却机，冷却面积宜留有 10%的余量。冷却球团矿余热应利用。

6）汽化冷却后的蒸汽应实施余热利用。

7）炉顶除尘风机与煤气加压机、助燃风机应设安全连锁控制。

2.5.2.7 成品筛分、储运和粉料处理

（1）成品球团矿的质量应满足高炉炼铁和直接还原铁生产用的要求。其设计的产品质量应符合表 2-4 中的要求。

表 2-4 成品球团矿的质量要求

项目		高炉用球团矿	直接还原用球团矿
化学成分	$w(TFe)/\%$	≥63±0.5	≥66±0.3
	$R(w(CaO)/w(SiO_2))$	≤0.3 或≥0.8±0.025	≥0.8±0.025
	$w(FeO)/\%$	≤1.0	≤1.0
	$w(S)$，$w(P)/\%$	$w(S)\leq0.02$，$w(P)\leq0.03$	$w(S)\leq0.02$，$w(P)\leq0.03$
粒度组成/%	8~16 mm	≥90	≥90
	-5 mm	≤3	≤3
物理性能	转鼓指数（+6.3 mm）/%	≥86	≤95
	耐磨指数（-0.5 mm）/%	≤4~5	≤5
	抗压强度/牛·球$^{-1}$	≥2500	≥2800
冶金性能	还原度指数 *RI*/%	≥65	≥65
	还原膨胀指数 *RSI*/%	≤15	≤15
	低温还原粉化率（+3.15 mm）/%	≥80	≥65

（2）采用带式焙烧工艺时应设筛分系统，筛分设施布置应靠近焙烧系统，能分出铺边铺底料和-5 mm 的球团粉。链箅机-回转窑和竖炉球团矿含粉率能满足产品质量要求时可不设筛分系统。

（3）筛分设备应采用振动筛，筛分前后均应设计量装置。

（4）球团厂应设球团矿取样装置。

（5）从冷却系统排出的球团矿宜设置事故喷水装置。

（6）用胶带机运输球团矿时，胶带机倾角不宜大于13°。

（7）球团矿应采用矿仓或堆场储存，采取堆场储存时储存量不宜小于7 d，采用矿仓储存时不宜小于8 h。

（8）从焙烧系统排出的未能充分冷却的大块物料应堆存在设有围挡的区域待自然冷却后再处理。

2.5.2.8 电气和自动化

A 电气

（1）铁矿球团厂应按二级负荷供电，宜由两回路来自不同母线段的线路供电。当有一个回路电源中断供电时，另一个回路应满足全部一级和二级负荷供电的要求。

（2）链箅机-回转窑球团厂回转窑应由双重电源或应急供电系统供电。应急供电电源宜采用柴油发电机，容量应包括回转窑、环冷机和重要工艺风机、应急消防给水系统和应急照明系统等；柴油发电机的起动控制应和供电系统连锁，切换时间应满足设备允许中断供电的要求。

（3）带式焙烧机应由双重电源或应急供电系统供电。应急供电电源宜采用柴油发电机，容量应包括带式焙烧机和事故风机、循环水系统、应急消防给水系统和应急照明系统等；柴油发电机的起动控制应和供电系统连锁，切换时间应满足设备允许中断供电的要求。

（4）大、中型铁矿球团工程应设置电气楼。电气楼宜靠近主工艺生产线布置，并采用通道连通。

（5）高压配电系统宜采用放射式；变配电所的高压及低压母线宜采用单母线或分段单母线接线方式，分段处宜设断路器。

（6）高压配电室向变压器配电的出线开关应采用高压真空断路器，向高压电动机配电的出线开关应用高压真空断路器或真空接触器及熔断器组（F-C回路）。

（7）直接接地低压系统配电变压器宜选用D、Yn11结线组别的三相变压器。

（8）当自然功率因数达不到电网要求时，无功补偿装置应采用并联电力电容器，并宜采用高低压同时补偿方式。

（9）需调速的设备宜采用交流变频调速装置。

（10）主工艺系统和设备应采用系统集中控制和机旁单机操作方式，部分有独立控制系统的设备宜采用远程单机控制。

（11）室外电缆宜采用架空桥架、电缆沟或电缆隧道等方式敷设，室内电缆宜采用桥架或电缆沟、穿钢管直埋或吊挂等方式敷设，高温区及其附近应采用耐高温、防火电缆，并应做隔热防护。

（12）供配电应优化设计，宜采用高能效电机和低损耗变压器。

（13）全厂应采用绿色照明设计。

B 自动化

（1）大、中型球团工程应采用三电一体化的自动化控制系统，过程检测参数和设备运转状态均应纳入自动化控制系统。主要工艺过程应实行自动控制和调节，且应做到运行可靠。

（2）工艺系统操作、监视、控制、报警和管理应在主控室内完成。

（3）控制系统应配备不间断电源，重要的检测设备也宜配备不间断电源。

（4）自动化控制系统宜采用上位机管理，且与上位机之间应采用以太网通信。

（5）通信设施应采用有线或无线方式。

（6）火灾自动报警装置应采用区域型报警系统，并应与主要消防设备联动。

（7）重要区域应设工业电视系统监控。摄像装置应根据现场条件和生产要求设置，并应设防尘、防高温等保护设施。

（8）小型球团工程自动化控制系统应检测主要工艺参数，并应监控主要工艺过程。

2.5.2.9　辅助设施

A　总图运输

（1）铁矿球团厂厂址宜选在矿山、矿石港口附近或钢铁厂内，应节约用地和有利于环境保护。

（2）总平面布置应在满足工艺流程和消防、防洪的前提下，做到物流短捷、布置紧凑、功能分区明确。建筑物宜布置在土质均匀和地基承载力高的区域，易产生扬尘的生产设施应布置在主导风向的下风向。

（3）生产单元专属性辅助设施应贴近服务对象布置，公共生产辅助设施宜集中设置；车间宜合并设置。大中型球团工程宜设有生产管理、生活设施、停车场等组成的厂前区和公共服务区。

（4）厂区道路应满足运输、消防、安全、检修要求。大型设备和物件场地应满足运输、安装和检修要求。主干道路宜采用环形布置并与车间轴线平行。厂区内道路设计应符合现行国家标准《钢铁企业总图运输设计规范》（GB 50603）的规定。

（5）竖向布置应与厂内外有关的铁路、道路、排水系统、厂区周围场地标高相适应，厂区排水应畅通。当厂区地形高差较大时，宜按功能区域采用多台阶布置。

（6）厂区管线布置宜采用共沟或共架方式并应满足防火、防爆以及维护检修的要求。

（7）厂区总平面布置应综合考虑绿化用地并给出占地指标。

B　除尘、通风、采暖、空调

（1）产生粉尘的扬尘点应设除尘设施。除尘系统应降低漏风率和减少二次扬尘。环境除尘系统大气污染物排放标准应符合现行国家标准《钢铁烧结、球团工业大气污染物排放标准》（GB 28662）的有关规定。

（2）对常温、含湿量低的含尘废气宜采用干式除尘，对高温或含湿量高的含尘废气宜采用湿式除尘。干式除尘系统宜采用袋式除尘器或电除尘器。

（3）除尘系统应靠近产尘点设置，除尘管道内气流速度的选择应避免粉尘在管道内沉降，输送高磨损性粉尘的管道应设置耐磨措施。除尘风机的压力应根据系统阻力计算确定，并应保证除尘效果、节约能源。

（4）有易燃易爆环境的建筑物或有防火防爆要求的单独房间应单独设置机械通风；放散大量有害气体或有爆炸危险气体的建筑物应设置事故通风装置；地下通廊等地下建筑

物应设置机械通风，机械通风换气次数宜3~5 次/h。对生产中产生蒸汽的封闭或半封闭区域宜单独设置屋顶机械通风。

（5）建筑物通风系统设计应符合现行国家标准《工业建筑供暖通风与空气调节设计规范》（GB 50019）的有关规定。

（6）对室内温度有要求的房间均应设置空调；空调系统能力计算应根据房间容积、气候条件、建筑材料、设备发热量等因素确定。

（7）采暖设施应符合下列规定。

1）煤破碎和磨煤厂房内，应采用光滑易清扫的散热器，散热器入口热水温度不宜大于130 ℃，蒸汽温度不宜大于110 ℃。输煤通廊散热器入口处热煤温度不应大于160 ℃。

2）采暖管道不应穿过变压器室，并不宜穿过电气设备室，必须穿过时，接头应采用焊接连接方式。

3）电气控制室和配电室内的采暖设施宜采用电采暖。

4）采暖地区的原燃料准备和处理系统、配料混合系统和造球系统的室内环境温度不宜小于5 ℃。

C 给水、排水

（1）铁矿球团厂应设置生产和生活给水及排水设施和消防给水设施。给水、排水管路的布置应方便检查、维护和检修。

（2）生产给水的水量和水质应满足生产要求。生产新水的悬浮物应小于30 mg/L，当超标时应设有处理设施。当水质硬度不满足要求时，应设软化设施。给水系统应根据用户要求设置。

（3）生活用水的水质应符合现行国家标准《生活饮用水卫生标准》（GB 5749）的有关规定。

（4）生产给水应设循环给水系统。循环水的重复利用率不宜小于97%，设计浓缩倍数不宜小于3.0。循环冷却水系统应设有水质稳定设施，并宜设温度、流量、压力、电导率等在线检测设施。循环回水宜利用余压送至冷却塔。

（5）消防给水设施和室内外消防给水系统设置应符合现行国家标准《建筑设计防火规范》（GB 50016）和《钢铁冶金企业设计防火标准》（GB 50414）的有关规定。

（6）生产用水宜设高位水箱，容积不宜小于调节水量的5%，并应设于最高建筑物的屋顶。高位水箱最低供水水位应根据设备用水压力确定。

（7）给水设备的供电负荷等级不应小于用水设备的供电负荷等级。

（8）生产废水及生活污水排放应符合现行国家标准《钢铁工业水污染物排放标准》（GB 13456）的有关规定，污水与雨水排水系统应分开设置。

D 压缩空气和氮气

（1）铁矿球团厂采用工厂级压缩空气和仪表级压缩空气，压缩空气宜由自设压缩空气站供应，也可由外部气源供应。由外部气源供应时到达厂区交接点的压力不应小于0.7 MPa，并应设置总储气罐。

（2）仪表清洁和保护、气动执行器、布袋除尘器、气力输送、喷油润滑、精密设备清洁应使用仪表级压缩空气；机械设备清洁及冷却、压滤机、漏斗或溜槽或矿仓桶等应使用工厂级压缩空气。仪表级和工厂级压缩空气质量等级应符合现行国家标准《压缩空

气 第1部分：污染物净化等级》（GB/T 13277.1）的有关规定。

（3）压缩空气消耗量应根据工艺和设备要求并考虑相关因素进行计算。

（4）空气压缩机应选用节能产品，并应设置一台备用变频空气压缩机。

（5）净化设备应由气液分离器、高效除油器、微热再生或无热再生干燥器组成。在压缩空气站外应设储气罐，对压缩空气负荷波动或要求供气压力稳定的用户，宜就近设置储气罐或其他稳压装置。储气罐应设置在室外，并应避免太阳光直射。

（6）压缩空气站应采用封闭式结构，并应设置隔声措施。当室外环境最低温度小于-15 ℃时，宜采用排气循环系统。

（7）压缩空气管道应采用流体输送用钢管。室外管道宜架空敷设并应设热补偿；室内管道应沿墙、柱、通廊铺设。

（8）用作保护的氮气宜由外部气源供应或采用氮气罐，氮气罐应存放在指定的区域。大中型球团厂宜设制氮站。

（9）氮气管道应沿墙、柱及通廊铺设，安装在封闭空间的氮气管道应采用焊接接头防止泄漏。

（10）使用氮气的区域应采取通风措施。

E 建筑和结构

（1）建筑与结构应根据工艺、使用功能、安全与节能环保要求、气象条件、建筑材料供应情况确定，可采用敞开、半敞开或全封闭的围护形式。建筑形式与色彩应协调一致，建筑应采用安全色彩标注。

（2）建筑防火设计应符合现行国家标准《建筑设计防火规范》（GB 50016）的有关规定。

（3）回转窑、环冷机、除尘器和风机宜采用敞开式布置，造球室和链箅机布料端应采用全封闭建筑，全封闭厂房应设置天窗或通风屋顶。

（4）钢梯和栏杆设计应符合下列规定。

1）楼梯设计应符合现行国家标准《建筑设计防火规范》（GB 50016）的有关规定，主要通行钢梯的角度不宜大于45°，宽度不宜小于800 mm，踏步宽度不宜小于250 mm，踏步高度不宜大于200 mm；当梯子高度大于2 m时，应设置中间休息平台。

2）平台、吊装孔、检修孔以及楼梯洞口的周边均应设置防护栏杆。当临空高度小于20 m时，栏杆高度不应小于1200 mm；当临空高度大于或等于20 m时，栏杆高度不应小于1050 mm。

3）钢栏杆底部应设置高度不小于100 mm的防护板。

（5）沿海地区或空气中有腐蚀性介质时，门窗应采取防腐措施。

（6）结构设计荷载应符合现行国家标准《建筑结构荷载规范》（GB 50009）的有关规定，并应满足生产、设备安装和检修的要求。有动荷载的车间还应考虑动荷载对结构的影响。

（7）厂房结构应根据设备的动力影响以及风载荷、雪荷载及地震设防荷载确定。地基和基础应根据厂区地质勘探报告确定，并应满足设备对沉降的要求。

（8）高温车间厂房结构和材料应按结构件表面温度确定，且对其材料强度和弹性模量应进行折减。对长期受高温作用的构件应采取隔热或冷却措施。

（9）高度大于 15 m 的转运站、跨距大于 17 m 的胶带机通廊，结构型式宜采用钢结构。大中型球团厂宜采用钢结构厂房。料仓宜采用钢结构，并根据物料性质设抗磨和防黏内衬。

（10）抗震设防烈度 6 度及以上的建构筑物应采用抗震设计，抗震设计应符合现行国家标准《建筑抗震设计标准》（GB 50011）和《构筑物抗震设计规范》（GB 50191）的有关规定。

（11）对有人值守的房间，当环境噪声值大于 65 dB(A) 时应采取隔声降噪措施。

2.5.2.10 计量、检化验与试验

A 计量

（1）进出物料均应设有精确的计量装置。

（2）能源介质应设置精确的计量装置，能源介质应包括生产用水、电、燃气、压缩空气、蒸汽、氮气等。

（3）物料计量应包括瞬时量和累积量，燃气、压缩空气、蒸汽、氮气的计量应包括总管接口处的流量、压力和温度，生产用水和生活用水的计量应包括总管接口处的流量和压力，电力计量应包括电流、电压、电度、功率和功率因数。

（4）计量设备和仪表应根据介质性质确定，计量装置应定期校准，流体计量应根据压力和温度进行修正。计量器具配备和精确度等级应符合现行国家标准《钢铁企业能源计量器具配备和管理要求》（GB/T 21368）的有关规定。

（5）由胶带机运输的散状物料宜选用电子皮带秤计量，计量准确度应符合现行国家标准《连续累计自动衡器（皮带秤）》（GB/T 7721）的有关规定；由汽车或火车运输的散状物料宜选用汽车衡或火车衡计量，汽车衡的计量精确度应符合国家现行标准《电子汽车衡（衡器载荷测量仪法）检定规程》（JJG 1118）的有关规定，火车衡的计量应符合现行国家标准《自动轨道衡》（GB/T 11885）的有关规定；由矿仓装卸的散状物料宜采用称量漏斗计量，称重传感器准确度应符合现行国家标准《称重传感器》（GB/T 7551）的有关规定；由管道输送的流体宜采用孔板流量计或电子流量计计量。

（6）计量装置安装应满足仪表设备技术要求，并应设置操作和检修平台，计量数据应与工厂控制系统实时通信。

B 检化验

（1）大中型球团厂的原料和成品宜设置自动取样装置。

（2）球团厂宜设置检化验室，宜对原料、中间产品和最终产品进行物理检测和化学分析以及对烟气成分检测。

（3）物理检测和化学分析内容应符合下列规定。

1）物理检测项目应包括水分、粒度分析、比表面积、抗压强度、转鼓指数和耐磨指数。

2）化学分析应包括快速分析和全分析，快速分析项目应包括全铁（TFe）、氧化亚铁（FeO），全分析项目宜包括全铁（TFe）、氧化亚铁（FeO）、三氧化二铁（Fe_2O_3）、二氧化硅（SiO_2）、氧化铝（Al_2O_3）、氧化钙（CaO）、氧化镁（MgO）、氧化钾（K_2O）、氧化钠（Na_2O）、二氧化钛（TiO_2）、五氧化二钒（V_2O_5）、锰（Mn）、铜（Cu）、锌

(Zn)、铅（Pb）、砷（As）、硫（S）、磷（P）、烧损率（LOI）。

3）应包括膨润土性能检测项目。

4）固体燃料分析应包括元素分析和工业分析。

5）液体燃料的元素分析和气体燃料的成分分析可使用供应商提供的数据或委托检测。

6）应在线监测主烟囱烟气中颗粒物、氧（O_2）、二氧化硫（SO_2）、氮氧化物（NO_x）含量。

（4）检测和分析的频率应符合下列规定。

1）原料、添加剂和黏结剂的物理检测和化学全分析以及固体燃料分析应每批次不少于2次。

2）产品全分析不应少于1次/天，快速分析和物理检测不应少于1次/班。

3）生球粒度分析不应少于1次/班，落下次数检测不应少于1次/h。

4）预热球抗压强度检测不应少于1次/班。

（5）检化验室仪表设备配置应符合标准。

（6）检测和分析的数据应与工厂控制系统实时通信。

C 试验

（1）大中型球团工程宜设铁矿球团试验室。

（2）试验室应模拟生产工艺，试验内容应根据原料条件和产品质量要求确定，试验结果应为生产操作提供指导。

（3）试验室应根据生产工艺配置试验设备，且应符合下列规定。

1）应配置批次式混合机。

2）应配置圆盘造球机，直径不宜小于1 m。

3）应配置模拟链箅机-回转窑工艺的箅式罐和回转窑，箅式罐直径不宜小于200 mm、装料高度不宜小于200 mm，回转窑直径和长度宜分别不小于1 m；或模拟带式焙烧机工艺的焙烧杯，其直径不宜小于250 mm，装料高度不宜小于450 mm。箅式罐宜配置双燃烧室。

4）应配置气体流量调节和分析仪表、温度检测仪表。

5）应配置冶金性能检测装置。

2.5.2.11 维修检修

（1）铁矿球团厂应实行计划检修，并宜采用小修和年度定修相结合的制度。小修周期宜为3~6 m，年度定修周期宜为一到两年。采用链箅机-回转窑工艺时，检修周期应考虑回转窑高温段耐火材料的寿命周期。

（2）铁矿球团厂应设置维修设施。大型球团厂宜设日常维修检修间、备品备件库以及材料库和油脂库。

（3）油脂应与材料、备品备件分开存放，材料、备品备件应分类存放，耐火材料应储存在防雨的库房内，机械设备的备件应与电气仪表备件分开。

（4）日常维修间应根据日常机械和电气仪表修理要求配置，不宜包括热处理、铸造、锻造和动平衡试验等，机械修理与电气修理应分开设置，宜配备用于车、削、磨、钻、折弯、焊接、切割、攻丝等常规维修设备以及常用工具。

2.5.2.12 节能

(1) 铁矿球团工程设计应采用先进节能的新工艺、新技术和新设备，宜建立全厂智能协同管控中心，并宜实现从能源数据采集-过程监控-能源介质消耗分析-能源全流程的回收利用、协同平衡、信息化综合管理。

(2) 生产工艺、工艺参数、设备选型应节能和高效；大于 150 ℃的废气余热宜全部回收利用。

(3) 节能设计应采取减少散热损失和漏风措施。

(4) 大于 250 kW 的电机应采用高压供电和低损耗型变压器。球团工程应采用先进的自动化生产和管理系统。

(5) 生产过程中产生的漏料、粉尘应利用。

(6) 球团工序能耗设计指标应符合国家标准《钢铁企业节能设计标准》（GB 50632）的有关规定，其中焙烧热耗应符合下列规定。

1) 当采用100%磁铁矿焙烧时，不应大于 18 kg/t；

2) 当采用100%赤铁矿焙烧时，不应大于 40 kg/t；

3) 当采用磁铁矿和赤铁矿的混合矿时，可按比例插入法计算确定；

4) 当采用镜铁矿、部分褐铁矿或其他含铁原料时，应通过球团试验确定。

2.5.2.13 安全与环保

A 安全

(1) 铁矿球团工程设计应确保工艺安全，应划分危险性区域，每个工艺节点应进行安全分析与危险评估。

(2) 铁矿球团工程设计应采用抗震、防火、防爆、防雷电、防洪设施。燃气应有自动切断保护措施，燃烧装置应有防止回火和熄火保护装置并设置固定式及便携式监测装置，工艺烟气系统防爆措施应根据烟气和粉尘性质确定。

(3) 铁矿球团工程设计应有设备安全运转与事故防范措施。

(4) 铁矿球团工程设计应有电气安全设施与安全照明设施。

(5) 铁矿球团工程设计应有防止人员伤害与保障人身安全设施。

B 环保

(1) 排放控制应包括烟气中有害气体排放控制、粉尘排放控制、污水排放控制和噪声控制。环境保护设计应采用先进的工艺技术和设备、使用清洁能源和原料，并应符合现行国家标准《钢铁烧结、球团工业大气污染物排放标准》（GB 28662）的有关规定。

(2) 对烟气排放中有害气体污染的控制应符合下列规定。

1) 当烟气中有害气体排放大于规定，或大气环境容量不允许时，应采取有效治理措施。

2) 排气筒和烟囱应设置采样和监测平台。净化装置进口和出口应分别设置采样孔。采样孔设置应符合国家现行标准《固定污染源排气中颗粒物测定与气态污染物采样方法》（GB/T 16157）和《固定源废气监测技术规范》（HJ/T 397）的有关规定。

(3) 防尘、除尘设计应符合下列规定。

1) 应采用粉尘产生量少的新工艺、新技术和新设备。

2）工艺布置应减少物料的转运次数并降低落差。

3）对生产过程产生或散发的粉尘应采取密封和收尘措施，料场应设相应的防尘和除尘设施。

4）环境除尘应采用电除尘器、袋式除尘器、喷雾抑尘或其他型式的高效除尘设备。

5）产生粉尘的生产装置应设置气体收集和净化处理系统，排气筒高度应根据废气成分计算并且不小于15 m，当排气筒周围半径200 m内有建筑物时，排气筒高度还应高出最高建筑物3 m以上。

（4）污水处理应符合下列规定。

1）生活和生产污水、废水应处理后综合回用。

2）地坪不应采用水冲洗，应采用洒水清扫方式。

（5）噪声治理应符合下列规定。

1）应采用低噪声工艺，选用低噪声设备。

2）对高噪声设备应采取消声、隔声、减振等措施，噪声排放应符合现行国家标准《工业企业厂界环境噪声排放标准》（GB 12348）的有关规定。

（6）环境保护设施应与主体工程同时设计、同时施工、同时投产使用。

C 消 防

（1）防火设计应符合现行国家标准《建筑设计防火规范》（GB 50016）和《钢铁冶金企业设计防火标准》（GB 50414）的有关规定。

（2）消防系统应包括气体消防、室内外消防给水、火灾监测与自动报警系统。

（3）建筑消防设计应包括建筑物火灾危险性分类、耐火等级和防火间距、消防通道和建筑物防雷保护以及防火设施设计。

（4）电气消防设计应包括电器设备的接地、接零，电动机的短路、过负荷保护，电缆的防火、堵火措施以及火灾自动报警装置。电气室应设气体或超干细粉等固定消防设施。

（5）厂区及电气室应设置消防监控装置。

复习思考题

2-1 原料场的作用是什么？

2-2 含铁原料入厂条件是什么？

2-3 熔剂破碎、筛分流程有哪几种，各适用于什么情况？

2-4 固体燃料入厂的条件是什么，熔剂入厂的条件是什么？

2-5 燃料破碎流程有哪几种，各适用于什么情况？

2-6 铺底料的作用有哪些，获得铺底料的方法是什么？

2-7 烧结混合料布料要求有哪些，怎样才能达到此要求？

2-8 取消热振动筛有何优缺点？

2-9 比较抽风冷却和鼓风冷却的优缺点。

2-10 烧结矿为什么要整粒，整粒流程有哪几种基本类型，各有何优缺点？

2-11 试分析褐铁矿和菱铁矿的烧结性能。

2-12 以煤代焦时要注意什么问题？

2-13 为什么机上冷却对烧结原料适应性差？

2-14 比较武钢烧结厂四个车间的整粒流程。

2-15 某球团厂共计 4 台造球机，正常运转 3 台，备用 1 台，而生产总作业率是 90%，求 4 台造球机的平均作业率。

3 生产过程计算

烧结与球团生产过程计算是根据选择的工艺流程和确定的原料来源和种类，以获得符合生产需要的合格产品和最大经济效益为目的，计算原燃料的消耗、生产过程的物料平衡及生产过程中的热平衡。

3.1 生产过程计算的目的、内容及原则

生产过程计算的目的是通过计算确定获得合格质量产品所需的各种类原料数量及配比：根据各工段物料量选择合理的生产设备；根据计算了解和控制操作过程，如了解热量消耗，可以为采取节能措施提供依据；根据烧结矿成本核算经济效益。计算的另一个目的是对计算数据进行分析，获得优化工艺的措施。

计算的内容包括配料计算、物料平衡计算和热平衡计算。

配料计算是以原料化学成分、年供应量及产品质量的要求为依据进行原料配比计算。只有通过配料计算才能掌握和控制烧结、球团产品的化学成分，确保产品质量。它是设计过程中各种计算的基础，同时也是工艺设备选择、矿仓容积及运输系统能力计算的依据。同时通过配料计算确定各种原料的需要量，为管理部门合理组织生产提供依据。

物料平衡计算是以物质不灭定律为依据，根据烧结与球团过程的基本原理从量的方面研究烧结与球团工艺过程，计算进入生产过程各环节的物料量和生产过程各环节排出的各种产物量。该计算可以把各工序的相互关系从量的方面建立起来，为设备的选择提供了依据。通过计算可以确定生产过程中各工序物料的处理量，中间产物及组成，产品及“三废”物质的数量及组成。计算中采用国际统一单位，计算过程中以单位质量成品矿需要的物料质量为单位，如 kg/t。

热平衡计算是根据能量守恒定律，研究生产过程中热量的供应和分配状况。通过热平衡计算可以评价烧结机或球团焙烧设备的热效率水平，确定其技术经济指标；为改进热工操作制度、设计和改造设备结构、改进工艺流程和生产管理、保证热工设备在最佳条件下实现高产优质提供依据。

3.2 配 料 计 算

配料计算是为了掌握满足烧结矿含铁品位及化学成分，以提供需要处理的物料量及配比，为计算矿仓容积及确定运输系统能力和选择设备提供依据。配料计算是以原料化学成分、年供应量及产品质量要求为依据。相比于烧结，球团使用的原料种类较少，配料计算也相应较简单，因此本书以烧结配料为例进行介绍。

配料计算应遵循以下原则：

（1）原料除烧损、90%S（脱 S 率为 90%）外，其余全部进入烧结矿；

（2）燃料的灰分进入烧结矿；

（3）在烧结过程中 TFe、CaO、MgO、SiO_2、Al_2O_3 质量不变化；

（4）不考虑机械损失；

（5）原料配比为干料。

3.2.1　配料计算的一般项目及公式

3.2.1.1　烧结矿碱度

烧结矿碱度用式（3-1）表示：

$$R=\frac{w(\mathrm{CaO})+w(\mathrm{MgO})}{w(\mathrm{SiO_2})+w(\mathrm{Al_2O_3})} \tag{3-1}$$

式中　R——烧结矿碱度，可由炼铁厂与烧结厂商定；

$w(\mathrm{CaO})$——烧结矿中 CaO 含量,%；

$w(\mathrm{SiO_2})$——烧结矿中 SiO_2 含量,%；

$w(\mathrm{MgO})$——烧结矿中 MgO 含量,%；

$w(\mathrm{Al_2O_3})$——烧结矿中 Al_2O_3 含量,%。

原料中配有较多白云石、石英砂等熔剂时，应按三元或四元碱度计算。一般只计算二元碱度，即按 CaO、SiO_2 计算。

碱度设定后，通过式（3-2）和式（3-3）计算原、燃料用量：

$$R=\frac{w(\mathrm{CaO})_{矿}\cdot x+w(\mathrm{CaO})_{熔}\cdot y+w(\mathrm{CaO})_{燃}\cdot z}{w(\mathrm{SiO_2})_{矿}\cdot x+w(\mathrm{SiO_2})_{熔}\cdot y+w(\mathrm{SiO_2})_{燃}\cdot z} \tag{3-2}$$

$$x+y+z=1000\ \mathrm{kg} \tag{3-3}$$

式中　x——1 t 混合料中铁精矿（粉矿）的用量，kg；

y——1 t 混合料中熔剂的用量，kg；

z——1 t 混合料中燃料的用量，kg；

$w(\mathrm{CaO})_{矿}$——铁精矿（粉矿）中 CaO 含量,%；

$w(\mathrm{CaO})_{熔}$——熔剂中 CaO 含量,%；

$w(\mathrm{CaO})_{燃}$——燃料中 CaO 含量,%；

$w(\mathrm{SiO_2})_{矿}$——铁精矿（粉矿）中 SiO_2 含量,%；

$w(\mathrm{SiO_2})_{熔}$——熔剂中 SiO_2 含量,%；

$w(\mathrm{SiO_2})_{燃}$——燃料中 SiO_2 含量,%。

将已知值代入式（3-2）及式（3-3）即可解出原、燃料用量。

3.2.1.2　燃料用量

燃料用量可用三种不同基准进行计算。

（1）以单位铁原料为计算基准：

$$Q_{燃}=q_{燃}\cdot\Sigma Q_{铁} \tag{3-4}$$

式中　$Q_{燃}$——燃料用量，t；

$q_{燃}$——每吨铁原料（干重）的燃料用量，可按 5%～7%或通过试验确定；

$\Sigma Q_{铁}$——各种含铁原料的用量之和，t。

（2）以单位混合料为计算基准：

$$Q_{燃} = q'_{燃} \cdot Q_{混} \tag{3-5}$$

$$q'_{燃} = w(\mathrm{C}) \times \frac{1}{w(\mathrm{C})_1} \tag{3-6}$$

式中 $q'_{燃}$——每吨混合料中燃料的含量,%；

$Q_{燃}$——燃料用量，t；

$Q_{混}$——混合料用量，t；

$w(\mathrm{C})$——混合料中固定碳的含量,%，一般取 3%~5%；

$w(\mathrm{C})_1$——燃料中固定碳的含量,%。

（3）以单位烧结矿为计算基准：

$$Q_{燃} = q''_{燃} \cdot Q_{烧} \tag{3-7}$$

式中 $Q_{燃}$——燃料用量，t；

$q''_{燃}$——每吨烧结矿燃料用量，t，一般为烧结矿的 3.5%~6%；

$Q_{烧}$——烧结矿的产量，t。

以上三种方法可根据实际情况任选一种，其中 $q_{燃}$、$q'_{燃}$、$q''_{燃}$都需通过烧结试验或参照类似烧结厂的实际数据来确定，一般厚料层烧结时其值较低。

3.2.1.3 熔剂用量

熔剂用量按式（3-8）计算：

$$Q_{熔} = \frac{\Sigma Q_{原} \cdot w'(\mathrm{CaO})_{原}}{w'(\mathrm{CaO})_{熔}} \tag{3-8}$$

$$w'(\mathrm{CaO})_{熔} = w(\mathrm{CaO})_{熔} - R \cdot w(\mathrm{SiO_2})_{熔}$$

$$w'(\mathrm{CaO})_{原} = R \cdot w(\mathrm{SiO_2})_{原} - w(\mathrm{CaO})_{原}$$

式中 $Q_{熔}$——熔剂用量，t；

$Q_{原}$——某种原料的用量，t；

$w(\mathrm{SiO_2})_{原}$——某种原料中 SiO_2 含量,%；

$w(\mathrm{CaO})_{原}$——某种原料中 CaO 含量,%；

$w'(\mathrm{CaO})_{原}$——为获得烧结矿碱度为 R，某种原料的单位原料量所需 CaO 含量,%；

$w'(\mathrm{CaO})_{熔}$——熔剂中 CaO 的有效含量,%。

3.2.1.4 混合料用量

混合料用量按式（3-9）计算：

$$Q_{混} = \frac{\Sigma Q_i}{1 - q_{水} - q_{返}} \tag{3-9}$$

式中 $Q_{混}$——混合料用量，t；

$q_{水}$——混合料的含水量,%；

$q_{返}$——混合料中返矿量比例,%；

ΣQ_i——各种铁原料、熔剂和燃料的用量之和，t。

$q_{水}$ 和 $q_{返}$ 一般根据试验或类似烧结厂的经验数据预先确定。

3.2.1.5 返矿量

返矿量按式（3-10）计算：

$$Q_{返} = Q_{混} \cdot q_{返} \tag{3-10}$$

式中 $Q_{返}$——返矿量，t。

现在几乎所有烧结厂已经取消热振筛，根据实际生产测定，每吨烧结矿产生返矿量为250~500 kg，个别先进厂家的返矿量更低。

3.2.1.6 混合料用水量

混合料用水量按式（3-11）计算：

$$Q_{水} = Q_{混} \cdot q_{水} - \Sigma \frac{Q_i \cdot q}{1 - q} \tag{3-11}$$

式中 $Q_{水}$——混合料的用水量（未考虑水分的蒸发量），t；

$Q_{混}$——混合料用量，t；

$q_{水}$——每吨混合料的用水量，t；

Q_i——各种含铁原料、熔剂和燃料的用量，t；

q——相应的某种原料的含水量，%。

3.2.1.7 烧结矿产量

烧结矿产量计算方法有两种：一种是简易法，不考虑在烧结过程中氧化亚铁的变化；另一种是考虑烧结过程中氧化亚铁引起的变化。

不考虑烧结过程中氧化亚铁的变化引起氧的增减时，按式（3-12）计算：

$$Q_{烧} = \Sigma Q_i [1 - I_{gi} - 0.9w(S)_i] \tag{3-12}$$

式中 $Q_{烧}$——烧结矿产量，t；

I_{gi}——相应的各种含铁原料、熔剂及燃料的烧损率，%；

$w(S)_i$——相应的各种含铁原料、熔剂及燃料的含硫量，%；

0.9——烧结脱硫率（一般按85%~90%计，指硫化物）。

考虑烧结过程中氧化亚铁数量的变化引起氧的增减时，按式（3-13）计算：

$$Q_{烧} = \frac{\Sigma Q_i \{9[1 - I_{gi} - 0.9w(S)_i] + w(FeO)_i\}}{9 + w(FeO)_{烧}} \tag{3-13}$$

式中 $w(FeO)_i$——相应的各种铁原料、熔剂及燃料中氧化亚铁的含量，%；

$w(FeO)_{烧}$——烧结矿中（根据试验或假定）氧化亚铁的平均含量，%。

3.2.1.8 烧结矿成分（仅列出部分成分的计算式）

（1）全铁量按式（3-14）计算：

$$w(TFe)_{烧} = \frac{\Sigma Q_i \cdot w(TFe)_i}{Q_{烧}} \times 100\% \tag{3-14}$$

式中 $w(TFe)_{烧}$——烧结矿全铁含量，%；

$w(TFe)_i$——i 原料的全铁含量，%。

（2）三氧化二铁含量按式（3-15）计算：

$$w(Fe_2O_3)_{烧} = \frac{160}{112}\left[w(TFe)_{烧} - \frac{56}{72}w(FeO)_{烧}\right] \tag{3-15}$$

式中 $w(Fe_2O_3)_{烧}$——烧结矿中三氧化二铁含量，%。

（3）烧结矿平均含硫量按式（3-16）计算：

$$w(S)_{烧} = \frac{\Sigma[0.1Q_i \cdot w(S)_i]}{Q_{烧}} \tag{3-16}$$

式中 $w(S)_{烧}$ ——烧结矿的平均硫含量,%;

0.1——在烧结过程中残硫量，按10%计。

这里需要说明的是，以上烧结矿产量和成分计算是在下列条件下进行的：

（1）所有含铁原料以及熔剂去掉烧损量和脱硫率90%，其余成分均进入烧结矿；

（2）燃料的灰分进入烧结矿；

（3）未考虑机械损失；

（4）烧结过程中，Fe、CaO、MgO、SiO_2 和 Al_2O_3 等均没有增减。

3.2.2 配料计算方法

3.2.2.1 经验配料法

该方法是根据原料种类和化学成分、烧结矿化学成分等指标设置配料比，然后根据烧结矿化学成分化验结果进行验证，再根据现在生产情况估计一个配料比进行验算、调整，当验算结果与烧结矿质量指标相符合时，确定为最终的配料比。该方法在现场常常会用到。

3.2.2.2 简单理论配料计算

A 特点

（1）准确；（2）快；（3）适用于少量原料种类（不超过3类）。

B 步骤

（1）假设生产100 kg烧结矿需要的各种原料用量：铁矿 x(kg)，石灰石 y(kg)，高炉灰 z(kg)，生石灰 m(kg)，焦炭 n(kg)。

（2）原料的烧残率,%。

（3）列平衡方程。

1）铁平衡方程：

$$w(TFe)_{烧} = [w(TFe)_x \cdot x + w(TFe)_y \cdot y + w(TFe)_z \cdot z + w(TFe)_m \cdot m + w(TFe)_n \cdot n]/100 \tag{3-17}$$

将式（3-17）化为

$$w(TFe)_x \cdot x + w(TFe)_y \cdot y + w(TFe)_z \cdot z = 100\,w(TFe)_{烧} - w(TFe)_m \cdot m - w(TFe)_n \cdot n \tag{3-18}$$

2）碱度平衡方程：

$$R = \frac{w(CaO)_x \cdot x + w(CaO)_y \cdot y + w(CaO)_z \cdot z + w(CaO)_m \cdot m + w(CaO)_n \cdot n}{w(SiO_2)_x \cdot x + w(SiO_2)_y \cdot y + w(SiO_2)_z \cdot z + w(SiO_2)_m \cdot m + w(SiO_2)_n \cdot n} \tag{3-19}$$

将式（3-19）化为

$$[w(CaO)_x - R \cdot w(SiO_2)_x] \cdot x + [w(CaO)_y - R \cdot w(SiO_2)_y] \cdot y +$$

$$[w(CaO)_z - R \cdot w(SiO_2)_z] \cdot z = [R \cdot w(SiO_2)_m - w(CaO)_m] \cdot m + [R \cdot w(SiO_2)_n - w(CaO)_n] \cdot n \quad (3\text{-}20)$$

3）氧平衡方程：

失氧

$$\Delta w(FeO) = [Q_{烧} \cdot w(FeO)_{烧} - \Sigma Q_i \cdot w(FeO)_i]/100$$

$$\Delta w(O_2) = \frac{1}{9}\Delta w(FeO)$$

得氧

$$\Delta w(O_2) = \Sigma Q_i \cdot a_i/100 - Q_{烧}$$

式中 a_i——原料 i 的烧残率,%。

则 $$\frac{1}{9}[Q_{烧} \cdot w(FeO)_{烧} - \Sigma Q_i \cdot w(FeO)_i]/100 = \Sigma Q_i \cdot a_i/100 - Q_{烧}$$

$$100w(FeO)_{烧} - [w(FeO)_x \cdot x + w(FeO)_y \cdot y + w(FeO)_z \cdot z + w(FeO)_m \cdot m + w(FeO)_n \cdot n] = 9 \times (a_x \cdot x + a_y \cdot y + a_z \cdot z + a_m \cdot m + a_n \cdot n) - 90000 \quad (3\text{-}21)$$

将式（3-21）化为

$$[9a_x + w(FeO)_x] \cdot x + [9a_y + w(FeO)_y] \cdot y + [9a_z + w(FeO)_z] \cdot z = 100\,w(FeO)_{烧} + 90000 - [9a_m + w(FeO)_m] \cdot m - [9a_n + w(FeO)_n] \cdot n \quad (3\text{-}22)$$

根据生产经验，预先给出焦粉和高炉灰的配比，使未知数≤3，联立式（3-18）、式（3-20）和式（3-22），从而解出方程组。

3.2.2.3 线性规划法

A 定义

线性规划法：在满足一组约束条件下，寻求一组变量 x_1，x_2，…，x_n 的值，使目标函数达到极大值（或极小值）。如果约束条件和目标函数都是线性，则称为线性规划。

线性规划数学模型由三部分构成。

（1）变量：也称为未知数，用 x_1，x_2，…，x_n 表示（非负）。

（2）约束条件：实现系统目标的限制因素，涉及企业内部条件和外部环境（<、>、=），如资源的限制、计划指标、产品质量要求、市场销售状况等。

（3）目标函数：是决策者要达到的最优目标与变量之间关系的数学模型，是一个极值问题。

B 特点

（1）快；（2）准确；（3）考虑了经济技术指标；（4）适合于各原料种类；（5）有利于自动化。

C 计算原则

（1）把要配入的几种原料的配入量设为待求变量：

$$X[\boldsymbol{x} = (x_j)_{n\times 1}] \tag{3-23}$$

式中 x_j——生产 100 kg 烧结矿所需原料量，kg。

（2）用这几种原料中分别含有的 TFe、SiO_2、Al_2O_3、CaO、MgO 等化学成分及铁氧化物在烧结过程中的氧平衡方程构成的约束条件系数矩阵：

$$\boldsymbol{A}[\boldsymbol{A} = (a_{ij})_{m\times n}] \tag{3-24}$$

（3）将烧结矿成分的要求值作为约束条件左端限制常数向量：

$$\boldsymbol{B}[\boldsymbol{B} = (b_i)_{m\times 1}] \tag{3-25}$$

（4）以配料成本最低来衡量方案优劣。这样，便可取这几种原料的价格作为目标函数的价格系数向量：

$$\boldsymbol{C}[\boldsymbol{C} = (c_j)_{1\times n}]$$

$$f = \min\left[\sum_{j=1}^{n} c_j X_j\right] \tag{3-26}$$

满足于：$\begin{cases}\sum\limits_{j=1}^{n} a_{ij}x_j(\ast)b_i, & (\ast)\text{为} < \text{或} > \text{或} = \\ x_j \geqslant 0, & j = 1,\ 2,\ \cdots,\ n\end{cases}$

D 线性规划法配料计算举例

烧结矿成分要求见表 3-1，原料化学成分及价格见表 3-2。

表 3-1 烧结矿成分要求

w(TFe)/%	w(FeO)/%	w(CaO)/%	w(MgO)/%	$w(Al_2O_3)$/%	w(S)/%	R
56~57	7~8	10~11	2~2.5	1.5~3	<0.10	1.94

表 3-2 原料化学成分及价格

种类	w(TFe)/%	w(FeO)/%	$w(SiO_2)$/%	w(CaO)/%	$w(Al_2O_3)$/%	w(MgO)/%	w(S)/%	w(P)/%	$w(H_2O)$/%	I_g	单价/元·吨$^{-1}$
哈默斯利矿 x_1	62.54	2.12	4.75	0.04	3.00	0.07	0.016	0.079	4.34	2.96	990
戈德沃斯矿 x_2	61.74	1.31	7.32	0.06	1.83	0.14	0.004	0.024	4.24	1.40	960
里奥多西矿 x_3	65.62	0.14	4.10	0.06	0.88	0.06	0.009	0.025	5.53	1.07	1020
姑山精矿 x_4	58.00	2.32	13.00	—	1.88	—	0.027	0.212	8.10	2.00	690
安庆精矿 x_5	63.00	21.2	5.45	2.38	1.20	—	2.161	0.017	9.50	0.50	840
纽曼山精矿 x_6	66.22	0.43	5.88	0.08	2.53	0.05	0.013	0.065	3.75	0.75	990

续表 3-2

种类	$w(TFe)$ /%	$w(FeO)$ /%	$w(SiO_2)$ /%	$w(CaO)$ /%	$w(Al_2O_3)$ /%	$w(MgO)$ /%	$w(S)$ /%	$w(P)$ /%	$w(H_2O)$ /%	I_g	单价 /元·吨$^{-1}$
生石灰 x_7	—	—	3.75	92.70	—	1.83	—	—	—	2.00	900
石灰石 x_8	—	—	0.86	54.40	—	0.40	—	—	1.50	43.00	120
白云石 x_9	—	—	1.20	31.00	—	21.20	—	—	1.50	45.00	180
焦粉 x_{10}	—	—	9.54	2.30	0.19	1.30	0.020	—	5.48	83.27	630

原料用量要求：$x_1 \geqslant 300$ kg/t；$x_3 \geqslant 100$ kg/t；$x_1+x_2+x_3 \geqslant 700$ kg/t；$x_4 = 30 \sim 50$ kg/t；$x_7 \leqslant 30$ kg/t；$x_8 \geqslant 60$ kg/t；$x_{10} = 30 \sim 50$ kg/t。

解：依题意列出目标函数和约束方程。

目标函数：

$$f = \min(0.99x_1 + 0.96x_2 + 1.02x_3 + 0.69x_4 + 0.84x_5 + 0.99x_6 + 0.90x_7 + 0.12x_8 + 0.18x_9 + 0.63x_{10})$$

约束条件：

$$0.6254x_1 + 0.6174x_2 + 0.6526x_3 + 0.58x_4 + 0.63x_5 + 0.6626x_6 \leqslant 57.0 \quad ①$$

$$0.6254x_1 + 0.6174x_2 + 0.6526x_3 + 0.58x_4 + 0.63x_5 + 0.6626x_6 \geqslant 56.0 \quad ②$$

$$0.0004x_1 + 0.0006x_2 + 0.0006x_3 + 0.00238x_5 + 0.0008x_6 + 0.927x_7 + 0.544x_8 + 0.31x_9 + 0.023x_{10} \leqslant 11.0 \quad ③$$

$$0.0004x_1 + 0.0006x_2 + 0.0006x_3 + 0.00238x_5 + 0.0008x_6 + 0.927x_7 + 0.544x_8 + 0.31x_9 + 0.023x_{10} \geqslant 10.0 \quad ④$$

$$0.003x_1 + 0.00183x_2 + 0.0088x_3 + 0.00188x_4 + 0.0012x_5 + 0.00253x_6 + 0.0019x_{10} \leqslant 3.0 \quad ⑤$$

$$0.003x_1 + 0.00183x_2 + 0.0088x_3 + 0.00188x_4 + 0.0012x_5 + 0.00253x_6 + 0.0019x_{10} \geqslant 1.5 \quad ⑥$$

$$0.0007x_1 + 0.0014x_2 + 0.0046x_3 + 0.0005x_6 + 0.00183x_7 + 0.004x_8 + 0.212x_9 + 0.0013x_{10} \leqslant 2.5 \quad ⑦$$

$$0.0007x_1 + 0.0014x_2 + 0.0046x_3 + 0.0005x_6 + 0.00183x_7 + 0.004x_8 + 0.212x_9 + 0.0013x_{10} \geqslant 2.0 \quad ⑧$$

$$0.00016x_1 + 0.00004x_2 + 0.00009x_3 + 0.00027x_4 + 0.002161x_5 + 0.00013x_6 + 0.0002x_{10} \leqslant 0.1 \quad ⑨$$

$$x_1 \geqslant 300;\ x_3 \geqslant 100;\ x_1 + x_2 + x_3 \geqslant 700;\ x_4 = 30 \sim 50;$$

$$x_7 \leqslant 30;\ x_8 \geqslant 60;\ x_{10} = 30 \sim 50。$$

根据上述约束条件计算结果：最低成本为 939.83 元/吨，各原料的配比见表 3-3。

表 3-3 各原料配比

项目	x_1	x_2	x_3	x_4	x_5	x_6	x_7	x_8	x_9	x_{10}
每吨烧结矿用量/kg · t^{-1}	300.00	46.50	353.50	34.00	40.50	100.50	30.00	72.00	99.50	43.00
配比/%	26.80	4.15	31.57	3.04	3.62	8.98	2.68	6.43	8.89	3.84

3.3 烧结物料平衡计算

烧结物料平衡遵循物质不灭定律，即进入烧结过程的物料总质量必须等于该过程排出的各种产物的总质量。计算按单位质量烧结矿所需各种原料量及相应产物量计算，包括收入部分：(1) 各种原料用量；(2) 返矿；(3) 铺底料；(4) 混合料水分；(5) 点火煤气量；(6) 点火空气量；(7) 烧结空气量（包括漏风）。支出部分：(1) 成品烧结矿；(2) 返矿；(3) 铺底料量；(4) 废气（点火、烧结、分解）；(5) 机械损失。

3.3.1 物料收入部分

(1) 各种原料用量。通过配料计算得到单位质量烧结矿所需各种原料量（例如根据表 3-3 可得每生产 1 t 烧结矿所需要各种原料的总量为 1119.50 kg）。

(2) 返矿 $G_{返}$：

$$f = G_{返} / (G_{料} + G_{返}) \times 100\% \tag{3-27}$$

$$G_{返} = G_{料} \cdot f / (100 - f) \tag{3-28}$$

式中 f——返矿配比,%，根据生产实践或烧结试验确定，一般取 20%~30%。

(3) 铺底料 $G_{铺}$。一般为成品烧结矿的 10%~15%，厚料层烧结时取低值（铺底料高度一般为 20~40 mm）。

(4) 混合料加水量 $G_{水}$。混合料适宜水量由试验确定（一般为 7%~8%），然后按式 (3-29) 和式 (3-30) 计算：

$$W = G_{水} / (G_{料} + G_{返} + G_{水}) \times 100 \tag{3-29}$$

$$G_{水} = (G_{料} + G_{返}) \cdot W / (100 - W) \tag{3-30}$$

式中 W——混合料含水量,%。

(5) 点火煤气量 $G_{煤气}$。烧结生产用气体燃料点火，常用的气体燃料有焦炉煤气及高炉煤气与焦炉煤气的混合煤气。点火所需的煤气量与煤气发热值、混合料的性质、烧结机设备状况及点火炉热效率有关。因此，要计算必须有以下数据与资料：

1) 煤气成分、密度及发热值；

2) 单位质量烧结矿所需的点火热量，目前每吨烧结矿的点火热量一般为 1.254×10^5 kJ/t 左右；

3) 点火器煤气燃烧的空气过剩系数。空气过剩系数根据点火燃料发热量 $H_{低}$ 和理论燃烧温度 t_0 查燃烧计算图表即可得到（图 3-1~图 3-3）。理论燃烧温度 t_0 可用式 (3-31) 得出：

$$t_0 = t / \eta \tag{3-31}$$

式中 η——高温系数，按 0.75~0.80 选取；

t——实际点火温度，℃，一般取 (1150±50) ℃。

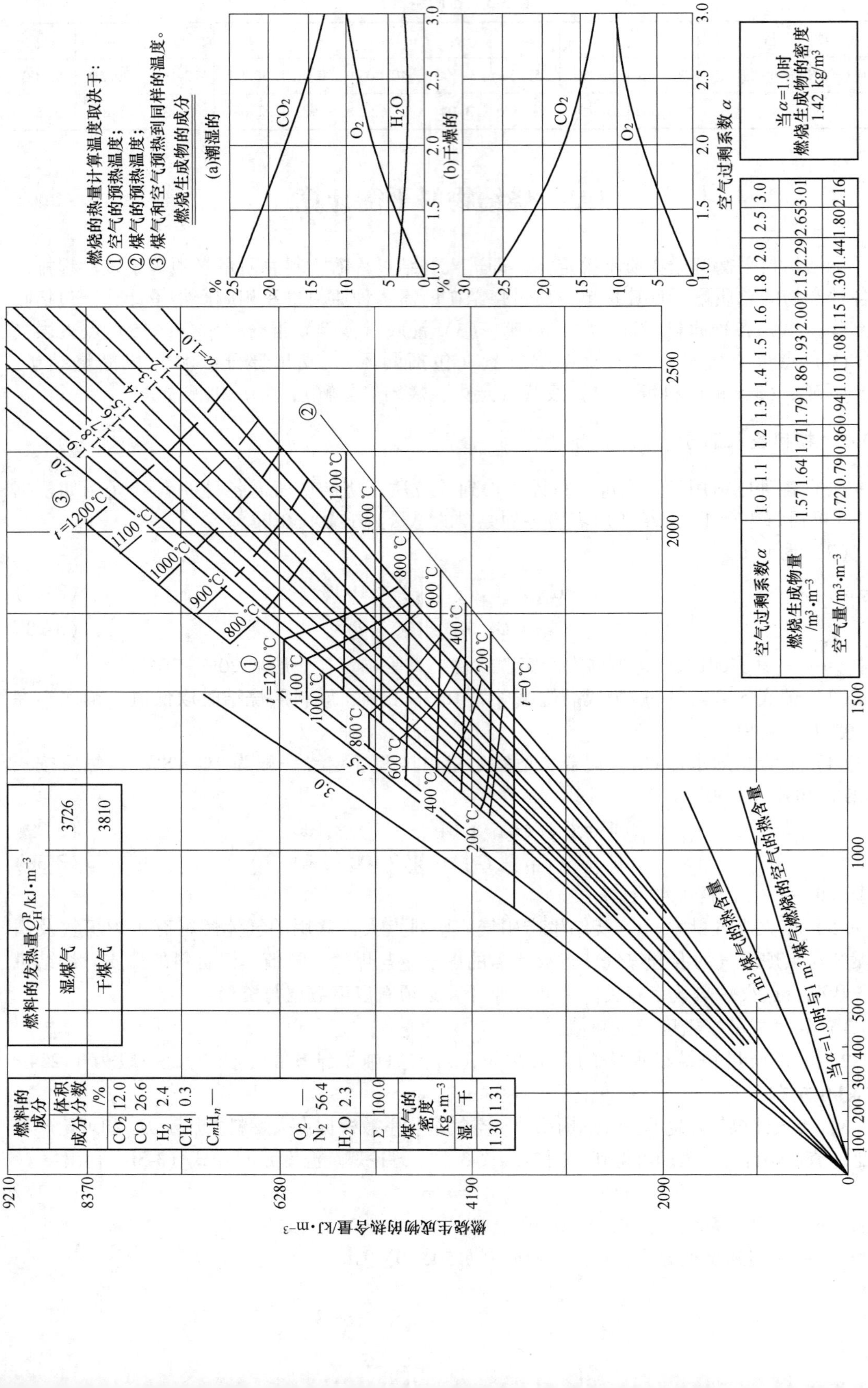

空气过剩系数α	1.0	1.1	1.2	1.3	1.4	1.5	1.6	1.8	2.0	2.5	3.0
燃烧生成物量/$m^3 \cdot m^{-3}$	1.57	1.64	1.71	1.79	1.86	1.93	2.00	2.15	2.29	2.65	3.01
空气量/$m^3 \cdot m^{-3}$	0.72	0.79	0.86	0.94	1.01	1.08	1.15	1.30	1.44	1.80	2.16

图 3-1　高炉煤气燃烧计算图

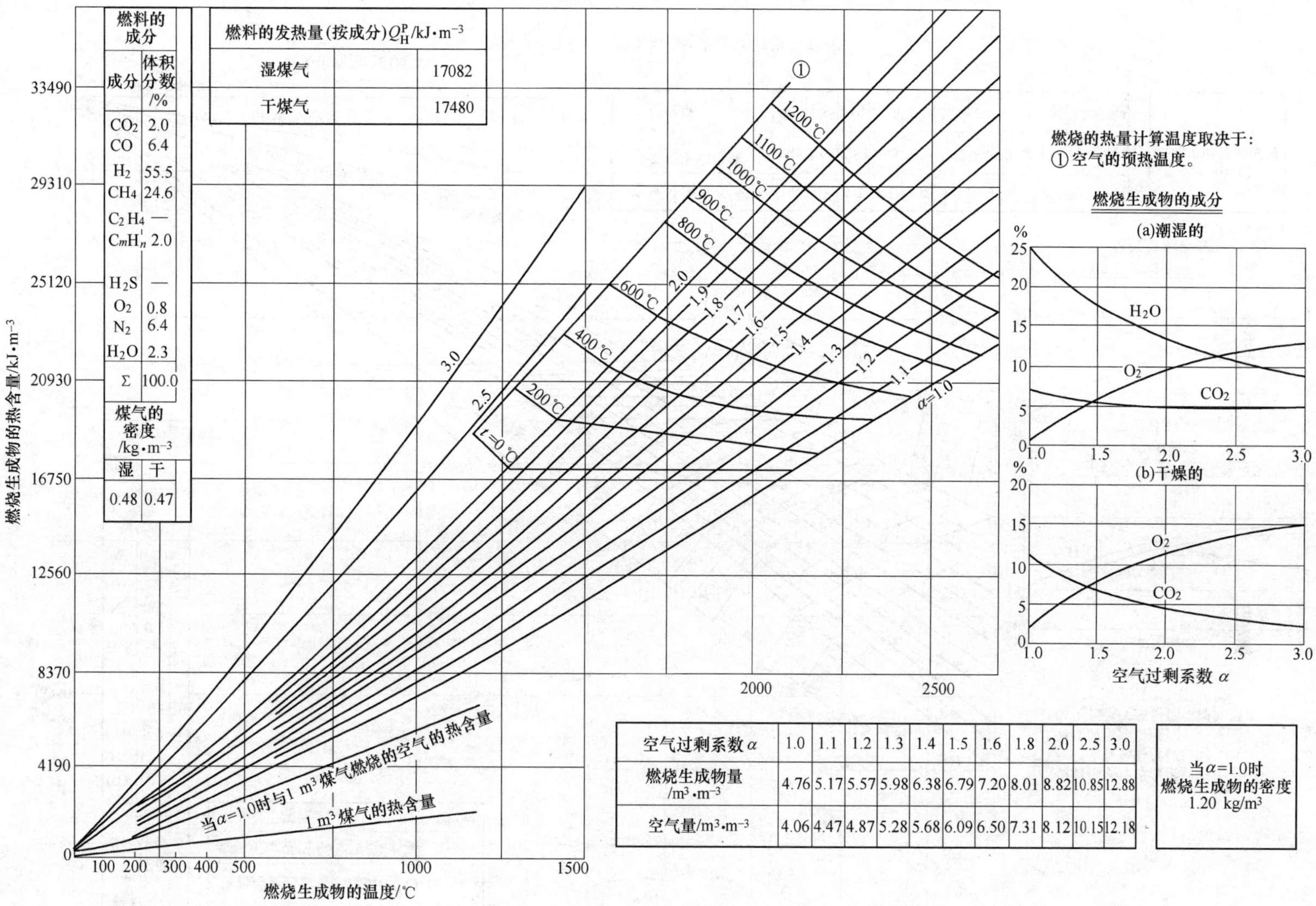

燃料的成分	
成分	体积分数/%
CO_2	2.0
CO	6.4
H_2	55.5
CH_4	24.6
C_2H_4	—
C_mH_n'	2.0
H_2S	—
O_2	0.8
N_2	6.4
H_2O	2.3
Σ	100.0
煤气的密度/kg·m⁻³	
湿	干
0.48	0.47

燃料的发热量(按成分)Q_H^P/kJ·m⁻³	
湿煤气	17082
干煤气	17480

空气过剩系数 α	1.0	1.1	1.2	1.3	1.4	1.5	1.6	1.8	2.0	2.5	3.0
燃烧生成物量/m³·m⁻³	4.76	5.17	5.57	5.98	6.38	6.79	7.20	8.01	8.82	10.85	12.88
空气量/m³·m⁻³	4.06	4.47	4.87	5.28	5.68	6.09	6.50	7.31	8.12	10.15	12.18

当α=1.0时
燃烧生成物的密度
1.20 kg/m³

图 3-2 焦炉煤气燃烧计算图

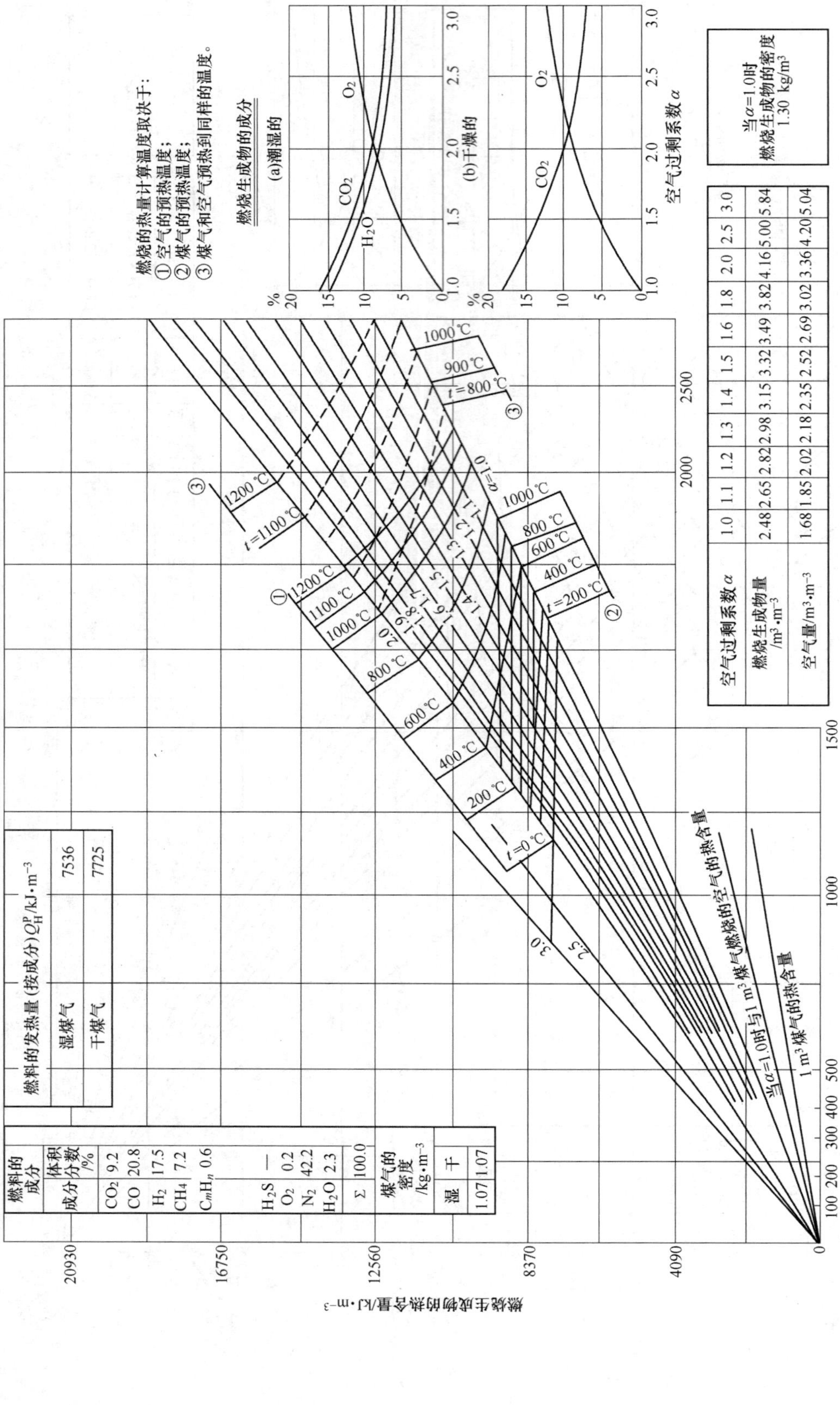

燃料的成分	体积分数/%
CO_2	9.2
CO	20.8
H_2	17.5
CH_4	7.2
C_mH_n	0.6
H_2S	—
O_2	0.2
N_2	42.2
H_2O	2.3
Σ	100.0
煤气的密度/kg·m^{-3} 湿	1.07
煤气的密度/kg·m^{-3} 干	1.07

燃料的发热量(按成分)Q_H^P/kJ·m^{-3}	
湿煤气	7536
干煤气	7725

空气过剩系数 α	1.0	1.1	1.2	1.3	1.4	1.5	1.6	1.8	2.0	2.5	3.0
燃烧生成物量/m^3·m^{-3}	2.48	2.65	2.82	2.98	3.15	3.32	3.49	3.82	4.16	5.00	5.84
空气量/m^3·m^{-3}	1.68	1.85	2.02	2.18	2.35	2.52	2.69	3.02	3.36	4.20	5.04

图 3-3 混合煤气燃烧计算图

$$V_{煤气} = Q_{点火}/q_{煤气} \tag{3-32}$$

$$G_{煤气} = V_{煤气} \cdot \gamma_{煤气} \tag{3-33}$$

式中 $Q_{点火}$——点火所需热量，kJ/t，一般取 125400 kJ/t；

$q_{煤气}$——煤气发热值，kJ/m^3；

$V_{煤气}$——点火所需煤气体积，m^3；

$\gamma_{煤气}$——点火煤气密度，kg/m^3。

（6）点火所需空气量 $G_{点空}$。

1）以 1 m^3 煤气为单位计算化学反应所需空气量 L_0。

①设 CO 燃烧需氧量为 L_{CO}，产生的 CO_2 量为 x_1：

$$CO + \frac{1}{2}O_2 = CO_2$$

则
$$L_{CO} = V_{CO} \times \frac{1}{2} = \frac{1}{2}V_{CO}，\ x_1 = V_{CO}$$

式中 V_{CO}——1 m^3 煤气中含 CO 量，m^3。

②设 H_2 燃烧需氧量为 L_{H_2}，产生水量为 y_1：

$$H_2 + \frac{1}{2}O_2 = H_2O$$

则
$$L_{H_2} = V_{H_2} \times \frac{1}{2} = \frac{1}{2}V_{H_2}，\ y_1 = V_{H_2}$$

式中 V_{H_2}——1 m^3 煤气中含 H_2 量，m^3。

③设 CH_4 燃烧需氧量为 L_{CH_4}，产生的 CO_2 量为 x_2，水量为 y_2：

$$CH_4 + 2O_2 = CO_2 + 2H_2O$$

则
$$L_{CH_4} = 2V_{CH_4}，\ x_2 = V_{CH_4}，\ y_2 = 2V_{CH_4}$$

式中 V_{CH_4}——1 m^3 煤气中含 CH_4 量，m^3。

④设 C_2H_2 燃烧需氧量为 $L_{C_2H_2}$，产生的 CO_2 量为 x_3，水量为 y_3：

$$C_2H_2 + \frac{5}{2}O_2 = 2CO_2 + H_2O$$

同理
$$L_{C_2H_2} = 2.5V_{C_2H_2}，\ x_3 = 2V_{C_2H_2}，\ y_3 = V_{C_2H_2}$$

式中 $V_{C_2H_2}$——1 m^3 煤气中含 C_2H_2 量，m^3。

则 1 m^3 煤气燃烧所需空气量 L_0 为：

$$L_0 = (L_{CO} + L_{H_2} + L_{CH_4} + L_{C_2H_2} - L_{O_2})/0.21 \tag{3-34}$$

式中 L_{O_2}——1 m^3 煤气中含氧量，m^3。

考虑空气过剩系数 α_0 则：

$$L_S = \alpha_0 \cdot L_0 \tag{3-35}$$

式中　L_S——实际空气需要量，m^3；

α_0——空气过剩系数，利用燃烧计算图 3-1~图 3-3 可查得空气过剩系数。

2）点火所需空气量 $G_{点空}$：

$$G_{点空} = V_{煤气} \cdot L_S \cdot \gamma_{空气} \tag{3-36}$$

式中　$\gamma_{空气}$——点火空气密度，kg/m^3。

3）点火烟气组成。CO_2 包括 CO，CH_4，C_2H_2 燃烧产生的 CO_2 和煤气中的 CO_2；H_2O 包括 H_2、CH_4、C_2H_2 燃烧产生的 H_2O 和煤气中的 H_2O；N_2 为 $L_{N_2}^{空气} + L_{N_2}^{煤气}$，$O_2$ 为 $0.21(L_S - L_0) \cdot V_{煤气}$。

①二氧化碳量：

$$L_{CO_2}^{d} = V_{煤气} \cdot (x_1 + x_2 + x_3 + x_0) \tag{3-37}$$

则

$$G_{CO_2}^{d} = L_{CO_2}^{d} \cdot \gamma_{CO_2} \tag{3-38}$$

式中　x_0——煤气中 CO_2 的含量,%。

②水蒸气量：

$$L_{H_2O}^{d} = V_{煤气} \cdot (y_1 + y_2 + y_3 + y_0) \tag{3-39}$$

则

$$G_{H_2O}^{d} = L_{H_2O}^{d} \cdot \gamma_{H_2O} \tag{3-40}$$

式中　y_0——煤气中水蒸气的含量,%。

③N_2 量：

$$L_{N_2}^{d} = (L_{N_2}^{空气} + L_{N_2}^{煤气}) \cdot V_{煤气} \tag{3-41}$$

则

$$G_{N_2}^{d} = L_{N_2}^{d} \cdot \gamma_{N_2} \tag{3-42}$$

④剩余的 O_2 量：

$$L_{O_2}^{d} = 0.21(L_S - L_0) \cdot V_{煤气} \tag{3-43}$$

则

$$G_{O_2}^{d} = L_{O_2}^{d} \cdot \gamma_{O_2} \tag{3-44}$$

根据计算结果，将点火烟气成分整理成表，见表 3-4。

表 3-4　点火烟气组成

成分	CO_2	H_2O	N_2	O_2	总计
体积/m^3					
比例/%					

（7）烧结过程所需空气量 $G_{空气}^{S}$。

1）固定碳燃烧所需氧量及产生 CO_2 量。假设生产 1 t 烧结矿所需焦粉（或煤粉）为 $G_{燃料}$，燃烧生成 CO_2 时的需氧量为 x_1，且焦粉（或煤粉）的碳元素含量为 $w(C)^Y$，产生的 CO_2 为 $G_{CO_2}^{S}$，则有

$$\begin{array}{ccccc} C & + & O_2 & = & CO_2 \\ 12 & & 32 & & 44 \\ G_{燃料} \times w(C)^Y & & x_1 & & G_{CO_2}^{S} \end{array}$$

则

$$x_1 = G_{燃料} \times w(C)^Y \times \frac{32}{12} \tag{3-45}$$

$$G_{CO_2}^{S} = G_{燃料} \times w(C)^{Y} \times \frac{44}{12} \tag{3-46}$$

$$L_{x_1} = x_1/\gamma_{O_2} \tag{3-47}$$

$$L_{CO_2} = G_{CO_2}^{S}/\gamma_{CO_2} \tag{3-48}$$

2）硫氧化物需氧量 x_2 及产生 SO_2 量。铁矿石中的硫多以 FeS_2 形式存在，故首先将铁矿石中的 S 换算成 FeS_2。设烧结过程脱 S 率为 90%，则

$$\begin{array}{ccc} 2S \quad + & Fe = & FeS_2 \\ 2\times 32 & 56 & 120 \\ x & & y \end{array}$$

$$y = 1.875x$$

设氧化 1 kg FeS_2 需氧量为 x，生成的 SO_2 量为 y，则

$$\begin{array}{cccc} 4FeS_2 + & 11O_2 = & 2Fe_2O_3 + & 8SO_2 \\ 4\times 120 & 11\times 32 & & 8\times 64 \\ 1\ kg & x & & y \end{array}$$

解得：$x=0.733$ kg，即 1 kg FeS_2 氧化需氧 0.733 kg；$y=1.067$ kg，即 1 kg FeS_2 氧化产生 SO_2 1.067 kg。

则每生产 1 t 烧结矿时氧化 FeS_2 需氧量以及生成的 SO_2 量为：

$$x_2 = 0.733 \times 0.9 \times \Sigma G(FeS_2) \tag{3-49}$$

$$G_{SO_2}^{S} = 1.067 \times 0.9 \times \Sigma G(FeS_2) \tag{3-50}$$

$$L_{x_2} = x_2/\gamma_{O_2} \tag{3-51}$$

$$L_{SO_2} = G_{SO_2}^{S}/\gamma_{SO_2} \tag{3-52}$$

3）FeO 氧化需氧量 x_3：

$$x_3 = \frac{1}{9}[\Sigma G(FeO)_i - G(FeO)_{烧} - 1.125\Sigma G(S)_i \times 0.9] \tag{3-53}$$

式中 $\Sigma G(FeO)_i$——混合料中的 FeO 总量，kg；

$G(FeO)_{烧}$——烧结矿中的 FeO 总量，kg；

$\Sigma G(S)_i$——混合料中的 S 总量，kg；

1.125——硫换算成 FeO 的系数，其计算方法为：

$$\begin{array}{ccc} 2S \longrightarrow & FeS_2 \longrightarrow & FeO \\ 2\times 32 & & 72 \\ x & & y \end{array}$$

解得：$y=1.125x$。

则烧结过程化学反应所需的总氧量为：

$$G_{O_2}^{S} = x_1 + x_2 + x_3$$

烧结过程所需空气量 $G_{空气}^{S}$ 为：

$$G_{空气}^{S} = G_{O_2}^{S} \cdot \alpha/0.232 \tag{3-54}$$

式中 α——空气过剩系数，取 1.26；

0.232——空气中氧气质量分数。

其中：空气带入的 N_2　　$G^S_{N_2} = G^S_{空气} - G^S_{O_2} \cdot \alpha$

剩余 O_2　　$G^S_{剩O_2} = G^S_{O_2} \cdot \alpha - G^S_{O_2}$

（8）烧结过程漏入的空气量 $G_{漏风}$。不同烧结厂有明显差异，设计时宜小于 25%，取 25%，则

$$\frac{G_{漏风}}{G^S_{空气} + G_{漏风}} = 25\%, \quad G_{漏风} = \frac{1}{3}G^S_{空气}$$

其中：O_2 量　　$G^L_{O_2} = G_{漏风} \times 0.232$

N_2 量　　$G^L_{N_2} = G_{漏风} - G^L_{O_2}$

（9）碳酸盐分解产生的 CO_2：

$$G^f_{CO_2} = G_{石灰石} \cdot [0.7857w(CaO) + 1.1w(MgO)] + G_{白云石} \cdot [0.7857w'(CaO) + 1.1w'(MgO)] \tag{3-55}$$

式中　$G_{石灰石}$——生产 1 t 烧结矿的石灰石用量，kg；

$G_{白云石}$——生产 1 t 烧结矿的白云石用量，kg；

$w(CaO)$——石灰石中 CaO 的含量，%；

$w(MgO)$——石灰石中 MgO 的含量，%；

$w'(CaO)$——白云石中 CaO 的含量，%；

$w'(MgO)$——白云石中 MgO 的含量，%；

0.7857——碳酸盐分解生产 1 kg CaO 时放出 0.7857 kg CO_2；

1.1——碳酸盐分解生产 1 kg MgO 时放出 1.1 kg CO_2。

$$\begin{array}{ccccccccc} CaCO_3 & \longrightarrow & CaO+ & CO_2, & \quad & MgCO_3 & \longrightarrow & MgO+ & CO_2 \\ 100 & & 56 & 44 & & 84 & & 40 & 44 \\ & & 1\text{ kg} & x & & & & 1\text{ kg} & y \end{array}$$

解得：$x = 0.7857$ kg；$y = 1.1$ kg。

（10）消石灰分解产生的 H_2O：

$$\begin{array}{cccc} Ca(OH)_2 & \longrightarrow & CaO+ & H_2O \\ 74 & & 56 & 18 \\ & & 1\text{ kg} & x \end{array}$$

解得：$x = 0.321$ kg。

则

$$G^f_{H_2O} = 0.321 \times w(CaO) \times G_{消} \tag{3-56}$$

式中　$G_{消}$——每生产 1 t 烧结矿的消石灰用量，kg；

$w(CaO)$——消石灰中 CaO 的含量，%。

（11）烧结废气组成计算。烧结废气组成包括：1）点火烟气；2）烧结过程产生气体；3）漏入空气。

各成分计算如下：

$$G_{N_2} = G^d_{N_2} + G^S_{N_2} + G^L_{N_2}$$

$$V_{N_2} = G_{N_2}/\gamma_{N_2}$$

$$G_{O_2} = G^d_{O_2} + G^S_{剩O_2} + G^L_{O_2}$$

$$V_{O_2} = G_{O_2}/\gamma_{O_2}$$

$$G_{CO_2} = G^{d}_{CO_2} + G^{S}_{CO_2} + G^{f}_{CO_2}$$
$$V_{CO_2} = G_{CO_2}/\gamma_{CO_2}$$
$$G_{H_2O} = G^{d}_{H_2O} + G^{S}_{H_2O}$$
$$V_{H_2O} = G_{H_2O}/\gamma_{H_2O}$$
$$G_{SO_2} = G^{S}_{SO_2}$$
$$V_{SO_2} = G_{SO_2}/\gamma_{SO_2}$$

烧结过程中总物料收入：

$$G = G_1 + G_2 + G_3 + \cdots + G_{返} + G_{铺} + G_{水} + G_{煤气} + G_{点空} + G^{S}_{空气} + G_{漏风}$$

3.3.2 物料支出部分

（1）成品烧结矿，$G_{烧} = 1000$ kg/t；

（2）返矿，$G_{返}$；

（3）铺底料，$G_{铺}$；

（4）废气，$G_{废} = G_{N_2} + G_{CO_2} + G_{SO_2} + G_{O_2} + G_{H_2O}$。

总物料支出量：　$G_{支出} = G_{烧} + G_{返} + G_{铺} + G_{废}$

编制烧结物料平衡表，其方法见表 3-5。

表 3-5　烧结物料平衡表

收入				支出			
符号	项　目	质量/kg·t^{-1}	比例/%	符号	项　目	质量/kg·t^{-1}	比例/%
G_1	哈默斯利矿			$G_{烧}$	成品烧结矿	1000.00	
G_2	戈德沃斯矿			$G_{返}$	返矿		
G_3	里奥多西矿			$G_{铺}$	铺底料		
G_4	姑山精矿			$G_{废}$	废气		
G_5	安庆精矿				其中：		
G_6	纽曼山精矿				N_2		
G_7	生石灰				CO_2		
G_8	石灰石				SO_2		
G_9	白云石				O_2		
G_{10}	焦粉				H_2O		
$G_{返}$	返矿				机械损失		
$G_{铺}$	铺底料						
$G_{水}$	混合料加水量						
$G_{煤气}$	点火煤气量						
$G_{点空}$	点火所需空气量						
$G^{S}_{空气}$	烧结过程所需空气量						
$G_{漏风}$	烧结过程漏入的空气量						
合　计			100	合　计			100

3.3.3 具体计算示例

3.3.3.1 收入部分

（1）各种原料用量。通过配料计算得到单位质量烧结矿所需各种原料量 $G_{料}$ = 1119.50 kg/t。原料用量见表 3-6。

表 3-6 原料用量

原料名称	哈默斯利矿 G_1	戈德沃斯矿 G_2	里奥多西矿 G_3	姑山精矿 G_4	安庆精矿 G_5	纽曼山精矿 G_6	生石灰 G_7	石灰石 G_8	白云石 G_9	焦粉 G_{10}
配比 /kg · t^{-1}	300.00	46.50	353.50	34.00	40.50	100.50	30.00	72.00	99.50	43.00

（2）返矿 $G_{返}$。本计算返矿量取 30%，则

$$G_{返} = 1119.50 \times 30/70 = 479.79 \text{ kg/t}$$

（3）铺底料 $G_{铺}$。一般为成品烧结矿的 10%~15%，厚料层烧结时取低值（铺底料高度一般为 20~40 mm）。

$$G_{铺} = 1000 \times 10\% = 100 \text{ kg/t}$$

（4）混合料加水量 $G_{水}$：混合料适宜水量由试验确定（一般为 7%~8%）。例如：混合料适宜水为 8%，则

$$G_{水} = (1119.50 + 479.79) \times 8/(100 - 8) = 139.07 \text{ kg/t}$$

（5）点火煤气量 $G_{煤气}$。煤气成分、密度及发热值见表 3-7。

表 3-7 煤气化学组成及发热值

化学组成	CO_2	CO	H_2	CH_4	C_mH_n	O_2	N_2	密度/kg · m^{-3}	发热值/kJ · m^{-3}
体积比例/%	3.4	10.4	53	24	3.0	0.6	5.6	0.47	19258

$$V_{煤气} = 125400/19258 = 6.512 \text{ m}^3/\text{t}$$

$$G_{煤气} = 6.512 \times 0.47 = 3.061 \text{ kg/t}$$

（6）点火所需空气量 $G_{点空}$。

1）以 1 m^3 煤气为单位计算化学反应所需空气量 L_0。

①设 CO 燃烧需氧量 L_{CO}，产生的 CO_2 量为 x_1：

$$\begin{array}{ccc} CO + \frac{1}{2}O_2 & = & CO_2 \\ 28 \quad 16 & & 44 \\ 0.104 \quad L_{CO} & & x_1 \end{array}$$

则

$$L_{CO} = 0.104 \times \frac{1}{2} = 0.052 \text{ m}^3, \quad x_1 = 0.104 \text{ m}^3$$

②设 H_2 燃烧需氧量 L_{H_2}，产生水量 y_1：

$$H_2 + \frac{1}{2}O_2 = H_2O$$

$$2 \quad 16 \quad 18$$

$$0.53 \quad L_{H_2} \quad y_1$$

则 $$L_{H_2} = 0.53 \times \frac{1}{2} = 0.265\ m^3,\ y_1 = 0.53\ m^3$$

③设 CH_4 燃烧需氧量 L_{CH_4}，产生的 CO_2 量 x_2，水量 y_2：

$$CH_4 + 2O_2 = CO_2 + 2H_2O$$

则 $$L_{CH_4} = 0.48\ m^3,\ x_2 = 0.24\ m^3,\ y_2 = 0.48\ m^3$$

④设 C_2H_2 燃烧需氧量 $L_{C_2H_2}$，产生的 CO_2 量 x_3，水量 y_3：

$$C_2H_2 + \frac{5}{2}O_2 = 2CO_2 + H_2O$$

同理 $$L_{C_2H_2} = 0.075\ m^3,\ x_3 = 0.06\ m^3,\ y_3 = 0.03\ m^3$$

则 1 m^3 煤气燃烧所需空气量 L_0 为：

$$L_0 = (L_{CO} + L_{CH_4} + L_{C_2H_2} - L_{O_2})/0.21 = 4.124\ m^3$$

考虑空气过剩系数 α_0，则

$$L_S = \alpha_0 \cdot L_0 = 1.05 \times 4.124 = 4.330\ m^3$$

$$t_0 = t/\eta = 1150/0.8 = 1438\ ℃$$

注：利用燃烧计算图 3-2 查得空气过剩系数为 1.05。

2）点火所需空气量 $G_{点空}$：

$$G_{点空} = V_{煤气} \cdot L_S \cdot \gamma_{空气} = 6.512 \times 4.330 \times 1.293 = 36.46\ kg/t$$

3）点火烟气组成。

①二氧化碳量：

$$L_{CO_2}^{d} = V_{煤气} \cdot (x_1 + x_2 + x_3 + x_0) = 6.512 \times (0.104 + 0.24 + 0.06 + 0.034) = 2.852\ m^3/t$$

$$G_{CO_2}^{d} = L_{CO_2}^{d} \cdot \gamma_{CO_2} = 2.852 \times 1.977 = 5.638\ kg/t$$

②水蒸气量：

$$L_{H_2O}^{d} = V_{煤气} \cdot (y_1 + y_2 + y_3 + y_0) = 6.512 \times (0.53 + 0.48 + 0.03 + 0) = 6.772\ m^3/t$$

$$G_{H_2O}^{d} = L_{H_2O}^{d} \cdot \gamma_{H_2O} = 6.772 \times 0.804 = 5.445\ kg/t$$

③N_2 量：

$$L_{N_2}^{d} = (L_{N_2}^{空气} + L_{N_2}^{煤气}) \cdot V_{煤气} = 6.512 \times (4.330 \times 0.79 + 0.056) = 22.640\ m^3/t$$

$$G_{N_2}^{d} = L_{N_2}^{d} \cdot \gamma_{N_2} = 22.64 \times 1.251 = 28.323\ kg/t$$

④剩余的 O_2 量：

$$L_{O_2}^{d} = 0.21(L_S - L_0) \cdot V_{煤气} = 0.21 \times (4.330 - 4.124) \times 6.512 = 0.282\ m^3/t$$

$$G_{O_2}^{d} = L_{O_2}^{d} \cdot \gamma_{O_2} = 0.282 \times 1.429 = 0.403\ kg/t$$

根据计算结果，将点火烟气成分列于表 3-8 中。

表 3-8　点火烟气组成

成分	CO_2	H_2O	N_2	O_2	总计
体积/m^3	2.852	6.772	22.640	0.282	32.546
比例/%	8.763	20.807	69.563	0.866	100.00

（7）烧结过程所需空气量 $G^{S}_{空气}$。

1）固定碳燃烧所需氧量及 CO_2 量。焦粉工业分析和元素分析见表 3-9。

表 3-9　焦粉工业分析和元素分析

项目	工业分析				元素分析				
	W^Y	C^Y	V^Y	A^Y	$w(C)^Y$	$w(N)^Y$	$w(H)^Y$	$w(O)^Y$	$w(S)^Y$
比例/%	5.48	76.0	3.48	15.04	77.04	0.91	0.77	0.64	0.12

$$\begin{array}{ccccc} C & + & O_2 & = & CO_2 \\ 12 & & 32 & & 44 \\ G_{燃料}\times w(C)^Y & & x_1 & & G^S_{CO_2} \end{array}$$

则

$$x_1 = 43\times 0.76\times\frac{32}{12} = 87.147\ \text{kg/t}$$

$$G^S_{CO_2} = 43\times 0.76\times\frac{44}{12} = 119.827\ \text{kg/t}$$

$$L_{x_1} = x_1/\gamma_{O_2} = 87.147/1.429 = 60.985\ \text{m}^3/\text{t}$$

$$L_{CO_2} = G^S_{CO_2}/\gamma_{CO_2} = 119.827/1.977 = 60.601\ \text{m}^3/\text{t}$$

2）硫氧化物需氧量 x_2 及产生 SO_2 量。各种原料带入的 S 及 FeS_2 量见表 3-10。

表 3-10　各种原料带入的 S 及 FeS_2 量

原料种类	哈默斯利矿	戈德沃斯矿	里奥多西矿	姑山精矿	安庆精矿	纽曼山精矿	焦粉	Σ
含 S 量/%	0.016	0.004	0.009	0.027	2.161	0.013	0.020	
带入 S/kg	0.048	0.002	0.032	0.009	0.875	0.013	0.009	0.988
换算 FeS_2/kg (1.875)	0.090	0.003	0.060	0.017	1.641	0.024	0.016	1.851

$$x_2 = 0.733\times 0.9\times \Sigma G(FeS_2) = 0.733\times 0.9\times 1.851 = 1.221\ \text{kg/t}$$

$$G^S_{SO_2} = 1.067\times 0.9\times \Sigma G(FeS_2) = 1.067\times 0.9\times 1.851 = 1.777\ \text{kg/t}$$

$$L_{x_2} = x_2/\gamma_{O_2} = 1.237/1.429 = 0.866\ \text{m}^3/\text{t}$$

$$L_{SO_2} = G^S_{SO_2}/\gamma_{SO_2} = 1.777/2.926 = 0.607\ \text{m}^3/\text{t}$$

3）FeO 氧化需氧量 x_3：

$$x_3 = \frac{1}{9}[\Sigma G(FeO)_i - G(FeO)_{烧} - 1.125\Sigma G(S)_i\times 0.9]$$

$$= \frac{1}{9}[17.271 - 70 - 1.125\times 0.988\times 0.9] = -5.970\ \text{kg/t}$$

则烧结过程化学反应所需的总氧量为：

$$G_{O_2}^{S} = x_1 + x_2 + x_3 = 82.40\ \text{kg/t}$$

烧结过程所需空气量 $G_{空气}^{S}$ 为：

$$G_{空气}^{S} = \alpha \cdot G_{O_2}^{S}/0.232 = 447.52\ \text{kg/t}$$

其中：空气带入的 N_2　　$G_{N_2}^{S} = G_{空气}^{S} - G_{O_2}^{S} \cdot \alpha = 343.70\ \text{kg/t}$

剩余 O_2　　$G_{剩O_2}^{S} = G_{O_2}^{S} \cdot \alpha - G_{O_2}^{S} = 21.42\ \text{kg/t}$

（8）烧结过程漏入的空气量 $G_{漏风}$。漏风率取25%，即：

$$\frac{G_{漏风}}{G_{空气}^{S} + G_{漏风}} = 25\%, \quad G_{漏风} = \frac{1}{3}G_{空气}^{S} = 149.17\ \text{kg/t}$$

其中：O_2 量　　$G_{O_2}^{L} = 149.17 \times 0.232 = 34.61\ \text{kg/t}$

N_2 量　　$G_{N_2}^{L} = 149.17 - 34.61 = 114.56\ \text{kg/t}$

（9）碳酸盐分解产生的 CO_2：

$$\begin{aligned} G_{CO_2}^{f} &= G_{石灰石} \cdot [0.7857w(CaO) + 1.1w(MgO)] + \\ &\quad G_{白云石} \cdot [0.7857w'(CaO) + 1.1w'(MgO)] \\ &= 31.091 + 47.438 = 78.529\ \text{kg/t} \end{aligned}$$

（10）烧结废气组成计算。烧结废气组成包括：1）点火烟气；2）烧结过程产生气体；3）漏入空气。

其分别计算如下：

$$G_{N_2} = G_{N_2}^{d} + G_{N_2}^{S} + G_{N_2}^{L} = 28.323 + 343.700 + 114.563 = 486.586\ \text{kg/t}$$

$$V_{N_2} = G_{N_2}/\gamma_{N_2} = 486.586/1.251 = 388.96\ \text{m}^3/\text{t}$$

$$G_{O_2} = G_{O_2}^{d} + G_{剩O_2}^{S} + G_{O_2}^{L} = 0.403 + 21.420 + 34.610 = 56.433\ \text{kg/t}$$

$$V_{O_2} = G_{O_2}/\gamma_{O_2} = 56.433/1.429 = 39.49\ \text{m}^3/\text{t}$$

$$G_{CO_2} = G_{CO_2}^{d} = G_{CO_2}^{S} + G_{CO_2}^{f} = 5.638 + 119.827 + 78.529 = 203.994\ \text{kg/t}$$

$$V_{CO_2} = G_{CO_2}/\gamma_{CO_2} = 203.994/1.977 = 103.18\ \text{m}^3/\text{t}$$

$$G_{H_2O} = G_{H_2O}^{d} + G_{水} = 5.445 + 139.068 = 144.513\ \text{kg/t}$$

$$V_{H_2O} = G_{H_2O}/\gamma_{H_2O} = 179.743\ \text{m}^3/\text{t}$$

$$G_{SO_2} = G_{SO_2}^{S} = 1.777\ \text{kg/t}$$

$$V_{SO_2} = G_{SO_2}/\gamma_{SO_2} = 0.607\ \text{m}^3/\text{t}$$

$$V'_{废气} = 711.98\ \text{m}^3/\text{t}$$

烧结过程中总物料收入：

$$\begin{aligned} G &= G_1 + G_2 + G_3 + G_4 + G_5 + G_6 + G_7 + G_8 + G_9 + G_{10} + \\ &\quad G_{返} + G_{铺} + G_{水} + G_{煤气} + G_{点空} + G_{空气}^{S} + G_{漏风} \\ &= 300.00 + 46.50 + 353.50 + 34.00 + 40.50 + 100.50 + 30.00 + \\ &\quad 72.00 + 99.50 + 43.00 + 479.79 + 100.00 + 139.07 + \\ &\quad 3.06 + 36.458 + 447.52 + 149.17 = 2474.57\ \text{kg/t} \end{aligned}$$

3.3.3.2 物料支出部分

（1）成品烧结矿：$G_{烧} = 1000\ \text{kg/t}$

（2）返矿：$G_{返}=479.79$ kg/t

（3）铺底料：$G_{铺}=100$ kg/t

（4）废气：$G_{废}=G_{N_2}+G_{CO_2}+G_{SO_2}+G_{O_2}+G_{H_2O}$

$=486.586+203.994+1.777+56.433+144.513=893.303$ kg/t

总物料支出量：$G_{支出}=G_{烧}+G_{返}+G_{铺}+G_{废}=1000.00+479.79+100.00+893.30$

$=2473.09$ kg/t

机械损失：$2474.57-2473.09=1.48$ kg/t

烧结物料平衡表见表3-11。

表3-11 烧结物料平衡表（生产1 t烧结矿的物料量）

收入				支出			
符号	项 目	质量/kg·t^{-1}	比例/%	符号	项 目	质量/kg·t^{-1}	比例/%
G_1	哈默斯利矿	300.00	12.12	$G_{烧}$	成品烧结矿	1000.00	40.41
G_2	戈德沃斯矿	46.50	1.88	$G_{返}$	返矿	479.79	19.39
G_3	里奥多西矿	353.50	14.29	$G_{铺}$	铺底料	100.00	4.04
G_4	姑山精矿	34.00	1.374	$G_{废}$	废气	893.30	36.10
G_5	安庆精矿	40.50	1.64		其中：		
G_6	纽曼山精矿	100.50	4.06		N_2	486.59	
G_7	生石灰	30.00	1.21		CO_2	203.99	
G_8	石灰石	72.00	2.91		SO_2	1.78	
G_9	白云石	99.50	4.02		O_2	56.43	
G_{10}	焦粉	43.00	1.74		H_2O	144.51	
$G_{返}$	返矿	479.79	19.39		机械损失	1.48	0.06
$G_{铺}$	铺底料	100.00	4.04				
$G_{水}$	混合料加水量	139.07	5.62				
$G_{煤气}$	点火煤气量	3.06	0.124				
$G_{点空}$	点火所需空气量	36.46	1.47				
$G^{S}_{空气}$	烧结过程所需空气量	447.52	18.08				
$G_{漏风}$	烧结过程漏入的空气量	149.17	6.03				
合 计		2474.57	100	合 计		2474.57	100

为便于后续的设备选型计算，需要计算出每种物料的每小时的用量。

假设该厂年产量为600万吨，作业率为94%，利用系数为1.4 t/(m^2·h)，则该厂每小时成品烧结矿生产量为：

$$600\times10^4/(365\times0.94)/24=728.65\ \text{t/h}$$

再根据表3-11和表3-2可以算出各物料每小时的用量（湿料重），计算结果见表3-12。

表 3-12　各物料每小时用量　(t/h)

物料名称	干料用量	湿料用量	含水量
哈默斯利矿	218.61	228.53	9.92
戈德沃斯矿	33.85	35.35	1.50
里奥多西矿	257.52	272.60	15.09
姑山精矿	24.80	26.98	2.18
安庆精矿	29.53	32.63	3.10
纽曼山精矿	73.25	76.10	2.85
生石灰	21.86	21.86	—
石灰石	52.45	53.25	0.80
白云石	72.52	73.62	1.10
焦粉	31.32	33.14	1.82

表 3-12 中每物料的每小时用量，为后续的设备选型计算提供数据依据。

3.4　烧结热平衡计算

热平衡计算应遵循以下规则：

(1) 以单位质量成品矿需要的热量为单位，如 kJ/t。

(2) 热平衡计算时，基准温度为 0 ℃。

(3) 固体或气体燃料发热值使用低位发热值：

1) 固体或点火用气体、液体燃料，应用基低位发热值；

2) 煤气、湿煤气低位发热量（应用什么样的燃料，就采用它的值）。

(4) 采用国际统一单位（质量，kg、t；力，N；压力，Pa；热量，J、kJ、MJ、GJ）。

根据能量守恒定律，进入烧结机系统的热量应等于烧结机支出的热量。其热收入如下。

(1) 化学热，化学热包括：1) $C+O_2 \rightarrow CO_2$，固定碳燃烧；2) 点火煤气燃烧热；3) 化学反应热，$FeO \rightarrow Fe_2O_3$，$FeS \rightarrow Fe_2O_3$。

(2) 物理热，物理热包括：1) 混合料带入的物理热（预热 50~60 ℃）；2) 点火煤气带入的热量；3) 点火空气带入的热量；4) 烧结过程空气带入的热量；5) 铺底料带入的热量。

热收入具体如下：

(1) 混合料带入的物理热；

(2) 铺底料带入的热量；

(3) 固定碳燃烧放热；

(4) 高炉灰或高炉返矿带入的热量、残炭燃烧放热；

(5) 点火煤气带入的热量；

(6) 点火空气带入的热量；

（7）点火煤气燃烧热；

（8）烧结过程空气带入的热量；

（9）化学反应热（硫化物、氧化物放热，成渣热）。

热支出具体如下：

（1）混合料水分蒸发吸热；

（2）废气带走的物理热；

（3）化学反应吸热，如 $MgCO_3$、$CaCO_3$ 分解吸热；

（4）烧结饼带走的热量；

（5）固体燃料不完全燃烧损失的热量；

（6）烧结矿残炭损失的化学热；

（7）设备散热，辐射热。

3.4.1 热收入计算

（1）混合料带入的物理热 Q_1（以混合料预热 50 ℃为准）：

$$Q_1 = G_{混合} \cdot c_{混合} \cdot t_{混合} + G_{水} \cdot c_{水} \cdot t_{混合} \tag{3-57}$$

式中 $c_{混合}$——混合料在 $t_{混合}$时的比热容，kJ/(kg·℃)；

$c_{水}$——水在 $t_{混合}$时的比热容，kJ/(kg·℃)。

（2）铺底料带入的热量 Q_2：

$$Q_2 = G_{铺} \cdot c_{铺} \cdot t_{铺} \tag{3-58}$$

式中 $c_{铺}$——铺底料的比热容，kJ/(kg·℃)；

$t_{铺}$——铺底料温度，℃。

（3）固体燃料的化学热 Q_3。在烧结过程中，固定碳发生的反应：

$$C + O_2 = CO_2$$

$$2C + O_2 = 2CO$$

$$C + CO_2 = 2CO$$

$$2CO + O_2 = 2CO_2$$

这就是说固定碳一部分不完全燃烧而生成一氧化碳，造成热量损失。过去采用的固定碳燃烧收入热量计算方法是：将固定碳 80%完全燃烧，20%不完全燃烧的总热值作为热收入。显然这种计算方法不合理。一般均以固体燃料的应用基低发热量为收入热量，而以挥发分和固定碳的不完全燃烧的热损失作为支出热量计算。

$$Q_3 = G_C^Y \cdot Q_{DW}^Y = G_C^g/(1 - W^Y) \cdot Q_{DW}^Y \tag{3-59}$$

式中 G_C^Y——固体燃料用量（含物料水），kg/t；

G_C^g——固体燃料用量（不含物料水），kg/t；

W^Y——固体燃料物理水含量,%；

Q_{DW}^Y——固体燃料应用基低位发热值，kJ/kg，其计算式为：

根据门捷列夫公式，焦炭的应用基低位发热值为：

$$Q_{DW}^Y = 33356.40\,w(C)^Y + 102828.00\,w(H)^Y - 10868.00[w(O)^Y - w(S)^Y] - 2508.00W^Y$$

无烟煤的应用基低位发热值为：

$$Q_{DW}^{Y} = 33858.00\,w(C)^{Y} + 102828.00\,w(H)^{Y} - 10868.00[w(O)^{Y} - w(S)^{Y}] - 2508.00W^{Y}$$

式中 $w(C)^{Y}$——固体燃料中碳元素含量；

$w(H)^{Y}$——固体燃料中氢元素含量；

$w(O)^{Y}$——固体燃料中氧元素含量；

$w(S)^{Y}$——固体燃料中硫元素含量；

W^{Y}——固体燃料工业分析的物理水。

（4）高炉灰或高炉返矿残炭的化学热 Q_4：

$$Q_4 = 79.8 \cdot G_{炉灰} \cdot w(C)^{Y} \tag{3-60}$$

（5）点火煤气带入的物理热 Q_5：

$$Q_5 = V_{煤气} \cdot c_{煤气} \cdot t_{煤气} \tag{3-61}$$

式中 $V_{煤气}$——煤气用量，m^3/t；

$c_{煤气}$——气体燃料在 0 ℃～t 间的平均比热容，kJ/(m^3 · ℃)；

$t_{煤气}$——煤气初始温度，取 25 ℃。

$$c_{煤气} = 0.01 \times (c'_{CO} \cdot \varphi(CO)^{S} + c'_{H_2} \cdot \varphi(H_2)^{S} + c'_{CH_4} \cdot \varphi(CH_4)^{S} + c'_{CO_2} \cdot \varphi(CO_2)^{S})$$

式中 c'_{CO}——煤气中 CO 平均比热容，kJ/(m^3 · ℃)；

c'_{H_2}——煤气中 H_2 平均比热容，kJ/(m^3 · ℃)；

c'_{CH_4}——煤气中 CH_4 平均比热容，kJ/(m^3 · ℃)；

c'_{CO_2}——煤气中 CO_2 平均比热容，kJ/(m^3 · ℃)；

$\varphi(CO)^{S}$——煤气中 CO 湿基体积含量，%；

$\varphi(H_2)^{S}$——煤气中 H_2 湿基体积含量，%；

$\varphi(CH_4)^{S}$——煤气中 CH_4 湿基体积含量，%；

$\varphi(CO_2)^{S}$——煤气中 CO_2 湿基体积含量，%。

（6）点火助燃空气带入的物理热 Q_6：

$$Q_6 = V_{点空} \cdot c_{空气} \cdot t_{空气} \tag{3-62}$$

式中 $V_{点空}$——点火助燃空气量，m^3/t；

$c_{空气}$——助燃空气比热容，kJ/(m^3 · ℃)；

$t_{空气}$——助燃空气温度，℃。

（7）点火热量 Q_7（点火燃料的化学热）：

$$Q_7 = V_{煤气} \cdot Q_{DW}^{S} \tag{3-63}$$

式中 $V_{煤气}$——气体燃料量，m^3/t；

Q_{DW}^{S}——湿煤气低（位）发热量，kJ/m^3。

设计过程中单位烧结矿点火热量根据烧结试验或同类型烧结厂的生产数据决定。

（8）烧结过程空气带入的物理热 Q_8：

$$Q_8 = G_{SK} \cdot c_{SK} \cdot t_k \tag{3-64}$$

式中 G_{SK}——每吨烧结矿所需空气量（包括漏风量），kg/t；

c_{SK}——空气在 0 ℃～t 间的平均比热容，kJ/(kg · ℃)，取 1.007 kJ/(kg · ℃)；

t_k——空气温度，℃。

（9）化学反应放热 Q_9。

1）硫化物氧化放热 $Q_{9.1}$：

$$Q_{9.1} = 0.9 \cdot q_{FeS_2} \cdot G_{FeS_2} \tag{3-65}$$

式中 q_{FeS_2}——1 kg FeS_2 完全氧化放出的热量，kJ/kg，取 6901.18 kJ/kg。

2）FeO 氧化放热 $Q_{9.2}$：

$$Q_{9.2} = q_{FeO} \cdot G_{FeO} \tag{3-66}$$

式中 q_{FeO}——1 kg FeO 完全氧化放出热量，kJ/kg，取 1952.06 kJ/kg。

3）成渣化学热 $Q_{9.3}$。

①有矿相鉴定：

$$Q_{9.3} = (1000 - G_{炉灰}) \cdot \frac{1}{100}\Sigma(\Delta H_i \cdot P_i) \tag{3-67}$$

式中 ΔH_i——生成 i 种矿物的放热量，kJ/kg；

P_i——生成 i 种矿物的质量分数，%。

②无矿相鉴定时：

$$\begin{aligned} Q_{9.3} &= (3\% \sim 4\%)Q_{总} \\ &= (3\% \sim 4\%)\Sigma Q_i/(0.96 \sim 0.97) \end{aligned} \tag{3-68}$$

$$\Sigma Q_i = Q_1 + Q_2 + Q_3 + Q_4 + Q_5 + Q_6 + Q_7 + Q_8 + Q_{9.1} + Q_{9.2} \tag{3-69}$$

烧结总热量收入 $Q_{收}$ 为：

$$Q_{收} = Q_1 + Q_2 + Q_3 + Q_4 + Q_5 + Q_6 + Q_7 + Q_8 + Q_9$$

3.4.2 热支出计算

（1）混合料水分蒸发吸热 Q'_1：

$$Q'_1 = q_{水} \cdot G_{水} \tag{3-70}$$

式中 $q_{水}$——单位质量水分的汽化热，kJ/kg，取 2481.1 kJ/kg。

（2）消石灰分解吸热 Q'_2：

$$Q'_2 = G_{消} \cdot w(CaO) \cdot q_{消} \tag{3-71}$$

式中 $q_{消}$——消石灰分解 1 kg CaO 所需热量，kJ/kg，取 19.551 kJ/kg。

（3）碳酸盐分解吸热 Q'_3：

$$Q'_3 = G_{碳酸盐} \cdot [q_{CaO} \cdot w(CaO) + q_{MgO} \cdot w(MgO)] \tag{3-72}$$

式中 q_{CaO}——碳酸盐分解 1 kg CaO 所吸的热量，kJ/kg，取 1779 kJ/kg；

q_{MgO}——碳酸盐分解 1 kg MgO 所吸的热量，kJ/kg，取 1298 kJ/kg。

（4）废气带走的物理热 Q'_4：

$$Q'_4 = V'_{废气} \cdot c_{废气} \cdot t_{废气} \tag{3-73}$$

式中 $V'_{废气}$——烧结废气量，m^3/t，$V'_{废气} = V_{N_2} + V_{O_2} + V_{CO_2} + V_{H_2O} + V_{SO_2}$；

$c_{废气}$——烧结废气比热容，$kJ/(m^3 \cdot ℃)$；

$t_{废气}$——烧结废气温度，℃。

（5）烧结饼带走的热量 Q'_5：

$$Q'_5 = (G'_{烧} + G'_{返矿} + G'_{铺}) \cdot c_{烧} \cdot t_{烧} \tag{3-74}$$

（6）固体燃料不完全燃烧损失的热量 Q'_6：

$$Q'_6 = G_{燃料}(G^Y_{DW} - 33858c^Y)/(1 - W^Y) + 12633.6 \cdot V'_{废气} \cdot \varphi(CO)^S \quad (3\text{-}75)$$

式中 $33858c^Y$——考虑了不完全燃烧的因素，固定碳燃烧实际放热，kJ/kg；

12633.6——1 m^3 CO 燃烧放出的热量，kJ/m^3；

$\varphi(CO)^S$——烧结废气中 CO 的体积分数，%。

（7）烧结矿残炭损失的化学热 Q'_7：

$$Q'_7 = 33356.40 \cdot G_{烧} \cdot w(C)_C \quad (3\text{-}76)$$

式中 33356.40——1 kg 残炭放出热量，kJ/kg；

$w(C)_C$——烧结矿中残炭含量，%，取 0.17%。

（8）烧结总热量支出为：

$$Q_{支} = Q'_1 + Q'_3 + Q'_4 + Q'_5 + Q'_6 + Q'_7$$

烧结机热损失为：

$$Q'_8 = Q_{收} - Q_{支}$$

上述计算结果列于表 3-13。

表 3-13 1 t 成品烧结矿的热平衡

收入				支出			
符号	项目	热量/kJ·t^{-1}	比例/%	符号	项目	热量/kJ·t^{-1}	比例/%
Q_1	混合料带入的物理热			Q'_1	混合料水分蒸发吸热		
Q_2	铺底料带入的热量			Q'_2	消石灰分解吸热		
Q_3	固体燃料的化学热			Q'_3	碳酸盐分解吸热		
…				…			
合计			100	合计			100

3.4.3 具体计算示例

各种原料用量同 3.3.3 节。

3.4.3.1 热收入

（1）混合料带入的物理热 Q_1（以混合料预热 50 ℃为准）：

$$Q_1 = G_{混合} \cdot c_{混合} \cdot t_{混合} + G_{水} \cdot c_{水} \cdot t_{混合}$$
$$= (1119.50 + 479.79) \times 0.891 \times 50 + 139.07 \times 4.184 \times 50 = 100341.81 \text{ kJ/t}$$

（2）铺底料带入的热量 Q_2：

$$Q_2 = G_{铺} \cdot c_{铺} \cdot t_{铺} = 100 \times 0.8368 \times 100 = 8368.00 \text{ kJ/t}$$

（3）固体燃料的化学热 Q_3：

$$Q^Y_{DW} = 33356.40\,w(C)^Y + 102828\,w(H)^Y - 10868[w(O)^Y - w(S)^Y] - 2508W^Y$$
$$= 33356.40 \times 0.7704 + 102828 \times 0.0077 - 10868 \times (0.0064 - 0.0012) - 2508 \times 0.0548$$
$$= 26295.59 \text{ kJ/kg}$$

$$Q_3 = G^Y_C \cdot Q^Y_{DW} = G^g_C/(1 - W^Y) \cdot Q^Y_{DW}$$
$$= 43/(1 - 0.0548) \times 26295.59 = 1196265.73 \text{ kJ/t}$$

（4）高炉灰或高炉返矿残炭的化学热 Q_4。本计算实例中没有高炉灰。

（5）点火煤气带入的物理热 Q_5：

$$Q_5 = V_{煤气} \cdot c_{煤气} \cdot t_{煤气} = 6.512 \times 1.338 \times 25 = 217.83\ \text{kJ/t}$$

（6）点火助燃空气带入的物理热 Q_6：

$$Q_6 = V_{点空} \cdot c_{空气} \cdot t_{空气} = 4.330 \times 6.512 \times 1.30 \times 25 = 916.40\ \text{kJ/t}$$

（7）点火热量 Q_7（点火燃料的化学热）：

$$Q_7 = V_{煤气} \cdot Q_{DW}^{S}$$

设计过程中单位烧结矿点火热量根据烧结试验或同类型烧结厂的生产数据决定，这里 Q_7 取值 125400 kJ/t。

（8）烧结过程空气带入的物理热 Q_8：

$$Q_8 = G_{SK} \cdot c_{SK} \cdot t_k = (447.52 + 149.17) \times 1.007 \times 25 = 15021.67\ \text{kJ/t}$$

（9）化学反应放热 Q_9。

1）硫化物氧化放热 $Q_{9.1}$：

$$Q_{9.1} = q_{FeS_2} \cdot G_{FeS_2} \times 0.9 = 6901.18 \times 1.851 \times 0.9 = 11496.68\ \text{kJ/t}$$

2）FeO 氧化放热 $Q_{9.2}$：

$$Q_{9.2} = q_{FeO} \cdot G_{FeO} = 1952.06 \times (17.271 - 70 - 1.125 \times 0.988 \times 0.9) = -104882.91\ \text{kJ/t}$$

3）成渣化学热 $Q_{9.3}$：

按无矿相鉴定计算。

$$\begin{aligned} Q_{9.3} &= 4\%\Sigma Q_i/0.96 \\ &= 4\% \times (100341.81 + 8368.00 + 1196265.73 + 0 + 217.83 + 916.40 + 125400.00 + \\ &\quad 15021.67 + 11496.68 - 104882.91)/0.96 \\ &= 60746.84\ \text{kJ/t} \end{aligned}$$

$$Q_9 = Q_{9.1} + Q_{9.2} + Q_{9.3} = -32639.40\ \text{kJ/t}$$

$$Q_{收} = Q_1 + Q_2 + Q_3 + Q_4 + Q_5 + Q_6 + Q_7 + Q_8 + Q_9 = 1413892.04\ \text{kJ/t}$$

3.4.3.2 热支出

（1）混合料水分蒸发吸热 Q'_1：

$$Q'_1 = q_{水} \cdot G_{水} = 2481.1 \times 139.07 = 345046.58\ \text{kJ/t}$$

（2）消石灰分解吸热 Q'_2。本实例中没有添加消石灰。

（3）碳酸盐分解吸热 Q'_3：

$$\begin{aligned} Q'_3 &= G_{碳酸盐} \cdot [q_{CaO} \cdot w(CaO) + q_{MgO} \cdot w(MgO)] \\ &= G_{石灰石} \cdot [1779w(CaO)_{石} + 1298w(MgO)_{石}] + G_{白云石} \cdot \\ &\quad [1779w(CaO)_{白} + 1298w(MgO)_{白}] \\ &= 72 \times (1779 \times 0.5440 + 1298 \times 0.004) + 99.5 \times (1779 \times 0.31 + 1298 \times 0.212) \\ &= 152306.96\ \text{kJ/t} \end{aligned}$$

（4）废气带走的物理热 Q'_4：

$$Q'_4 = V'_{废气} \cdot c_{废气} \cdot t_{废气} = 711.98 \times 1.326 \times 100 = 94408.54\ \text{kJ/t}$$

（5）烧结饼带走的热量 Q'_5：

$$\begin{aligned} Q'_5 &= (G'_{烧} + G'_{返矿} + G'_{铺}) \cdot c_{烧} \cdot t_{烧} \\ &= (1000 + 479.79 + 100) \times 0.735 \times 600 \\ &= 696687.39\ \text{kJ/t} \end{aligned}$$

(6) 固体燃料不完全燃烧损失的热量 Q'_6：

$$Q'_6 = G_{燃}(G^{Y}_{DW} - 33858\,c^{Y})/(1 - W^{Y}) + 12633.6 \cdot V'_{废气} \cdot \varphi(CO)^{S}$$
$$= 43 \times (26295.59 - 33858 \times 0.76)/(1 - 0.0548) + 12633.6 \times 711.98 \times 0.19/100$$
$$= 42726.02\ kJ/t$$

(7) 烧结矿残炭损失的化学热 Q'_7：

$$Q'_7 = 33356.40 \cdot G_{烧} \cdot w(C)_{C} = 33356.40 \times 1000 \times 0.17/100 = 56705.88\ kJ/t$$

烧结总热量支出为：

$$Q_{支} = Q'_1 + Q'_3 + Q'_4 + Q'_5 + Q'_6 + Q'_7 = 1387881.37\ kJ/t$$

烧结机热损失为：

$$Q'_8 = Q_{收} - Q_{支} = 26010.67\ kJ/t$$

将上述计算结果列于表 3-14。

表 3-14 1 t 成品烧结矿的热平衡

收入				支出			
符号	项目	热量/kJ·t⁻¹	比例/%	符号	项目	热量/kJ·t⁻¹	比例/%
Q_1	混合料带入的物理热	100341.81	7.10	Q'_1	混合料水分蒸发吸热	345046.58	24.40
Q_2	铺底料带入的热量	8368.00	0.59	$Q'_{3.1}$	石灰石分解吸热	70053.70	4.95
Q_3	固体燃料的化学热	1196265.73	84.61	$Q'_{3.2}$	白云石分解吸热	82253.27	5.81
Q_4	高炉灰或高炉返矿残炭的化学热	0	0.00	Q'_4	废气带走的物理热	94408.54	6.67
Q_5	点火煤气带入的物理热	217.83	0.02	Q'_5	烧结饼带走的热量	696687.39	49.23
Q_6	点火助燃空气带入的物理热	916.40	0.06	Q'_6	固体燃料不完全燃烧损失的热量	42726.02	3.02
Q_7	点火热量	125400.00	8.87	Q'_7	烧结矿残炭损失的化学热	56705.88	4.01
Q_8	烧结过程空气带入的物理热	15021.67	1.06	Q'_8	烧结机热损失	26010.67	1.84
Q_9	化学反应放热	-32639.40	-2.3				
合计		1413892.04	100	合计		1413892.04	100

3.5 链算机-回转窑球团物料平衡与热平衡计算

3.5.1 链算机-回转窑球团物料平衡计算

3.5.1.1 链算机物料平衡

收入部分：(1) 混合精矿；(2) 生球水分；(3) 膨润土。

支出部分：(1) 预热球重；(2) 返料；(3) 机械损失；(4) 水蒸气。

A 物料收入

(1) 干混合料 $G_{混}$。生球中的水分全部在链算机上干燥。物料在焙烧过程的链算机返料、机械损失和冷却机返矿、机械损失，均以干混合料为基准计算，且均返回造球。生产 1 t 球团矿所需要的干混合料量 $G_{混}$ 为：

$$G_{混} = (G_{精} + G_{膨})/(1 - K_1 - K_2 - K_3 - K_4) \tag{3-77}$$

式中 $G_{精}$——生产 1 t 球团矿时，铁精矿的用量，kg/t；

$G_{膨}$——生产 1 t 球团矿时，膨润土的用量，kg/t；

K_1——生球在链算机上的机械损失,%；

K_2——撒料及收尘量,%；

K_3——球团矿在冷却机上的机械损失,%；

K_4——球团矿返料量,%。

其中返料 $G_{返}$ 为：

$$G_{返} = G_{混} \times (K_1 + K_2 + K_3 + K_4) \tag{3-78}$$

式中 $G_{返}$——生产 1 t 成品球团矿的返料量，kg/t，取 1000 kg/t。

（2）生球水分 $G_{水}$：

$$G_{水} = G_{混} \times K_5/(1 - K_5) \tag{3-79}$$

式中 K_5——生球水分含量,%。

（3）FeO 氧化增重 $G_{氧增1}$：

$$G_{氧增1} = \frac{1}{9}[\Sigma G(FeO)_i - G(FeO)_{球}] \cdot w(FeO)_{链} \tag{3-80}$$

式中 $G_{氧增1}$——生产 1 t 球团矿时，链算机上 FeO 氧化增重，kg/t；

$G(FeO)_i$——生产 1 t 球团矿所用 i 原料中 FeO 质量，kg/t；

$G(FeO)_{球}$——1 t 球团成品中 FeO 质量，kg/t；

$w(FeO)_{链}$——FeO 在链算机上的氧化率,%。

物料收入为：

$$G_{收} = G_{混} + G_{水} + G_{氧增1} = G_{精} + G_{膨} + G_{返} + G_{水} + G_{氧增1}$$

B 物料支出

（1）链算机机械损失 $G_{链损}$：

$$G_{链损} = G_{混} \times K_1 \tag{3-81}$$

（2）链算机返料 $G_{链返}$：

$$G_{链返} = G_{混} \times K_2 \tag{3-82}$$

（3）烧损 $G_{烧损}$。假设烧损全部在链算机上完成，则链算机上的烧损量为：

$$G_{烧损} = G_{精} \times I_{g精} + G_{膨} \times I_{g膨} \tag{3-83}$$

式中 $I_{g精}$——精矿烧损率,%；

$I_{g膨}$——膨润土烧损率,%。

（4）预热球 $G_{预}$：

$$G_{预} = G_{混} - G_{链损} - G_{链返} - G_{烧损} + G_{氧增1} \tag{3-84}$$

（5）水蒸气 $G_{蒸}$。

由于生球中的水分全部在链算机上干燥，所以有：

$$G_{蒸} = G_{水} \tag{3-85}$$

根据计算列出链算机物料平衡表，见表 3-15。

表 3-15 链箅机物料平衡表

收入				支出			
符号	项目	质量/kg·t^{-1}	比例/%	符号	项目	质量/kg·t^{-1}	比例/%
$G_{精}$	铁精矿			$G_{预}$	预热球		
$G_{膨}$	膨润土			$G_{损}$	机械损失		
$G_{水}$	生球水分			$G_{返}$	返料		
$G_{氧增1}$	FeO 氧化增重			$G_{蒸}$	水蒸气		
$G_{返}$	返料			$G_{烧损}$	烧损		
合计			100	合计			100

3.5.1.2 回转窑物料平衡计算

（1）物料收入。物料收入包括：预热球 $G_{预}$ 和 FeO 氧化增重 $G_{氧增2}$。

$$G_{氧增2} = \frac{1}{9}[\sum G(\mathrm{FeO})_i - G(\mathrm{FeO})_{球}] \cdot w(\mathrm{FeO})_{回} \tag{3-86}$$

式中 $w(\mathrm{FeO})_{回}$——FeO 在回转窑上的氧化率，%。

（2）物料支出。物料支出为焙烧球团矿 $G_{球}$。

$$G_{球} = G_{预} + G_{氧增2} \tag{3-87}$$

根据计算列出回转窑物料平衡表，样式见表 3-16。

表 3-16 回转窑物料平衡表

收入				支出			
符号	项目	质量/kg·t^{-1}	比例/%	符号	项目	质量/kg·t^{-1}	比例/%
$G_{预}$	预热球			$G_{球}$	焙烧球团矿		
$G_{氧增2}$	FeO 氧化增重						
合计			100	合计			100

3.5.1.3 冷却机物料平衡计算

（1）物料收入。物料收入包括：焙烧球团矿 $G_{球}$ 和 FeO 氧化增重 $G_{氧增3}$。

$$G_{氧增3} = \frac{1}{9}[\sum G(\mathrm{FeO})_i - G(\mathrm{FeO})_{球}] \cdot w(\mathrm{FeO})_{冷} \tag{3-88}$$

式中 $w(\mathrm{FeO})_{冷}$——FeO 在冷却机上的氧化率，%。

（2）物料支出。物料支出包括：成品球团矿 $G_{成}$、机械损失 $G_{机损}$ 和球团矿返料 $G_{冷返}$。

$$G_{机损} = G_{混} \times K_3 \tag{3-89}$$

$$G_{冷返} = G_{混} \times K_4 \tag{3-90}$$

根据计算列出冷却机物料平衡表，样式见表 3-17。

表 3-17 冷却机物料平衡表

收入				支出			
符号	项目	质量/kg·t^{-1}	比例/%	符号	项目	质量/kg·t^{-1}	比例/%
$G_{球}$	焙烧球团矿			$G_{成}$	成品球团矿		
$G_{氧增3}$	FeO 氧化增重			$G_{返矿}$	球团矿返料		
				$G_{机损}$	机械损失		
合计			100	合计			100

3.5.1.4　具体计算示例如下

铁精矿以及膨润土的化学成分分别见表3-18和表3-19。

表3-18　铁精矿化学成分

成分	TFe	FeO	SiO_2	Al_2O_3	MgO	S	P	烧损	水分	粒度（-0.074 μm）
含量/%	63.75	20.0	1.21	1.51	2.59	0.01	0.055	0.58	9.5	>90

表3-19　膨润土化学成分

成分	SiO_2	CaO	MgO	Al_2O_3	TFe	FeO	K_2O	Na_2O	烧损	水分
含量/%	66.7	1.98	2.04	12.20	0.90	微	2.15	2.01	5.30	10

以干混合料计算，1 t球团的原料用量为精矿967.81 kg，配比为98.17%，膨润土18.02 kg，占1.83%（不考虑其他损失），链箅机机械损失为1%，散料及收尘量为10%；冷却机机械损失为2%，返矿为5%；生球水分为8%；FeO在链箅机上氧化52%，回转窑内氧化35%，冷却机上氧化13%；成品球团FeO为0.7%。

A　链箅机物料平衡

（1）物料收入。

1）干混合料 $G_{混}$：

$$G_{混} = (G_{精} + G_{膨})/(1 - K_1 - K_2 - K_3 - K_4)$$
$$= (967.81 + 18.02)/(1 - 1\% - 10\% - 2\% - 5\%) = 1202.23 \text{ kg/t}$$

其中，铁精矿 $G_{精}=967.81$ kg/t

膨润土 $G_{膨}=18.02$ kg/t

返料 $G_{返} = 1202.23 \times (1\% + 10\% + 2\% + 5\%) = 216.40$ kg/t

2）生球水分 $G_{水}$：

$$G_{水} = G_{混} \times 8\%/(1 - 8\%) = 1202.23 \times 8\%/(1 - 8\%) = 104.54 \text{ kg/t}$$

3）FeO氧化增重 $G_{氧增1}$：

$$G_{氧增1} = (967.81 \times 20\% - 1000 \times 0.7\%) \times 52\%/9 = 10.78 \text{ kg/t}$$

物料收入为：

$$G_{收} = G_{混} + G_{水} + G_{氧增1}$$
$$= 1202.23 + 104.54 + 10.78 = 1317.55 \text{ kg/t}$$

（2）物料支出。

1）链箅机机械损失 $G_{链损}$：

$$G_{链损} = G_{混} \times 1\% = 1202.23 \times 1\% = 12.02 \text{ kg/t}$$

2）链箅机返料 $G_{链返}$：

$$G_{链返} = G_{混} \times 10\% = 1202.23 \times 10\% = 120.22 \text{ kg/t}$$

3）烧损 $G_{烧损}$：

$$G_{烧损} = G_{精} \times I_{g精} + G_{膨} \times I_{g膨}$$
$$= 967.81 \times 0.58\% + 18.02 \times 5.3\% = 6.57 \text{ kg/t}$$

4）预热球 $G_{预}$：

$$G_{预} = G_{混} - G_{链损} - G_{链返} - G_{烧损} + G_{氧增1} = 1202.23 - 12.02 - 120.22 - 6.57 + 10.78 = 1074.20\ kg/t$$

5）水蒸气 $G_{蒸}$：

$$G_{蒸} = G_{水} = 104.54\ kg/t$$

根据计算列出链算机物料平衡表，见表 3-20。

表 3-20 链算机物料平衡表

收入				支出			
符号	项目	质量/$kg \cdot t^{-1}$	比例/%	符号	项目	质量/$kg \cdot t^{-1}$	比例/%
$G_{精}$	铁精矿	967.81	73.46	$G_{链损}$	机械损失	12.02	0.91
$G_{膨}$	膨润土	18.02	1.37	$G_{链返}$	返料	120.22	9.13
$G_{水}$	生球水分	104.54	7.93	$G_{烧损}$	烧损	6.57	0.50
$G_{氧增1}$	FeO 氧化增重	10.78	0.82	$G_{预}$	预热球	1074.20	81.53
$G_{返}$	返料	216.40	16.42	$G_{蒸}$	水蒸气	104.54	7.93
合计		1317.55	100	合计		1317.55	100

B 回转窑物料平衡

（1）物料收入。

1）预热球 $G_{预}$：

$$G_{预} = 1074.20\ kg/t$$

2）FeO 氧化增重 $G_{氧增2}$：

$$G_{氧增2} = (967.81 \times 20\% - 1000 \times 0.7\%) \times 35\%/9 = 7.26\ kg/t$$

（2）物料支出。

焙烧球团矿 $G_{焙}$：

$$G_{焙} = G_{预} + G_{氧增2} = 1074.20 + 7.26 = 1081.46\ kg/t$$

回转窑物料平衡见表 3-21。

表 3-21 回转窑物料平衡表

收入				支出			
符号	项目	质量/$kg \cdot t^{-1}$	比例/%	符号	项目	质量/$kg \cdot t^{-1}$	比例/%
$G_{预}$	预热球	1074.20	99.33	$G_{焙}$	焙烧球团矿	1081.46	100
$G_{氧增2}$	FeO 氧化增重	7.26	0.67				
合计		1081.46	100	合计		1081.46	100

C 冷却机物料平衡

（1）物料收入。

1）焙烧球团矿 $G_{焙}$：

$$G_{焙} = 1081.46\ kg/t$$

2）FeO 氧化增重 $G_{氧增3}$：

$$G_{氧增3} = (967.81 \times 20\% - 1000 \times 0.7\%) \times 13\%/9 = 2.69 \text{ kg/t}$$

（2）物料支出。

1）成品球团矿 $G_{成}$：

$$G_{成} = 1000 \text{ kg/t}$$

2）机械损失 $G_{机损}$：

$$G_{机损} = G_{混} \times 2\% = 1202.23 \times 2\% = 24.04 \text{ kg/t}$$

3）球团矿返料 $G_{返}$：

$$G_{返} = G_{混} \times 5\% = 1202.23 \times 5\% = 60.11 \text{ kg/t}$$

将上述计算列入冷却机物料平衡表，见表 3-22。

表 3-22 冷却机物料平衡表

收入				支出			
符号	项目	质量/kg · t^{-1}	比例/%	符号	项目	质量/kg · t^{-1}	比例/%
$G_{焙}$	焙烧球团矿	1081.46	99.60	$G_{成}$	成品球团矿	1000.00	92.09
$G_{氧增3}$	FeO 氧化增重	2.69	0.40	$G_{机损}$	机械损失	24.04	2.24
				$G_{返}$	球团矿返料	60.11	5.65
合计		1084.15	100	合计		1084.15	100

为便于后续的设备选型计算，与烧结物料平衡计算类似，应根据产能等数据计算出每种物料的每小时的用量。

3.5.2 链算机-回转窑球团热平衡计算

3.5.2.1 链算机热平衡

（1）链算机热收入 $Q_{1-收}$。

1）热风带入的热量 Q_{1-1}：

$$Q_{1-1} = c_{1-1} \times t_{1-1} \times V_{1-1} \tag{3-91}$$

式中 c_{1-1}——热风比热容，kJ/(m^3 · ℃)，取 1.547 kJ/(m^3 · ℃)；

t_{1-1}——热风温度，℃；

V_{1-1}——热风风量（标态），m^3/t。

2）生球原料带入的热量 Q_{1-2}：

$$Q_{1-2} = c_{1-2} \times t_{1-2} \times G_{混} \tag{3-92}$$

式中 c_{1-2}——生球比热容，kJ/(kg · ℃)，取 0.585 kJ/(kg · ℃)；

t_{1-2}——生球温度，℃，取 20 ℃；

$G_{混}$——混合料重，kg/t。

3）生球水分带入的热量 Q_{1-3}：

$$Q_{1-3} = c_{1-3} \times t_{1-3} \times G_{水} \tag{3-93}$$

式中 c_{1-3}——水分比热容，kJ/(kg · ℃)，取 4.18 kJ/(kg · ℃)；

t_{1-3}——水分温度，℃，取 20 ℃；

$G_水$——生球水分，kg/t。

4）FeO 氧化放热 Q_{1-4}：

$$Q_{1-4} = 1952.06 \times 9 \times G_{氧增1} \tag{3-94}$$

链算机总的热收入：

$$Q_{1-收} = Q_{1-1} + Q_{1-2} + Q_{1-3} + Q_{1-4}$$

（2）链算机热支出 $Q_{1-支}$。

1）废气带走的热量 Q'_{1-1}。

$$Q'_{1-1} = 1.1 \times c'_{1-1} \times t'_{1-1} \times V_{1-1} \tag{3-95}$$

式中 1.1——考虑链算机漏风率为10%；

c'_{1-1}——废气比热容（标态），kJ/(m³·℃)，取1.421 kJ/(m³·℃)；

t'_{1-1}——废气温度,℃，取120 ℃。

V_{1-1}——废气体积，m³/t。

2）预热球带走的热量 Q'_{1-2}。

$$Q'_{1-2} = c'_{1-2} \times t'_{1-2} \times G_{预} \tag{3-96}$$

式中 c'_{1-2}——预热球比热容，kJ/kg·℃，取0.875 kJ/(kg·℃)；

t'_{1-2}——预热球温度,℃，取800 ℃。

3）水分蒸发吸热 Q'_{1-3}。

$$Q'_{1-3} = q_{水} \times G_{水} \tag{3-97}$$

式中 $q_水$——水分汽化热，kJ/kg，取2253 kJ/kg。

4）返料、灰尘带走的热量 Q'_{1-4}。

$$Q'_{1-4} = c'_{1-4} \times t'_{1-4} \times (G_{机} + G_{返}) \tag{3-98}$$

式中 c'_{1-4}——返料比热容，kJ/(kg·℃)，取0.711 kJ/(kg·℃)；

t'_{1-4}——返料平均温度,℃，取300 ℃。

5）链算机系统的热损失 Q'_{1-5}。一般按其热收入的12%计算：

$$Q'_{1-5} = 12\% \times Q_{1-收} \tag{3-99}$$

链算机总的热支出：

$$Q_{1-支} = Q'_{1-1} + Q'_{1-2} + Q'_{1-3} + Q'_{1-4} + Q'_{1-5}$$

根据 $Q_{1-收} = Q_{1-支}$，解得：V_{1-1}、Q_{1-1}、Q'_{1-1}、Q'_{1-5}。

将上述计算列于表3-23。

表3-23 链算机热平衡

收入				支出			
符号	项目	热量/kJ·t⁻¹	比例/%	符号	项目	热量/kJ·t⁻¹	比例/%
Q_{1-1}	热风带入的热量			Q'_{1-1}	废气带走的热量		
Q_{1-2}	生球原料带入的热量			Q'_{1-2}	预热球带走的热量		
Q_{1-3}	生球水分带入的热量			Q'_{1-3}	水分蒸发吸热		
Q_{1-4}	FeO 氧化放热			Q'_{1-4}	返料、灰尘带走的热量		
				Q'_{1-5}	链算机系统的热损失		
合计			100	合计			100

3.5.2.2 回转窑热平衡计算

(1) 回转窑热收入 $Q_{2-收}$。

1) 热风供应热 Q_{2-1}：

$$Q_{2-1} = c_{2-1} \times t_{2-1} \times V_{2-1} \tag{3-100}$$

式中 c_{2-1}——二次热风平均比热容（标态），kJ/(m³·℃)，取 1.39 kJ/(m³·℃)；

t_{2-1}——热风温度,℃，取 770 ℃；

V_{2-1}——热风风量（标态），m³/t，取 700 m³/t。

2) 燃料燃烧供热 Q_{2-2}。参考其他球团厂确定。

3) 预热球带入的热量 Q_{2-3}：

$$Q_{2-3} = Q'_{1-2}$$

4) FeO 氧化放热 Q_{2-4}：

$$Q_{2-4} = 1952.06 \times 9 \times G_{氧增2} \tag{3-101}$$

5) 渣相生成热 Q_{2-5}。渣相生成热为回转窑热收入的 1.5%，则有：

$$Q_{2-5} = 1.5\% \times (Q_{2-1} + Q_{2-2} + Q_{2-3} + Q_{2-4})/(1 - 1.5\%) \tag{3-102}$$

回转窑热收入：

$$Q_{2-收} = Q_{2-1} + Q_{2-2} + Q_{2-3} + Q_{2-4} + Q_{2-5}$$

(2) 回转窑热支出 $Q_{2-支}$。

1) 废气带走的热量 Q'_{2-1}：

$$Q'_{2-1} = Q_{1-1}$$

2) 球团矿带走的热量 Q'_{2-2}：

$$Q'_{2-2} = c'_{2-2} \times t'_{2-2} \times G_{焙} \tag{3-103}$$

式中 c'_{2-2}——球团矿平均比热容，kJ/(kg·℃)，取 0.904 kJ/(kg·℃)；

t'_{2-2}——球团矿焙烧后温度,℃，取 1100 ℃。

3) 回转窑热损失 Q'_{2-3}：

$$Q'_{2-3} = Q_{2-收} - Q'_{2-1} - Q'_{2-2}$$

回转窑总热支出：

$$Q_{2-支} = Q'_{2-1} + Q'_{2-2} + Q'_{2-3}$$

根据上述计算列出热平衡表 3-24。

表 3-24 回转窑热平衡

收入				支出			
符号	项 目	热量/kJ·t⁻¹	比例/%	符号	项 目	热量/kJ·t⁻¹	比例/%
Q_{2-1}	热风供应热			Q'_{2-1}	废气带走的热量		
Q_{2-2}	燃料燃烧供热			Q'_{2-2}	球团矿带走的热量		
Q_{2-3}	预热球带入的热量			Q'_{2-3}	回转窑热损失		
Q_{2-4}	FeO 氧化放热						
Q_{2-5}	渣相生成热						
合 计			100	合 计			100

3.5.2.3 冷却机热平衡计算

（1）冷却机的热收入 $Q_{3-收}$。

1）球团矿带入的热量 Q_{3-1}：

$$Q_{3-1} = Q'_{2-2}$$

2）空气带入的物理热 Q_{3-2}：

$$Q_{3-2} = c_{3-2} \times t_{3-2} \times V_{3-2} \tag{3-104}$$

式中 c_{3-2}——空气平均比热容（标态），kJ/(m³·℃)，取 1.30 kJ/(m³·℃)；

t_{3-2}——空气温度,℃，取 20 ℃；

V_{3-2}——冷却风量（标态），m³/t。

3）FeO 氧化放热 Q_{3-3}：

$$Q_{3-3} = 1952.06 \times 9 \times G_{氧增3} \tag{3-105}$$

冷却机总的热收入：

$$Q_{3-收} = Q_{3-1} + Q_{3-2} + Q_{3-3}$$

（2）冷却机热支出 $Q_{3-支}$。

1）二次风带走的热量 Q'_{3-1}：

$$Q'_{3-1} = Q_{2-1}$$

2）球团矿带走的热量 Q'_{3-2}：

$$Q'_{3-2} = c'_{3-2} \times t'_{3-2} \times (G_{成} + G_{机损} + G_{返}) \tag{3-106}$$

式中 c'_{3-2}——球团矿平均比热容，kJ/(kg·℃)，取 0.682 kJ/(kg·℃)；

t'_{3-2}——球团矿焙烧后温度,℃，取 120 ℃；

3）废气带走的热量 Q'_{3-3}：

$$Q'_{3-3} = c'_{3-3} \times t'_{3-3} \times V_{3-3} \tag{3-107}$$

式中 c'_{3-3}——废气比热容（标态），kJ/(m³·℃)，取 1.306 kg/(m³·℃)；

t'_{3-3}——废气温度,℃，取 120 ℃；

V_{3-3}——冷却机排放的废气量，$V_{3-3}=V_{3-2}-V_{2-1}$。

4）冷却机热损失 Q'_{3-4}：

$$Q'_{3-4} = Q_{3-收} - Q'_{3-1} - Q'_{3-2} - Q'_{3-3}。$$

将上述计算结果列于表 3-25 中。

表 3-25 冷却机热平衡

收入				支出			
符号	项目	热量/kJ·t⁻¹	比例/%	符号	项目	热量/kJ·t⁻¹	比例/%
Q_{3-1}	球团矿带入的热量			Q'_{3-1}	二次风带走的热量		
Q_{3-2}	空气带入的物理热			Q'_{3-2}	球团矿带走的热量		
Q_{3-3}	FeO 氧化放热			Q'_{3-3}	废气带走的热量		
				Q'_{3-4}	冷却机热损失		
合计			100	合计			100

3.5.2.4 具体计算实例

计算条件为：烧损在回转窑内烧掉。链箅机热量来源于回转窑窑尾热废气，废气温度为1050 ℃，离开链箅机的废气温度为120 ℃，回转窑二次风来源于冷却机，风温770 ℃，冷却机排放的低温气体温度为130 ℃，总冷却风量（标态）为1900 m^3/t。

链箅机进入回转窑的预热球温为800 ℃，回转窑进入冷却机的焙烧球温为1100 ℃。返料及机械损失料温度按300 ℃计算，球团矿经冷却机冷却后的温度为100 ℃，回转窑里的焙烧温度为1280 ℃。其他数据参考3.5.1.4部分实例说明。

A 链箅机热平衡

（1）链箅机热收入 $Q_{1-收}$。

1）热风带入的热量 Q_{1-1}：

$$Q_{1-1} = c_{1-1} \times t_{1-1} \times V_{1-1} = 1.547 \times 1050 \times V_{1-1} = 1624.35V_{1-1}\ \text{kJ/t}$$

2）生球原料带入的热量 Q_{1-2}：

$$Q_{1-2} = c_{1-2} \times t_{1-2} \times G_{混} = 0.585 \times 20 \times 1202.23 = 14066.09\ \text{kJ/t}$$

3）生球水分带入的热量 Q_{1-3}：

$$Q_{1-3} = c_{1-3} \times t_{1-3} \times G_{水} = 4.18 \times 20 \times 104.54 = 8739.54\ \text{kJ/t}$$

4）FeO氧化放热 Q_{1-4}：

$$Q_{1-4} = 1952.06 \times 9 \times G_{氧增1} = 1952.06 \times 9 \times 10.78 = 189388.86\ \text{kJ/t}$$

链箅机总的热收入 $Q_{1-收}$：

$$\begin{aligned} Q_{1-收} &= Q_{1-1} + Q_{1-2} + Q_{1-3} + Q_{1-4} \\ &= 1624.35V_{1-1} + 14066.09 + 8739.54 + 189388.86 \\ &= 1624.35V_{1-1} + 212194.49\ \text{kJ/t} \end{aligned}$$

（2）链箅机热支出 $Q_{1-支}$。

1）废气带走的热量 Q'_{1-1}：

$$Q'_{1-1} = 1.1 \times c'_{1-1} \times t'_{1-1} \times V_{1-1} = 1.1 \times 1.421 \times 120 \times V_{1-1} = 187.57V_{1-1}\ \text{kJ/t}$$

2）预热球带走的热量 Q'_{1-2}：

$$Q'_{1-2} = c'_{1-2} \times t'_{1-2} \times G_{预} = 0.875 \times 800 \times 1074.20 = 751940.00\ \text{kJ/t}$$

3）水分蒸发吸热 Q'_{1-3}：

$$Q'_{1-3} = q_{水} \times G_{水} = 2253 \times 104.54 = 235528.62\ \text{kJ/t}$$

4）返料、灰尘带走的热量 Q'_{1-4}：

$$Q'_{1-4} = c'_{1-4} \times t'_{1-4} \times (G_{链损} + G_{链返}) = 0.711 \times 300 \times (12.02 + 120.22) = 28206.79\ \text{kJ/t}$$

5）链箅机系统的热损失 Q'_{1-5}。按其热收入的12%计算。

$$Q'_{1-5} = 12\% \times Q_{1-收} = 12\% \times (1624.35V_{1-1} + 212188.67) = 194.92V_{1-1} + 25462.64\ \text{kJ/t}$$

链箅机总的热支出 $Q_{1-支}$：

$$\begin{aligned} Q_{1-支} &= Q'_{1-1} + Q'_{1-2} + Q'_{1-3} + Q'_{1-4} + Q'_{1-5} \\ &= 187.57V_{1-1} + 751940.00 + 235528.62 + 28206.79 + 194.92V_{1-1} + 25462.64 \\ &= 382.49V_{1-1} + 1041138.05\ \text{kJ/t} \end{aligned}$$

根据 $Q_{1-收}=Q_{1-支}$，有：

$$1624.35V_{1-1} + 212194.49 = 382.49V_{1-1} + 1041138.05$$

解得：$V_{1-1} = 667.50\ m^3$

$Q_{1-1} = 1084256.25\ kJ/t$

$Q'_{1-1} = 125203.28\ kJ/t$

$Q'_{1-5} = 155572.05\ kJ/t$

将上述计算列于表 3-26。

表 3-26 链算机热平衡

收入				支出			
符号	项 目	热量/kJ·t^{-1}	比例/%	符号	项 目	热量/kJ·t^{-1}	比例/%
Q_{1-1}	热风带入的热量	1084256.25	83.63	Q'_{1-1}	废气带走的热量	125203.28	9.66
Q_{1-2}	生球原料带入的热量	14066.09	1.09	Q'_{1-2}	预热球带走的热量	751940.00	58.00
Q_{1-3}	生球水分带入的热量	8739.54	0.67	Q'_{1-3}	水分蒸发吸热	235528.62	18.17
Q_{1-4}	FeO 氧化放热	189388.86	14.61	Q'_{1-4}	返料、灰尘带走的热量	28206.79	2.17
				Q'_{1-5}	链算机系统的热损失	155572.05	12.00
合 计		1296450.74	100	合 计		1296450.74	100

B 回转窑热平衡

（1）回转窑热收入 $Q_{2-收}$。

1）热风供应热 Q_{2-1}：

$$Q_{2-1} = c_{2-1} \times t_{2-1} \times V_{2-1} = 1.39 \times 770 \times 700 = 749210.00\ kJ/t$$

2）燃料燃烧供热 Q_{2-2}。参考其他球团厂取 Q_{2-2}=668800.00 kJ/t。

3）预热球带入的热量 Q_{2-3}：

$$Q_{2-3} = Q'_{1-2} = 751940.00\ kJ/t$$

4）FeO 氧化放热 Q_{2-4}：

$$Q_{2-4} = 1952.06 \times 9 \times G_{氧增2} = 1952.06 \times 9 \times 7.26 = 127547.60\ kJ/t$$

5）渣相生成热 Q_{2-5}。渣相生成热为回转窑热收入的 1.5%，则有：

$$\begin{aligned} Q_{2-5} &= 1.5\% \times (Q_{2-1} + Q_{2-2} + Q_{2-3} + Q_{2-4})/(1 - 1.5\%) \\ &= 1.5\% \times (749210.00 + 668800.00 + 751940.00 + 127547.60)/(1 - 1.5\%) \\ &= 34987.27\ kJ/t \end{aligned}$$

回转窑热收入 $Q_{2-收}$：

$$\begin{aligned} Q_{2-收} &= Q_{2-1} + Q_{2-2} + Q_{2-3} + Q_{2-4} + Q_{2-5} \\ &= 749210.00 + 668800.00 + 751940.00 + 127547.60 + 34987.27 \\ &= 2332484.87\ kJ/t \end{aligned}$$

（2）回转窑热支出 $Q_{2-支}$。

1）废气带走的热量 Q'_{2-1}：

$$Q'_{2-1} = Q_{1-1} = 1084256.25\ kJ/t$$

2）球团矿带走的热量 Q'_{2-2}：

$$Q'_{2-2} = c'_{2-2} \times t'_{2-2} \times G_{焙} = 0.904 \times 1100 \times 1081.46 = 1075403.82\ kJ/t$$

3）回转窑热损失 Q'_{2-3}：

$$Q'_{2-3} = Q_{2-收} - Q'_{2-1} - Q'_{2-2} = 2332484.87 - 1084256.25 - 1075403.82 = 172824.80\ \text{kJ/t}$$

回转窑总热支出：

$$Q_{2-支} = Q'_{2-1} + Q'_{2-2} + Q'_{2-3} = 1084256.25 + 1075403.82 + 172824.80 = 2332484.87\ \text{kJ/t}$$

根据上述计算列出热平衡表 3-27。

表 3-27 回转窑热平衡

收入				支出			
符号	项目	热量/kJ·t^{-1}	比例/%	符号	项目	热量/kJ·t^{-1}	比例/%
Q_{2-1}	热风供应热	749210.00	32.12	Q'_{2-1}	废气带走的热量	1084256.25	46.49
Q_{2-2}	燃料燃烧供热	668800.00	28.67	Q'_{2-2}	球团矿带走的热量	1075403.82	46.10
Q_{2-3}	预热球带入的热量	751940.00	32.24	Q'_{2-3}	回转窑热损失	172824.80	7.41
Q_{2-4}	FeO 氧化放热	127547.60	5.47				
Q_{2-5}	渣相生成热	34987.27	1.50				
合计		2332484.87	100	合计		2332484.87	100

C 冷却机热平衡

（1）冷却机的热收入 $Q_{3-收}$。

1）球团矿带入的热量 Q_{3-1}：

$$Q_{3-1} = Q'_{2-2} = 1075403.82\ \text{kJ/t}$$

2）空气带入的物理热 Q_{3-2}：

$$Q_{3-2} = c_{3-2} \times t_{3-2} \times V_{3-2} = 1.30 \times 20 \times 1900 = 49400.00\ \text{kJ/t}$$

3）FeO 氧化放热 Q_{3-3}：

$$Q_{3-3} = 1952.06 \times 9 \times G_{氧增3} = 1952.06 \times 9 \times 2.69 = 47259.37\ \text{kJ/t}$$

冷却机总的热收入：

$$Q_{3-收} = Q_{3-1} + Q_{3-2} + Q_{3-3} = 1075403.82 + 49400.00 + 47259.37 = 1172063.19\ \text{kJ/t}$$

（2）冷却机热支出 $Q_{3-支}$。

1）二次风带走的热量 Q'_{3-1}：

$$Q'_{3-1} = Q_{2-1} = 749210.00\ \text{kJ/t}$$

2）球团矿带走的热量 Q'_{3-2}：

$$Q'_{3-2} = c'_{3-2} \times t'_{3-2} \times (G_{成} + G_{冷损} + G_{冷返}) = 0.682 \times 120 \times (1000 + 24.04 + 60.11) = 88726.84\ \text{kJ/t}$$

3）废气带走的热量 Q'_{3-3}：

$$Q'_{3-3} = c'_{3-3} \times t'_{3-3} \times V_{3-3}$$

$$V_{3-3(标态)} = V_{3-2} - V_{2-1} = 1900 - 700 = 1200\ \text{m}^3/\text{t}$$

$$Q'_{3-3} = 1.306 \times 120 \times 1200 = 188064.00\ \text{kJ/t}$$

4）冷却机热损失 Q'_{3-4}：

$$Q'_{3-4} = Q_{3-收} - Q'_{3-1} - Q'_{3-2} - Q'_{3-3} = 1172063.19 - 749210.00 - 88726.84 - 188064.00 = 146062.35\ \text{kJ/t}$$

将上述计算结果列于表 3-28 中。

表 3-28 冷却机热平衡

收入				支出			
符号	项目	热量/$kJ \cdot t^{-1}$	比例/%	符号	项目	热量/$kJ \cdot t^{-1}$	比例/%
Q_{3-1}	球团矿带入的热量	1075403.82	91.75	Q'_{3-1}	二次风带走的热量	749210.00	63.92
Q_{3-2}	空气带入的物理热	49400.00	4.22	Q'_{3-2}	球团矿带走的热量	88726.84	7.57
Q_{3-3}	FeO 氧化放热	47259.37	4.03	Q'_{3-3}	废气带走的热量	188064.00	16.05
				Q'_{3-4}	冷却机热损失	146062.35	12.46
合计		1172063.19	100	合计		1172063.19	100

3.6 带式球团物料平衡与热平衡计算

3.6.1 带式焙烧机物料平衡计算

物料收入包括干混合料（铁精矿、膨润土、返矿）、生球水分、FeO 氧化增重、边底料。

物料支出包括成品球团、返矿、蒸发水量、边底料、烧损。

3.6.1.1 物料收入

（1）干混合料用量 $G_{混}$。物料焙烧过程的返料以干混合料为基准计算，且均返回造球。生产 1 t 球团矿所需要的干混合料量 $G_{混}$ 为：

$$G_{混} = (G_{精} + G_{膨})/(1 - f) \tag{3-108}$$

式中 $G_{精}$——生产 1 t 球团矿时，精矿的用量，kg/t；

$G_{膨}$——生产 1 t 球团矿时，膨润土的用量，kg/t；

f——返矿率,%。

其中返矿量 $G_{返}$ 为：

$$G_{返} = G_{混} \times f \tag{3-109}$$

（2）生球含水量 $G_{水}$，参照 3.5.1.1 节式（3-79）。

（3）FeO 氧化增重 $G_{氧增}$，参照 3.5.1.1 节式（3-80）。

（4）边底料 $G_{边底}$。边底料量与料层高度、台车宽度有关。一般为球团矿的 25%。

3.6.1.2 物料支出

（1）成品球团矿 $G'_{成} = 1000$ kg/t。

（2）返矿 $G'_{返}$ 见式（3-109）。

（3）水蒸气量 $G'_{蒸}$。由于生球中的水分全部在带式机上干燥，所以 $G'_{蒸} = G_{水}$。

（4）边底料全部返回带式焙烧机。

（5）烧损 $G'_{烧损}$，参照 3.5.1.1 节式（3-83）。

根据计算，将生产 1000 kg 成品球团矿的物料平衡列于表 3-29。

表 3-29 带式球团物料平衡表

收入				支出			
符号	项目	质量/kg·t^{-1}	比例/%	符号	项目	质量/kg·t^{-1}	比例/%
$G_{精}$	精矿			$G'_{成}$	成品球团矿	1000.00	
$G_{膨}$	膨润土			$G'_{返}$	返矿		
$G_{返}$	返矿			$G'_{蒸}$	水蒸气量		
$G_{水}$	生球含水量			$G_{边底}$	边底料		
$G_{氧增}$	FeO 氧化增重			$G'_{烧损}$	烧损		
$G_{边底}$	边底料						
合计			100	合计			100

3.6.1.3 计算实例

设台车宽 4 m，料高 400 mm，边料宽 100 mm，底料高 80 mm，边底料量占球团矿的 25%。生产 1000 kg 球团矿的原料配比如下：

甲精矿 $G_{甲}$，687.30 kg/t，68.25%；乙精矿 $G_{乙}$，301.20 kg/t，29.91%；膨润土 $G_{膨}$，18.50 kg/t，1.84%。返矿为干混合料的 10%，生球水分为 8%，成品球团矿 FeO 的含量为 0.7%，FeO 在预热段氧化 60%，焙烧段氧化 32%。

原料化学成分列于表 3-30。焦炉煤气成分见表 3-31。

表 3-30 球团原料的化学成分 (%)

项目	w(TFe)	w(FeO)	w(CaO)	w(MgO)	w(SiO_2)	w(S)	w(MnO)	w(Al_2O_3)	w(K_2O)	w(Na_2O)	烧损
甲精矿	66.59	25.30	1.31	0.65	3.54	0.32	1.84	0.64	0.337	0.025	2.68
乙精矿	64.40	12.32	0.19	0.17	7.40	0.65	1.09	0.68	0.046	0.087	2.52
膨润土	—	—	2.34	2.64	67.75	—	—	14.35	1.08	1.94	9.93

表 3-31 焦炉煤气成分

成分	H_2	CO	CH_4	CO_2	N_2	O_2	发热值/kJ·m^{-3}
含量/%	55	6.5	24	2.3	4.0	1.7	16747

A 物料收入

(1) 干混合料用量 $G_{混}$。物料焙烧过程的返料以干混合料为基准计算，且均返回造球。生产 1 t 球团矿所需要的干混合料量 $G_{混}$：

$$G_{混} = (G_{精} + G_{膨})/(1-f) = (687.30 + 301.20 + 18.50)/(1 - 10\%) = 1118.89 \text{ kg/t}$$

其中返矿量 $G_{返}$：

$$\begin{aligned} G_{返} &= (G_{甲} + G_{乙} + G_{膨}) \times 10\%/(1 - 10\%) \\ &= (687.30 + 301.20 + 18.50) \times 10\%/(1 - 10\%) = 111.89 \text{ kg/t} \end{aligned}$$

(2) 生球含水量 $G_{水}$：

$$G_{水} = G_{混} \times 8\%/(1 - 8\%) = 1118.89 \times 8\%/(1 - 8\%) = 97.29 \text{ kg/t}$$

(3) FeO 氧化增重 $G_{氧增}$：

$G_{氧增} = (687.30 \times 25.30\% + 301.20 \times 12.32\% - 1000 \times 0.7\%) \times (60\% + 32\%)/9$
$= 20.85\ kg/t$

（4）边底料 $G_{边底}$：

$$G_{边底} = 1000 \times 25\% = 250.00\ kg/t$$

物料总收入 $G_{收} = G_{混} + G_{返} + G_{水} + G_{氧增} + G_{边底} = 1487.03\ kg/t$

B　物料支出

（1）成品球团矿 $G'_{成}$：$G'_{成} = 1000\ kg/t$。

（2）返矿 $G'_{返}$：$G'_{蒸} = 111.89\ kg/t$。

（3）水蒸气量 $G'_{蒸}$：$G'_{蒸} = 97.29\ kg/t$。

（4）烧损 $G'_{烧损}$：

$G'_{烧损} = \Sigma G_{精} \times I_{g精} + G_{膨} \times I_{g膨} = 687.30 \times 2.68\% + 301.20 \times 2.52\% + 18.50 \times 9.93\%$
$= 27.85\ kg/t$

根据配料比及以上计算，将生产 1000 kg 成品球团矿的物料平衡列于表 3-32。

表 3-32　带式球团物料平衡表

收入				支出			
符号	项目	质量/kg · t^{-1}	比例/%	符号	项目	质量/kg · t^{-1}	比例/%
$G_{甲}$	甲精矿	687.30	46.21	$G'_{成}$	成品球团矿	1000.00	67.25
$G_{乙}$	乙精矿	301.20	20.26	$G'_{返}$	返矿	111.89	7.53
$G_{膨}$	膨润土	18.50	1.24	$G'_{蒸}$	水蒸气量	97.29	6.54
$G_{返}$	返矿	111.89	7.52	$G_{边底}$	边底料	250.00	16.81
$G_{水}$	生球含水量	97.29	6.54	$G'_{烧损}$	烧损	27.85	1.87
$G'_{边底}$	边底料量	250.00	16.81				
$G_{氧增}$	FeO 氧化增重	20.85	1.40				
合　计		1487.03	100	合　计		1487.03	100

3.6.2　带式焙烧机热平衡计算

带式焙烧机与竖炉焙烧球团矿不同，它有明显的多工艺带，在计算热平衡时，应按风流动系统流程分别计算各段热平衡。带式焙烧机的风流系统图如图 3-4 所示。

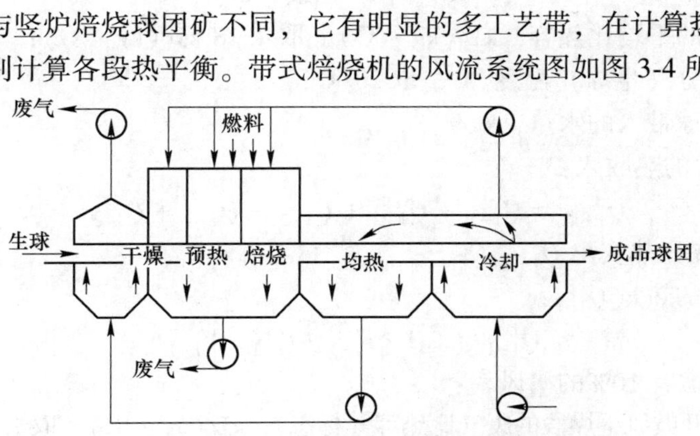

图 3-4　带式焙烧机的风流系统图

热平衡计算条件：（1）焙烧机分为鼓风干燥、抽风干燥、预热、焙烧、均热、一次冷却、二次冷却七个阶段；（2）鼓风干燥段热风来自焙烧及均热段风箱回热风机，抽风干燥段热风来自二次冷却；（3）冷却段热风全部返回；（4）所有数据均以 1 t 成品球团矿为依据。

3.6.2.1 鼓风干燥段热平衡计算

（1）鼓风干燥段热收入 $Q_{1-收}$。

1）热风带入的热量 Q_{1-1}：

$$Q_{1-1} = c_{1-1} \cdot t_{1-1} \cdot V_{1-1} \tag{3-110}$$

式中 c_{1-1}——鼓风干燥段热风的平均比热容（标态），kJ/(m³·℃)，取 1.31 kJ/(m³·℃)；

t_{1-1}——鼓风干燥段热风温度,℃；

V_{1-1}——鼓风干燥段热风风量（标态），m³/t。

2）台车带入的热量 Q_{1-2}：

$$Q_{1-2} = c_{1-2} \cdot t_{1-2} \cdot W \tag{3-111}$$

式中 c_{1-2}——台车平均比热容（标态），kJ/(m³·℃)，一般取 0.489 kJ/(m³·℃)；

t_{1-2}——鼓风干燥段台车温度；

W——台车质量，kg/t，取 2311 kg/t。

3）生球带入的热量 Q_{1-3}：

$$Q_{1-3} = c_{1-3} \cdot t_{1-3} \cdot G_{生} \tag{3-112}$$

式中 c_{1-3}——生球比热容，kJ/(kg·℃)，一般取 0.585 kJ/(kg·℃)；

t_{1-3}——生球温度,℃，取 20 ℃；

$G_{生}$——生球质量，kg/t，$G_{生}=G_{精}+G_{膨}+G_{返}$。

4）边底料带入的热量 Q_{1-4}：

$$Q_{1-4} = c_{1-4} \cdot t_{1-4} \cdot G_{边底} \tag{3-113}$$

式中 c_{1-4}——边底料比热容，kJ/(kg·℃)，取 0.641 kJ/(kg·℃)；

t_{1-4}——边底料温度,℃；

$G_{边底}$——边底料质量，kg/t，取 250 kg/t。

5）水分带入的热量 Q_{1-5}：

$$Q_{1-5} = c_{1-5} \cdot t_{1-5} \cdot G_{水} \tag{3-114}$$

式中 c_{1-5}——水的平均比热容，kJ/(kg·℃)，取 4.18 kJ/(kg·℃)；

t_{1-5}——水分（生球）温度,℃，取 20 ℃；

$G_{水}$——生球带入的水量，kg/t。

鼓风干燥段总的热收入：

$$Q_{1-收} = Q_{1-1} + Q_{1-2} + Q_{1-3} + Q_{1-4} + Q_{1-5}$$

（2）鼓风干燥段热支出 $Q'_{1-支}$。

1）废气带走的热量 Q'_{1-1}：

$$Q'_{1-1} = 1.1 \cdot c'_{1-1} \cdot t'_{1-1} \cdot V_{1-1} \tag{3-115}$$

式中 1.1——考虑有 10%的漏风率；

c'_{1-1}——离开鼓风干燥段的废气比热容（标态），kJ/(m³·℃)，取 1.31 kJ/(m³·℃)；

t'_{1-1}——离开鼓风干燥段的废气温度,℃;

V_{1-1}——废气量（标态），m^3/t。

2）台车带走的热量 Q'_{1-2}：

$$Q'_{1-2} = c_{1-2} \cdot t'_{1-2} \cdot W \tag{3-116}$$

式中 t'_{1-2}——台车离开鼓风干燥段的温度,℃。

3）生球带走的热量 Q'_{1-3}：

$$Q'_{1-3} = c_{1-3} \cdot t'_{1-3} \cdot G_{生} \tag{3-117}$$

式中 t'_{1-3}——生球离开鼓风干燥段的温度,℃。

4）边底料带走的热量 Q'_{1-4}：

$$Q'_{1-4} = c_{1-4} \cdot t'_{1-4} \cdot G_{边底} \tag{3-118}$$

式中 t'_{1-4}——边底料离开鼓风干燥段的温度,℃。

5）水分蒸发吸收的热量 Q'_{1-5}：

$$Q'_{1-5} = 40\% \cdot q_{水} \cdot G_{水} \tag{3-119}$$

式中 40%——生球中40%水分在鼓风干燥段排出；

$q_{水}$——水分汽化热，kJ/kg，取2253 kJ/kg。

6）水分带走的热量 Q'_{1-6}：

$$Q'_{1-6} = (1 - 40\%) \cdot c'_{1-6} \cdot G_{水} \cdot t'_{1-6} \tag{3-120}$$

式中 c'_{1-6}——生球剩余水分的比热容，kJ/(kg·℃)，取4.18 kJ/(kg·℃)；

t'_{1-6}——生球离开鼓风干燥段的温度,℃。

7）热损失 Q'_{1-7}。参考同类型带式球团设计。

鼓风干燥段总的热支出 $Q'_{1-支}$：

$$Q'_{1-支} = Q'_{1-1} + Q'_{1-2} + Q'_{1-3} + Q'_{1-4} + Q'_{1-5} + Q'_{1-6} + Q'_{1-7}$$

根据热平衡原理，$Q_{1-收} = Q'_{1-支}$，可解得 V_{1-1}、Q_{1-1}、Q'_{1-1}。

以下几节计算公式中符号的物理意义与鼓风干燥段相应符号相同，热损失取值参考某厂带式焙烧机设计。

3.6.2.2 抽风干燥段热平衡计算

（1）抽风干燥段热收入 $Q_{2-收}$。

1）热风带入的热量 Q_{2-1}：

$$Q_{2-1} = c_{2-1} \cdot t_{2-1} \cdot V_{2-1} \tag{3-121}$$

式中 c_{2-1}——抽风干燥段热风的平均比热容（标态），kJ/(m^3·℃)，取1.31 kJ/(m^3·℃)；

t_{2-1}——进入抽风干燥段的热风温度,℃；

V_{2-1}——抽风干燥段热风风量（标态），m^3/t。

2）台车带入的热量 Q_{2-2}：

$$Q_{2-2} = Q'_{1-2}$$

3）生球带入的热量 Q_{2-3}：

$$Q_{2-3} = Q'_{1-3}$$

4）边底料带入的热量 Q_{2-4}：

$$Q_{2-4} = Q'_{1-4}$$

5）水分带入的热量 Q_{2-5}：

$$Q_{2-5} = Q'_{1-6}$$

抽风干燥段热收入：

$$Q_{2-收} = Q_{2-1} + Q_{2-2} + Q_{2-3} + Q_{2-4} + Q_{2-5}$$

（2）抽风干燥段热支出 $Q'_{2-支}$。

1）废气带走的热量 Q'_{2-1}：

$$Q'_{2-1} = c'_{2-1} \cdot t'_{2-1} \cdot V_{2-1} \tag{3-122}$$

式中 c'_{2-1}——离开抽风干燥段的废气平均比热容（标态），kJ/(m^3·℃)，取 1.31 kJ/(m^3·℃)；

t'_{2-1}——离开抽风干燥段的废气温度，℃；

V_{2-1}——离开抽风干燥段的废气量（标态），m^3/t。

2）台车带走的热量 Q'_{2-2}：

$$Q'_{2-2} = c'_{2-2} \cdot t'_{2-2} \cdot W \tag{3-123}$$

式中 t'_{2-2}——台车离开抽风干燥段的温度，℃。

3）干球带走的热量 Q'_{2-3}：

$$Q'_{2-3} = c'_{2-3} \cdot t'_{2-3} \cdot G_{生} \tag{3-124}$$

式中 c'_{2-3}——离开抽风干燥段的干球平均比热容（标态），kJ/(m^3·℃)，取 0.641 kJ/(m^3·℃)；

t'_{2-3}——干球离开抽风干燥段的温度，℃。

4）边底料带走的热量 Q'_{2-4}：

$$Q'_{2-4} = c'_{2-4} \cdot t'_{2-4} \cdot G_{边底} \tag{3-125}$$

式中 c'_{2-4}——边底料离开抽风干燥段的平均比热容，kJ/(kg·℃)，取 0.641 kJ/(kg·℃)；

t'_{2-4}——边底料离开抽风干燥段的温度，℃。

5）水分蒸发吸收的热量 Q'_{2-5}：

$$Q'_{2-5} = 60\% \cdot q_{水} \cdot G_{水} \tag{3-126}$$

式中 60%——生球中60%水分在抽风干燥段排除；

$q_{水}$——水分汽化热，kJ/kg，取 2253 kJ/kg。

6）热损失 Q'_{2-6}。参考同类型带式球团设计。

抽风干燥段总的热支出：

$$Q'_{2-支} = Q'_{2-1} + Q'_{2-2} + Q'_{2-3} + Q'_{2-4} + Q'_{2-5} + Q'_{2-6}$$

根据热平衡原理，$Q_{2-收} = Q'_{2-支}$，可解得 V_{2-1}、Q_{2-1}、Q'_{2-1}。

3.6.2.3 预热段热平衡计算

（1）预热段热收入 $Q_{3-收}$。

1）热风带入的热量 Q_{3-1}：

$$Q_{3-1} = c_{3-1} \cdot t_{3-1} \cdot V_{3-1} \tag{3-127}$$

式中 c_{3-1}——预热段热风的平均比热容（标态），kJ/(m^3 · ℃)，取 1.379 kJ/(m^3 · ℃)；

t_{3-1}——进入预热段热风的温度，℃；

V_{3-1}——预热段热风风量（标态），m^3/t。

2）台车带入的热量 Q_{3-2}：

$$Q_{3-2} = Q'_{2-2}$$

3）干球带入的热量 Q_{3-3}：

$$Q_{3-3} = Q'_{2-3}$$

4）边底料带入的热量 Q_{3-4}：

$$Q_{3-4} = Q'_{2-4}$$

5）FeO 氧化放出的热量 Q_{3-5}：

$$Q_{3-5} = 1952.06 \times 60\% \times [\Sigma G(\mathrm{FeO})_i - G(\mathrm{FeO})_{球}] \tag{3-128}$$

式中 1952.06——1 kg FeO 氧化放出热量，kJ/kg；

60%——假定 60%的 FeO 在预热段氧化；

$\Sigma G(\mathrm{FeO})_i$——球团混合料中 FeO 含量，kg/t。

预热段总的热收入：

$$Q_{3-收} = Q_{3-1} + Q_{3-2} + Q_{3-3} + Q_{3-4} + Q_{3-5}$$

（2）预热段热支出 $Q'_{3-支}$。

1）废气带走的热量 Q'_{3-1}：

$$Q'_{3-1} = c'_{3-1} \cdot t'_{3-1} \cdot V_{3-1} \tag{3-129}$$

式中 c'_{3-1}——离开预热段的废气平均比热容（标态），kJ/(m^3 · ℃)，取 1.31 kJ/(m^3 · ℃)；

t'_{3-1}——离开预热段的废气温度，℃；

V_{3-1}——离开预热段的废气量（标态），m^3/t。

2）台车带走的热量 Q'_{3-2}：

$$Q'_{3-2} = c'_{3-2} \cdot t'_{3-2} \cdot W \tag{3-130}$$

式中 c'_{3-2}——台车平均比热容（标态），kJ/(m^3 · ℃)，一般取 0.489 kJ/(m^3 · ℃)；

t'_{3-2}——台车离开预热段的温度，℃。

3）预热球带走的热量 Q'_{3-3}：

$$Q'_{3-3} = c'_{3-3} \cdot t'_{3-3} \cdot G_{预} \tag{3-131}$$

式中 c'_{3-3}——预热球离开预热段的平均比热容（标态），kJ/(m^3 · ℃)，取 0.875 kJ/(m^3 · ℃)；

t'_{3-3}——预热球离开预热段的温度，℃；

$G_{预}$——预热球的质量，假定生球中的烧损在预热带全部烧掉，因此 $G_{预} = G_{生} - G_{烧损}$。

4）边底料带走的热量 Q'_{3-4}：

$$Q'_{3-4} = c'_{3-4} \cdot t'_{3-4} \cdot G_{边底} \tag{3-132}$$

式中 c'_{3-4}——边底料离开预热段的平均比热容，kJ/(kg · ℃)，取 0.854 kJ/(kg · ℃)；

t'_{3-4}——边底料离开预热段的温度,℃。

5）热损失 Q'_{3-5}。参考同类型带式球团设计。

预热段总的热支出：

$$Q'_{3-支} = Q'_{3-1} + Q'_{3-2} + Q'_{3-3} + Q'_{3-4} + Q'_{3-5}$$

根据热平衡原理，$Q_{3-收} = Q'_{3-支}$，可解得 V_{3-1}、Q_{3-1}、Q'_{3-1}。

3.6.2.4 焙烧段热平衡计算

（1）焙烧段热收入 $Q_{4-收}$。

1）热风带入的热量 Q_{4-1}：

$$Q_{4-1} = c_{4-1} \cdot t_{4-1} \cdot V_{4-1} \tag{3-133}$$

式中 c_{4-1}——焙烧段热风的平均比热容（标态），kJ/(m³·℃)，取 1.442 kJ/(m³·℃)；

t_{4-1}——焙烧段热风的温度,℃；

V_{4-1}——焙烧段热风风量（标态），m³/t。

2）台车带入的热量 Q_{4-2}：

$$Q_{4-2} = Q'_{3-2} \tag{3-134}$$

3）预热球带入的热量 Q_{4-3}：

$$Q_{4-3} = Q'_{3-3}$$

4）边底料带入的热量 Q_{4-4}：

$$Q_{4-4} = Q'_{3-4}$$

5）FeO 氧化放出的热量 Q_{4-5}：

$$Q_{4-5} = 1952.06 \times 32\% \times [\Sigma G(FeO)_i - G(FeO)_{球}] \tag{3-135}$$

式中 1952.06——1 kg FeO 氧化放出热量，kJ/kg；

32%——假定 32%的 FeO 在焙烧段氧化；

$\Sigma G(FeO)_i$——球团混合料中 FeO 含量，kg/t。

焙烧段总的热收入：

$$Q_{4-收} = Q_{4-1} + Q_{4-2} + Q_{4-3} + Q_{4-4} + Q_{4-5}$$

（2）焙烧段热支出 $Q'_{4-支}$。

1）废气带走的热量 Q'_{4-1}：

$$Q'_{4-1} = c'_{4-1} \cdot t'_{4-1} \cdot V_{4-1} \tag{3-136}$$

式中 c'_{4-1}——离开焙烧段的废气平均比热容（标态），kJ/(m³·℃)，取 1.34 kJ/(m³·℃)；

t'_{4-1}——离开焙烧段的废气温度,℃；

V_{4-1}——离开焙烧段的废气量（标态），m³/t。

2）台车带走的热量 Q'_{4-2}：

$$Q'_{4-2} = c'_{4-2} \cdot t'_{4-2} \cdot W \tag{3-137}$$

式中 c'_{4-2}——台车平均比热容（标态），kJ/(m³·℃)，一般取 0.489 kJ/(m³·℃)；

t'_{4-2}——台车离开焙烧段的温度,℃。

3）球团矿带走的热量 Q'_{4-3}：

$$Q'_{4-3} = c'_{4-3} \cdot t'_{4-3} \cdot G_{球} \quad (3\text{-}138)$$

式中 c'_{4-3}——球团矿离开焙烧段的平均比热容（标态），kJ/(m³ · ℃)，取 0.921 kJ/(m³ · ℃)；

t'_{4-3}——球团矿离开焙烧段的温度，℃；

$G_{球}$——球团矿的质量。

4）边底料带走的热量 Q'_{4-4}：

$$Q'_{4-4} = c'_{4-4} \cdot t'_{4-4} \cdot G_{边底} \quad (3\text{-}139)$$

式中 c'_{4-4}——边底料离开焙烧段的平均比热容，kJ/(kg · ℃)，取 0.904 kJ/(kg · ℃)；

t'_{4-4}——边底料离开焙烧段的温度，℃。

5）热损失 Q'_{4-5}。参考同类型带式球团设计。

焙烧段总的热支出：

$$Q'_{4-支} = Q'_{4-1} + Q'_{4-2} + Q'_{4-3} + Q'_{4-4} + Q'_{4-5}$$

根据热平衡原理，$Q_{4-收} = Q'_{4-支}$，可解得 V_{4-1}、Q_{4-1}、Q'_{4-1}。

3.6.2.5 均热段热平衡计算

（1）均热段热收入 $Q_{5-收}$。

1）热风带入的热量 Q_{5-1}：

$$Q_{5-1} = c_{5-1} \cdot t_{5-1} \cdot V_{5-1} \quad (3\text{-}140)$$

式中 c_{5-1}——均热段热风的平均比热容（标态），kJ/(m³ · ℃)，取 1.388 kJ/(m³ · ℃)；

t_{5-1}——均热段热风的温度，℃；

V_{5-1}——均热段热风风量（标态），m³/t。

2）台车带入的热量 Q_{5-2}：

$$Q_{5-2} = Q'_{4-2}$$

3）球团矿带入的热量 Q_{5-3}：

$$Q_{5-3} = Q'_{4-3}$$

4）边底料带入的热量 Q_{5-4}：

$$Q_{5-4} = Q'_{4-4}$$

均热段总的热收入：

$$Q_{5-收} = Q_{5-1} + Q_{5-2} + Q_{5-3} + Q_{5-4}$$

（2）均热段热支出 $Q'_{5-支}$。

1）废气带走的热量 Q'_{5-1}：

$$Q'_{5-1} = c'_{5-1} \cdot t'_{5-1} \cdot V_{5-1} \quad (3\text{-}141)$$

式中 c'_{5-1}——离开均热段的废气平均比热容（标态），kJ/(m³ · ℃)，取 1.363 kJ/(m³ · ℃)；

t'_{5-1}——离开均热段的废气温度，℃；

V_{5-1}——离开均热段的废气量（标态），m³/t。

2）台车带走的热量 Q'_{5-2}：

$$Q'_{5-2} = c'_{5-2} \cdot t'_{5-2} \cdot W \quad (3\text{-}142)$$

式中 c'_{5-2}——台车平均比热容（标态），kJ/(m^3·℃)，一般取 0.489 kJ/(m^3·℃)；

t'_{5-2}——台车离开均热段的温度,℃。

3）球团矿带走的热量 Q'_{5-3}：

$$Q'_{5-3} = c'_{5-3} \cdot t'_{5-3} \cdot G_{球} \tag{3-143}$$

式中 c'_{5-3}——球团矿离开均热段的平均比热容（标态），kJ/(m^3·℃)，取 0.921 kJ/(m^3·℃)；

t'_{5-3}——球团矿离开均热段的温度,℃。

4）边底料带走的热量 Q'_{5-4}：

$$Q'_{5-4} = c'_{5-4} \cdot t'_{5-4} \cdot G_{边底} \tag{3-144}$$

式中 c'_{5-4}——边底料离开均热段的平均比热容，kJ/(kg·℃)，取 0.921 kJ/(kg·℃)；

t'_{5-4}——边底料离开均热段的温度,℃。

5）热损失 Q'_{5-5}。参考同类型带式球团设计。

均热段总的热支出：

$$Q'_{5-支} = Q'_{5-1} + Q'_{5-2} + Q'_{5-3} + Q'_{5-4} + Q'_{5-5}$$

根据热平衡原理，$Q_{5-收} = Q'_{5-支}$，解得 V_{5-1}、Q_{5-1}、Q'_{5-1}。

3.6.2.6 冷却一段热平衡计算

（1）冷却一段热收入 $Q_{6-收}$。

1）空气带入的热量 Q_{6-1}：

$$Q_{6-1} = c_{6-1} \cdot t_{6-1} \cdot V_{6-1} \tag{3-145}$$

式中 c_{6-1}——冷却一段热风的平均比热容（标态），kJ/(m^3·℃)，取 1.30 kJ/(m^3·℃)；

t_{6-1}——冷却一段热风的温度,℃，取 25 ℃；

V_{6-1}——冷却一段热风风量（标态），m^3/t。

2）台车带入的热量 Q_{6-2}：

$$Q_{6-2} = Q'_{5-2}$$

3）球团矿带入的热量 Q_{6-3}：

$$Q_{6-3} = Q'_{5-3}$$

4）边底料带入的热量 Q_{6-4}：

$$Q_{6-4} = Q'_{5-4}$$

冷却一段总的热收入：

$$Q_{6-收} = Q_{6-1} + Q_{6-2} + Q_{6-3} + Q_{6-4}$$

（2）冷却一段热支出 $Q'_{6-支}$。

1）热风带走的热量 Q'_{6-1}：

$$Q'_{6-1} = c'_{6-1} \cdot t'_{6-1} \cdot V_{6-1} \tag{3-146}$$

式中 c'_{6-1}——离开冷却一段的废气平均比热容（标态），kJ/(m^3·℃)，取 1.388 kJ/(m^3·℃)；

t'_{6-1}——离开冷却一段的废气温度,℃；

V_{6-1}——离开冷却一段的废气量（标态），m^3/t。

2）台车带走的热量 Q'_{6-2}：

$$Q'_{6-2} = c'_{6-2} \cdot t'_{6-2} \cdot W \tag{3-147}$$

式中 c'_{6-2}——台车平均比热容（标态），kJ/(m³·℃)，一般取0.489 kJ/(m³·℃)；

t'_{6-2}——台车离开冷却一段的温度，℃。

3）球团矿带走的热量 Q'_{6-3}：

$$Q'_{6-3} = c'_{6-3} \cdot t'_{6-3} \cdot G_{球} \tag{3-148}$$

式中 c'_{6-3}——球团矿离开冷却一段的平均比热容（标态），kJ/(m³·℃)，取0.703 kJ/(m³·℃)；

t'_{6-3}——球团矿离开冷却一段的温度，℃。

4）边底料带走的热量 Q'_{6-4}：

$$Q'_{6-4} = c'_{6-4} \cdot t'_{6-4} \cdot G_{边底} \tag{3-149}$$

式中 c'_{6-4}——边底料离开冷却一段的平均比热容，kJ/(kg·℃)，取0.703 kJ/(kg·℃)；

t'_{6-4}——边底料离开冷却一段的温度，℃。

5）热损失 Q'_{6-5}。参考同类型带式球团设计。

冷却一段总的热支出：

$$Q'_{6-支} = Q'_{6-1} + Q'_{6-2} + Q'_{6-3} + Q'_{6-4} + Q'_{6-5}$$

根据热平衡原理，$Q_{6-收}=Q'_{6-支}$，解得 V_{6-1}、Q_{6-1}、Q'_{6-1}。

3.6.2.7 冷却二段热平衡计算

（1）冷却二段热收入 $Q_{7-收}$。

1）空气带入的热量 Q_{7-1}：

$$Q_{7-1} = c_{7-1} \cdot t_{7-1} \cdot V_{7-1} \tag{3-150}$$

式中 c_{7-1}——冷却二段热风的平均比热容（标态），kJ/(m³·℃)，取1.30 kJ/(m³·℃)；

t_{7-1}——冷却二段热风的温度，℃，取25 ℃；

V_{7-1}——冷却二段热风风量（标态），m³/t。

2）台车带入的热量 Q_{7-2}：

$$Q_{7-2} = Q'_{6-2}$$

3）球团矿带入的热量 Q_{7-3}：

$$Q_{7-3} = Q'_{6-3}$$

4）边底料带入的热量 Q_{7-4}：

$$Q_{7-4} = Q'_{6-4}$$

冷却二段总的热收入：

$$Q_{7-收} = Q_{7-1} + Q_{7-2} + Q_{7-3} + Q_{7-4}$$

（2）冷却二段热支出 $Q'_{7-支}$。

1）热风带走的热量 Q'_{7-1}：

$$Q'_{7-1} = c'_{7-1} \cdot t'_{7-1} \cdot V_{7-1} \tag{3-151}$$

式中 c'_{7-1}——离开冷却二段的废气平均比热容（标态），kJ/(m³·℃)，取1.31 kJ/(m³·℃)；

t'_{7-1}——离开冷却二段的废气温度,℃;

V_{7-1}——离开冷却二段的废气量（标态），m^3/t。

2）台车带走的热量 Q'_{7-2}:

$$Q'_{7-2} = c'_{7-2} \cdot t'_{7-2} \cdot W \tag{3-152}$$

式中 c'_{7-2}——台车平均比热容（标态），kJ/(m^3 · ℃)，一般取 0.489 kJ/(m^3 · ℃);

t'_{7-2}——台车离开冷却二段的温度,℃。

3）球团矿带走的热量 Q'_{7-3}:

$$Q'_{7-3} = c'_{7-3} \cdot t'_{7-3} \cdot G_{球} \tag{3-153}$$

式中 c'_{7-3}——球团矿离开冷却二段的平均比热容（标态），kJ/(m^3 · ℃)，取 0.641 kJ/(m^3 · ℃);

t'_{7-3}——球团矿离开冷却二段的温度,℃。

4）边底料带走的热量 Q'_{7-4}:

$$Q'_{7-4} = c'_{7-4} \cdot t'_{7-4} \cdot G_{边底} \tag{3-154}$$

式中 c'_{7-4}——边底料离开冷却二段的平均比热容，kJ/(kg · ℃)，取 0.641 kJ/(kg · ℃);

t'_{7-4}——边底料离开冷却二段的温度,℃。

5）热损失 Q'_{7-5}。参考同类型带式球团设计。

冷却二段总的热支出:

$$Q'_{7-支} = Q'_{7-1} + Q'_{7-2} + Q'_{7-3} + Q'_{7-4} + Q'_{7-5}$$

根据热平衡原理，$Q_{7-收} = Q'_{7-支}$，解得 V_{7-1}、Q_{7-1}、Q'_{7-1}。

根据上述各段计算结果，可得出带式焙烧机热平衡表，见表 3-33。

表 3-33 带式焙烧机热平衡表

收入				支出			
符号	项目	热量/kJ · t^{-1}	比例/%	符号	项目	热量/kJ · t^{-1}	比例/%
1 鼓风干燥段							
Q_{1-1}	热风带入的热量			Q'_{1-1}	废气带走的热量		
Q_{1-2}	台车带入的热量			Q'_{1-5}	水分蒸发吸收的热量		
Q_{1-3}	生球带入的热量			Q'_{1-7}	热损失		
Q_{1-4}	边底料带入的热量						
Q_{1-5}	水分带入的热量						
合计				合计			
2 抽风干燥段							
Q_{2-1}	热风带入的热量			Q'_{2-1}	废气带走的热量		
				Q'_{2-5}	水分蒸发吸收的热量		
				Q'_{2-6}	热损失		
合计				合计			
3 预热段							
Q_{3-1}	…			Q'_{3-1}	…		

3.6.2.8 具体实例

根据某厂带式焙烧机生产情况，热平衡计算所需相关数据见表3-34。

表3-34 带式焙烧机相关温度数据 （℃）

项目	进入气体的温度	排出气体的温度	台车进入时的温度	台车离开时的温度	边底料进入时的温度	边底料离开时的温度	球团进入时的温度	球团排出时的温度
鼓风干燥段	300	90	70	150	70	120	20	90
抽风干燥段	350	120		120		150		170
预热段	900	260		260		750		800
焙烧段	1250	550		550		900		1230
均热段	1000	570		600		1200		1230
冷却一段	25	800		200		270		310
冷却二段	25	300		100		110		120

A 鼓风干燥段热平衡计算

（1）鼓风干燥段热收入 $Q_{1-收}$。

1）热风带入的热量 Q_{1-1}：

$$Q_{1-1} = c_{1-1} \cdot t_{1-1} \cdot V_{1-1} = 1.31 \times 300 \times V_{1-1} = 393V_{1-1} \text{ kJ/t}$$

2）台车带入的热量 Q_{1-2}：

$$Q_{1-2} = c_{1-2} \cdot t_{1-2} \cdot W = 0.489 \times 70 \times 2311 = 79105.53 \text{ kJ/t}$$

3）生球带入的热量 Q_{1-3}：

$$Q_{1-3} = c_{1-3} \cdot t_{1-3} \cdot G_{生}$$

$$G_{生} = G_{甲} + G_{乙} + G_{膨} + G_{返} = 1118.89 \text{ kg/t}$$

$$Q_{1-3} = 0.585 \times 20 \times 1118.89 = 13091.01 \text{ kJ/t}$$

4）边底料带入的热量 Q_{1-4}：

$$Q_{1-4} = c_{1-4} \cdot t_{1-4} \cdot G_{边底} = 0.641 \times 70 \times 250 = 11217.50 \text{ kJ/t}$$

5）水分带入的热量 Q_{1-5}：

$$Q_{1-5} = c_{1-5} \cdot t_{1-5} \cdot G_{水} = 4.18 \times 20 \times 97.29 = 8133.44 \text{ kJ/t}$$

鼓风干燥段总的热收入：

$$\begin{aligned} Q_{1-收} &= Q_{1-1} + Q_{1-2} + Q_{1-3} + Q_{1-4} + Q_{1-5} \\ &= 393V_{1-1} + 79105.53 + 13091.01 + 11217.50 + 8133.44 \\ &= 393V_{1-1} + 111547.48 \text{ kJ/t} \end{aligned}$$

（2）鼓风干燥段热支出 $Q'_{1-支}$。

1）废气带走的热量 Q'_{1-1}：

$$Q'_{1-1} = 1.1 \cdot c'_{1-1} \cdot t'_{1-1} \cdot V_{1-1} = 1.1 \times 1.31 \times 90 \times V_{1-1} = 129.69V_{1-1} \text{ kJ/t}$$

2）台车带走的热量 Q'_{1-2}：

$$Q'_{1-2} = c_{1-2} \cdot t'_{1-2} \cdot W = 0.489 \times 150 \times 2311 = 169511.85 \text{ kJ/t}$$

3）生球带走的热量 Q'_{1-3}：

$$Q'_{1-3} = c_{1-3} \cdot t'_{1-3} \cdot G_{生} = 0.585 \times 90 \times 1118.89 = 58909.56 \text{ kJ/t}$$

4）边底料带走的热量 Q'_{1-4}：

$$Q'_{1-4} = c_{1-4} \cdot t'_{1-4} \cdot G_{边底} = 0.641 \times 120 \times 250 = 19230.00\ \text{kJ/t}$$

5）水分蒸发吸收的热量 Q'_{1-5}：

$$Q'_{1-5} = 40\% \cdot q_{水} \cdot G_{水} = 40\% \times 2253 \times 97.29 = 87677.75\ \text{kJ/t}$$

6）水分带走的热量 Q'_{1-6}：

$$Q'_{1-6} = (1-40\%) \cdot c'_{1-6} \cdot t'_{1-6} \cdot G_{水} = (1-40\%) \times 4.18 \times 97.29 \times 90 = 21960.30\ \text{kJ/t}$$

7）热损失 Q'_{1-7}：$Q'_{1-7} = 23450.00$ kJ/t（参考同类型带式球团设计）。

鼓风干燥段总的热支出 $Q'_{1-支}$：

$$\begin{aligned} Q'_{1-支} &= Q'_{1-1} + Q'_{1-2} + Q'_{1-3} + Q'_{1-4} + Q'_{1-5} + Q'_{1-6} + Q'_{1-7} \\ &= 129.69V_{1-1} + 169511.85 + 58909.56 + 19230.00 + 87677.75 + \\ &\quad 21960.30 + 23450.00 \\ &= 129.69V_{1-1} + 380739.46\ \text{kJ/t} \end{aligned}$$

根据热平衡原理，$Q_{1-收} = Q'_{1-支}$，即：

$$393V_{1-1} + 111547.48 = 129.69V_{1-1} + 380739.46$$

解得：

$$V_{1-1} = 1022.34\ \text{m}^3$$
$$Q_{1-1} = 401779.07\ \text{kJ/t}$$
$$Q'_{1-1} = 132587.09\ \text{kJ/t}$$

B　抽风干燥段热平衡计算

（1）抽风干燥段热收入 $Q_{2-收}$。

1）热风带入的热量 Q_{2-1}：

$$Q_{2-1} = c_{2-1} \cdot t_{2-1} \cdot V_{2-1} = 1.31 \times 350 \times V_{2-1} = 458.50V_{2-1}\ \text{kJ/t}$$

2）台车带入的热量 Q_{2-2}：

$$Q_{2-2} = Q'_{1-2} = 169511.85\ \text{kJ/t}$$

3）生球带入的热量 Q_{2-3}：

$$Q_{2-3} = Q'_{1-3} = 58909.56\ \text{kJ/t}$$

4）边底料带入的热量 Q_{2-4}：

$$Q_{2-4} = Q'_{1-4} = 19230.00\ \text{kJ/t}$$

5）水分带入的热量 Q_{2-5}：

$$Q_{2-5} = Q'_{1-6} = 21960.30\ \text{kJ/t}$$

抽风干燥段总的热收入：

$$\begin{aligned} Q_{2-收} &= Q_{2-1} + Q_{2-2} + Q_{2-3} + Q_{2-4} + Q_{2-5} \\ &= 458.50V_{2-1} + 169511.85 + 58909.56 + 19230.00 + 21960.30 \\ &= 458.50V_{2-1} + 269611.71\ \text{kJ/t} \end{aligned}$$

（2）抽风干燥段热支出 $Q'_{2-支}$。

1）废气带走的热量 Q'_{2-1}：

$$Q'_{2-1} = c'_{2-1} \cdot t'_{2-1} \cdot V_{2-1} = 1.31 \times 120 \times V_{2-1} = 157.20V_{2-1}\ \text{kJ/t}$$

2）台车带走的热量 Q'_{2-2}：

$$Q'_{2-2} = c'_{2-2} \cdot t'_{2-2} \cdot W = 0.489 \times 120 \times 2311 = 135609.48\ \text{kJ/t}$$

3）干球带走的热量 Q'_{2-3}：

$$Q'_{2-3} = c'_{2-3} \cdot t'_{2-3} \cdot G_{生} = 0.641 \times 170 \times 1118.89 = 121925.44\ \text{kJ/t}$$

4）边底料带走的热量 Q'_{2-4}：

$$Q'_{2-4} = c'_{2-4} \cdot t'_{2-4} \cdot G_{边底} = 0.641 \times 150 \times 250 = 24037.50\ \text{kJ/t}$$

5）水分蒸发吸收的热量 Q'_{2-5}：

$$Q'_{2-5} = 60\% \times q_{水} \cdot G_{水} = 60\% \times 2253 \times 97.29 = 131516.62\ \text{kJ/t}$$

6）热损失 Q'_{2-6}：$Q'_{2-6}=2931.00$ kJ/t（参考同类型带式球团设计）。

抽风干燥段总的热支出：

$$\begin{aligned}Q'_{2-支} &= Q'_{2-1} + Q'_{2-2} + Q'_{2-3} + Q'_{2-4} + Q'_{2-5} + Q'_{2-6}\\ &= 157.20V_{2-1} + 135609.48 + 121925.44 + 24037.50 + 131516.62 + 2931.00\\ &= 157.20V_{2-1} + 416020.04\ \text{kJ/t}\end{aligned}$$

根据热平衡原理，$Q_{2-收}=Q'_{2-支}$，即：

$$458.50V_{2-1} + 269611.71 = 157.20V_{2-1} + 416020.04$$

解得：

$$V_{2-1}=485.92\ \text{m}^3$$
$$Q_{2-1}=222795.28\ \text{kJ/t}$$
$$Q'_{2-1}=76386.95\ \text{kJ/t}$$

C　预热段热平衡计算

（1）预热段热收入 $Q_{3-收}$。

1）热风带入的热量 Q_{3-1}：

$$Q_{3-1} = c_{3-1} \cdot t_{3-1} \cdot V_{3-1} = 1.379 \times 900 \times V_{3-1} = 1241.10V_{3-1}\ \text{kJ/t}$$

2）台车带入的热量 Q_{3-2}：

$$Q_{3-2} = Q'_{2-2} = 135609.48\ \text{kJ/t}$$

3）干球带入的热量 Q_{3-3}：

$$Q_{3-3} = Q'_{2-3} = 121925.44\ \text{kJ/t}$$

4）边底料带入的热量 Q_{3-4}：

$$Q_{3-4} = Q'_{2-4} = 24037.50\ \text{kJ/t}$$

5）FeO 氧化放出的热量 Q_{3-5}：

$$\begin{aligned}Q_{3-5} &= 1952.06 \times 60\% \times [\Sigma G(\text{FeO})_i - G(\text{FeO})_{球}]\\ &= 1952.06 \times 60\% \times (25.30\% \times 687.30 + 12.32\% \times 301.20 - 1000 \times 0.7\%)\\ &= 238925.98\ \text{kJ/t}\end{aligned}$$

预热段总的热收入：

$$\begin{aligned}Q_{3-收} &= Q_{3-1} + Q_{3-2} + Q_{3-3} + Q_{3-4} + Q_{3-5}\\ &= 1241.10V_{3-1} + 135609.48 + 121925.44 + 24037.50 + 238925.98\\ &= 1241.10V_{3-1} + 520498.40\ \text{kJ/t}\end{aligned}$$

（2）预热段热支出 $Q'_{3-支}$。

1）废气带走的热量 Q'_{3-1}：

$$Q'_{3-1} = c'_{3-1} \cdot t'_{3-1} \cdot V_{3-1} = 1.31 \times 260 \times V_{3-1} = 340.60V_{3-1}\ \text{kJ/t}$$

2）台车带走的热量 Q'_{3-2}：

$$Q'_{3-2} = c'_{3-2} \cdot t'_{3-2} \cdot W = 0.489 \times 260 \times 2311 = 293820.54 \text{ kJ/t}$$

3）预热球带走的热量 Q'_{3-3}：

$$Q'_{3-3} = c'_{3-3} \cdot t'_{3-3} \cdot G_{预}$$

假定生球中的烧损在预热带全部烧掉，因此有：

$$G_{预} = G_{生} - G_{损} + G_{氧增1} = 1118.89 - (687.30 \times 2.68\% + 301.20 \times 2.52\% + 18.50 \times 9.93\%) + 60\% \times (25.30\% \times 687.30 + 12.32\% \times 301.20 - 1000 \times 0.7\%)/9 = 1104.64 \text{ kg/t}$$

$$Q'_{3-3} = 0.875 \times 800 \times 1104.64 = 773248.00 \text{ kJ/t}$$

4）边底料带走的热量 Q'_{3-4}：

$$Q'_{3-4} = c'_{3-4} \cdot t'_{3-4} \cdot G_{边底} = 0.854 \times 750 \times 250 = 160125.00 \text{ kJ/t}$$

5）热损失 Q'_{3-5}：Q'_{3-5}=38105.00 kJ/t（参考同类型带式球团设计）。

预热段总的热支出：

$$\begin{aligned} Q'_{3-支} &= Q'_{3-1} + Q'_{3-2} + Q'_{3-3} + Q'_{3-4} + Q'_{3-5} \\ &= 340.60V_{3-1} + 293820.54 + 773248.00 + 160125.00 + 38105.00 \\ &= 340.60V_{3-1} + 1265298.54 \text{ kJ/t} \end{aligned}$$

根据热平衡原理，$Q_{3-收}=Q'_{3-支}$，即：

$$1241.10V_{3-1} + 520498.40 = 340.60V_{3-1} + 1265298.54$$

解得：

$$V_{3-1}\text{（标态）} = 827.10 \text{ m}^3$$

$$Q_{3-1} = 1026509.11 \text{ kJ/t}$$

$$Q'_{3-1} = 281708.97 \text{ kJ/t}$$

D　焙烧段热平衡计算

（1）焙烧段热收入 $Q_{4-收}$。

1）热风带入的热量 Q_{4-1}：

$$Q_{4-1} = c_{4-1} \cdot t_{4-1} \cdot V_{4-1} = 1.442 \times 1250 \times V_{4-1} = 1802.50V_{4-1} \text{ kJ/t}$$

2）台车带入的热量 Q_{4-2}：

$$Q_{4-2} = Q'_{3-2} = 293820.54 \text{ kJ/t}$$

3）预热球带入的热量 Q_{4-3}：

$$Q_{4-3} = Q'_{3-3} = 773248.00 \text{ kJ/t}$$

4）边底料带入的热量 Q_{4-4}：

$$Q_{4-4} = Q'_{3-4} = 160125.00 \text{ kJ/t}$$

5）FeO 氧化放出的热量 Q_{4-5}：

$$\begin{aligned} Q_{4-5} &= 1952.06 \times 32\% \times [\Sigma G(\text{FeO})_i - G(\text{FeO})_{球}] \\ &= 1952.06 \times 32\% \times (25.30\% \times 687.30 + 12.32\% \times 301.20 - 1000 \times 0.7\%) \\ &= 127427.19 \text{ kJ/t} \end{aligned}$$

焙烧段总的热收入：

$$\begin{aligned} Q_{4-收} &= Q_{4-1} + Q_{4-2} + Q_{4-3} + Q_{4-4} + Q_{4-5} \\ &= 1802.50V_{4-1} + 293820.54 + 773248.00 + 160125.00 + 127427.19 \end{aligned}$$

$= 1802.50V_{4-1} + 1354620.73$ kJ/t

（2）焙烧段热支出 $Q'_{4-支}$。

1）废气带走的热量 Q'_{4-1}：

$$Q'_{4-1} = c'_{4-1} \cdot t'_{4-1} \cdot V_{4-1} = 1.34 \times 550 \times V_{4-1} = 737.00V_{4-1}\ \text{kJ/t}$$

2）台车带走的热量 Q'_{4-2}：

$$Q'_{4-2} = c'_{4-2} \cdot t'_{4-2} \cdot W = 0.489 \times 550 \times 2311 = 621543.45\ \text{kJ/t}$$

3）球团矿带走的热量 Q'_{4-3}：

$$\begin{aligned} G_{球} &= G_{预} + G_{氧增1} \\ &= 1104.64 + 32\% \times (25.30\% \times 687.30 + 12.32\% \times 301.20 - 1000 \times 0.7\%)/9 \\ &= 1111.89\ \text{kg/t} \end{aligned}$$

$$Q'_{4-3} = c'_{4-3} \cdot t'_{4-3} \cdot G_{球} = 0.921 \times 1230 \times 1111.89 = 1259582.35\ \text{kJ/t}$$

4）边底料带走的热量 Q'_{4-4}：

$$Q'_{4-4} = c'_{4-4} \cdot t'_{4-4} \cdot G_{边底} = 0.904 \times 900 \times 250 = 203400.00\ \text{kJ/t}$$

5）热损失 Q'_{4-5}：$Q'_{4-5} = 60405.00$ kJ/t（参考同类型带式球团设计）。

焙烧段总的热支出：

$$\begin{aligned} Q'_{4-支} &= Q'_{4-1} + Q'_{4-2} + Q'_{4-3} + Q'_{4-4} + Q'_{4-5} \\ &= 737.00V_{4-1} + 621543.45 + 1259582.35 + 203400.00 + 60405.00 \\ &= 737.00V_{4-1} + 2144930.80\ \text{kJ/t} \end{aligned}$$

根据热平衡原理，$Q_{4-收} = Q'_{4-支}$，即：

$$1802.50V_{4-1} + 1354620.73 = 737.00V_{4-1} + 2144930.80$$

解得：

$$V_{4-1} = 741.73\ \text{m}^3$$

$$Q_{4-1} = 1336962.84\ \text{kJ/t}$$

$$Q'_{4-1} = 546652.77\ \text{kJ/t}$$

E 均热段热平衡计算

（1）均热段热收入 $Q_{5-收}$。

1）热风带入的热量 Q_{5-1}：

$$Q_{5-1} = c_{5-1} \cdot t_{5-1} \cdot V_{5-1} = 1.388 \times 1000 \times V_{5-1} = 1388.00V_{5-1}\ \text{kJ/t}$$

2）台车带入的热量 Q_{5-2}：

$$Q_{5-2} = Q'_{4-2} = 621543.45\ \text{kJ/t}$$

3）球团矿带入的热量 Q_{5-3}：

$$Q_{5-3} = Q'_{4-3} = 1259582.35\ \text{kJ/t}$$

4）边底料带入的热量 Q_{5-4}：

$$Q_{5-4} = Q'_{4-4} = 203400.00\ \text{kJ/t}$$

均热段总的热收入：

$$\begin{aligned} Q_{5-收} &= Q_{5-1} + Q_{5-2} + Q_{5-3} + Q_{5-4} \\ &= 1388.00V_{5-1} + 621543.45 + 1259582.35 + 203400.00 \\ &= 1388.00V_{5-1} + 2084525.80\ \text{kJ/t} \end{aligned}$$

（2）均热段热支出 $Q'_{5-支}$。

1）废气带走的热量 Q'_{5-1}：

$$Q'_{5-1} = c'_{5-1} \cdot t'_{5-1} \cdot V_{5-1} = 1.363 \times 570 \times V_{5-1} = 776.91V_{5-1} \text{ kJ/t}$$

2）台车带走的热量 Q'_{5-2}：

$$Q'_{5-2} = c'_{5-2} \cdot t'_{5-2} \cdot W = 0.489 \times 600 \times 2311 = 678047.40 \text{ kJ/t}$$

3）球团矿带走的热量 Q'_{5-3}：

$$Q'_{5-3} = c'_{5-3} \cdot t'_{5-3} \cdot G_{球} = 0.921 \times 1230 \times 1111.89 = 1259582.35 \text{ kJ/t}$$

4）边底料带走的热量 Q'_{5-4}：

$$Q'_{5-4} = c'_{5-4} \cdot t'_{5-4} \cdot G_{边底} = 0.921 \times 1200 \times 250 = 276300.00 \text{ kJ/t}$$

5）热损失 Q'_{5-5}：$Q'_{5-5} = 12081.00$ kJ/t（参考同类型带式球团设计）。

均热段总的热支出：

$$\begin{aligned}Q'_{5-支} &= Q'_{5-1} + Q'_{5-2} + Q'_{5-3} + Q'_{5-4} + Q'_{5-5} \\ &= 776.91V_{5-1} + 678047.40 + 1259582.35 + 276300.00 + 12081.00 \\ &= 776.91V_{5-1} + 2226010.75 \text{ kJ/t}\end{aligned}$$

根据热平衡原理，$Q_{5-收} = Q'_{5-支}$，即：

$$1388.00V_{5-1} + 2084525.80 = 776.91V_{5-1} + 2226010.75$$

解得：

$$V_{5-1} = 231.53 \text{ m}^3$$

$$Q_{5-1} = 321362.01 \text{ kJ/t}$$

$$Q'_{5-1} = 179877.06 \text{ kJ/t}$$

F 冷却一段热平衡计算

（1）冷却一段热收入 $Q_{6-收}$。

1）空气带入的热量 Q_{6-1}：

$$Q_{6-1} = c_{6-1} \cdot t_{6-1} \cdot V_{6-1} = 1.30 \times 25 \times V_{6-1} = 32.50V_{6-1} \text{ kJ/t}$$

2）台车带入的热量 Q_{6-2}：

$$Q_{6-2} = Q'_{5-2} = 678047.40 \text{ kJ/t}$$

3）球团矿带入的热量 Q_{6-3}：

$$Q_{6-3} = Q'_{5-3} = 1259582.35 \text{ kJ/t}$$

4）边底料带入的热量 Q_{6-4}：

$$Q_{6-4} = Q'_{5-4} = 276300.00 \text{ kJ/t}$$

冷却一段总的热收入：

$$\begin{aligned}Q_{6-收} &= Q_{6-1} + Q_{6-2} + Q_{6-3} + Q_{6-4} \\ &= 32.50V_{6-1} + 678047.40 + 1259582.35 + 276300.00 \\ &= 32.50V_{6-1} + 2213929.75 \text{ kJ/t}\end{aligned}$$

（2）冷却一段热支出 $Q'_{6-支}$。

1）热风带走的热量 Q'_{6-1}：

$$Q'_{6-1} = c'_{6-1} \cdot t'_{6-1} \cdot V_{6-1} = 1.388 \times 800 \times V_{6-1} = 1110.40V_{6-1} \text{ kJ/t}$$

2）台车带走的热量 Q'_{6-2}：

$$Q'_{6-2} = c'_{6-2} \cdot t'_{6-2} \cdot W = 0.489 \times 200 \times 2311 = 226015.80 \text{ kJ/t}$$

3）球团矿带走的热量 Q'_{6-3}：

$$Q'_{6-3} = c'_{6-3} \cdot t'_{6-3} \cdot G_{球} = 0.703 \times 310 \times 1111.89 = 242314.19 \text{ kJ/t}$$

4）边底料带走的热量 Q'_{6-4}：

$$Q'_{6-4} = c'_{6-4} \cdot t'_{6-4} \cdot G_{边底} = 0.703 \times 270 \times 250 = 47452.50 \text{ kJ/t}$$

5）热损失 Q'_{6-5}：$Q'_{6-5} = 27182.00$ kJ/t（参考同类型带式球团设计）。

冷却一段总的热支出：

$$\begin{aligned} Q'_{6-支} &= Q'_{6-1} + Q'_{6-2} + Q'_{6-3} + Q'_{6-4} + Q'_{6-5} \\ &= 1110.40V_{6-1} + 226015.80 + 242314.19 + 47452.50 + 27182.00 \\ &= 1110.40V_{6-1} + 542964.49 \text{ kJ/t} \end{aligned}$$

根据热平衡原理，$Q_{6-收} = Q'_{6-支}$，即：

$$32.50V_{6-1} + 2213929.75 = 1110.40V_{6-1} + 542964.49$$

解得：

$$V_{6-1} = 1550.20 \text{ m}^3$$

$$Q_{6-1} = 50381.64 \text{ kJ/t}$$

$$Q'_{6-1} = 1721346.90 \text{ kJ/t}$$

G　冷却二段热平衡计算

（1）冷却二段热收入 $Q_{7-收}$。

1）空气带入的热量 Q_{7-1}：

$$Q_{7-1} = c_{7-1} \cdot t_{7-1} \cdot V_{7-1} = 1.30 \times 25 \times V_{7-1} = 32.50V_{7-1} \text{ kJ/t}$$

2）台车带入的热量 Q_{7-2}：

$$Q_{7-2} = Q'_{6-2} = 226015.80 \text{ kJ/t}$$

3）球团矿带入的热量 Q_{7-3}：

$$Q_{7-3} = Q'_{6-3} = 242314.19 \text{ kJ/t}$$

4）边底料带入的热量 Q_{7-4}：

$$Q_{7-4} = Q'_{6-4} = 47452.50 \text{ kJ/t}$$

冷却二段总的热收入：

$$\begin{aligned} Q_{7-收} &= Q_{7-1} + Q_{7-2} + Q_{7-3} + Q_{7-4} \\ &= 32.50V_{7-1} + 226015.80 + 242314.19 + 47452.50 \\ &= 32.50V_{7-1} + 515782.49 \text{ kJ/t} \end{aligned}$$

（2）冷却二段热支出 $Q'_{7-支}$。

1）热风带走的热量 Q'_{7-1}：

$$Q'_{7-1} = c'_{7-1} \cdot t'_{7-1} \cdot V_{7-1} = 1.31 \times 300 \times V_{7-1} = 393.00V_{7-1} \text{ kJ/t}$$

2）台车带走的热量 Q'_{7-2}：

$$Q'_{7-2} = c'_{7-2} \cdot t'_{7-2} \cdot W = 0.489 \times 100 \times 2311 = 113007.90 \text{ kJ/t}$$

3）球团矿带走的热量 Q'_{7-3}：

$$Q'_{7-3} = c'_{7-3} \cdot t'_{7-3} \cdot G_{球} = 0.641 \times 120 \times 1111.89 = 85526.58 \text{ kJ/t}$$

4）边底料带走的热量 Q'_{7-4}：

$$Q'_{7-4} = c'_{7-4} \cdot t'_{7-4} \cdot G_{边底} = 0.641 \times 110 \times 250 = 17627.50 \text{ kJ/t}$$

5）热损失 Q'_{7-5}：$Q'_{7-5} = 12081.00$ kJ/t（参考同类型带式球团设计）。

冷却二段总的热支出：

$$Q'_{7-支} = Q'_{7-1} + Q'_{7-2} + Q'_{7-3} + Q'_{7-4} + Q'_{7-5}$$
$$= 393.00V_{7-1} + 113007.90 + 85526.58 + 17627.50 + 12081.00$$
$$= 393.00V_{7-1} + 228242.98 \text{ kJ/t}$$

根据热平衡原理，$Q_{7-收} = Q'_{7-支}$，即：

$$32.50V_{7-1} + 515782.49 = 393.00V_{7-1} + 228242.98$$

解得：

$$V_{7-1} = 797.61 \text{ m}^3$$
$$Q_{7-1} = 25922.42 \text{ kJ/t}$$
$$Q'_{7-1} = 313461.93 \text{ kJ/t}$$

根据上述各段计算结果，可得出带式焙烧机热平衡表，见表3-35。

表3-35 带式焙烧机热平衡表

收入				支出			
符号	项目	热量/kJ·t^{-1}	比例/%	符号	项目	热量/kJ·t^{-1}	比例/%
1 鼓风干燥段							
Q_{1-1}	热风带入的热量	401779.07	10.40	Q'_{1-1}	废气带走的热量	132587.09	3.43
Q_{1-2}	台车带入的热量	79105.53	2.05	Q'_{1-5}	水分蒸发吸收的热量	87677.75	2.27
Q_{1-3}	生球带入的热量	13091.01	0.34	Q'_{1-7}	热损失	23450.00	0.61
Q_{1-4}	边底料带入的热量	11217.50	0.29				
Q_{1-5}	水分带入的热量	8133.44	0.21				
合计		513326.55	13.29	合计		243714.84	6.31
2 抽风干燥段							
Q_{2-1}	热风带入的热量	222795.28	5.77	Q'_{2-1}	废气带走的热量	76386.95	1.98
				Q'_{2-5}	水分蒸发吸收的热量	131516.62	3.40
				Q'_{2-6}	热损失	2931.00	0.08
合计		222795.28	5.77	合计		210834.57	5.46
3 预热段							
Q_{3-1}	热风带入的热量	1026509.11	26.57	Q'_{3-1}	废气带走的热量	281708.97	7.29
Q_{3-5}	FeO氧化放出的热量	238925.98	6.18	Q'_{3-5}	热损失	38105.00	0.99
合计		1265435.09	32.75	合计		319813.97	8.28
4 焙烧段							
Q_{4-1}	热风带入的热量	1336962.84	34.60	Q'_{4-1}	废气带走的热量	546652.77	14.15
Q_{4-5}	FeO氧化放出的热量	127427.19	3.30	Q'_{4-5}	热损失	60405.00	1.56
合计		1464390.03	37.90	合计		607057.77	15.71
5 均热段							
Q_{5-1}	热风带入的热量	321362.01	8.32	Q'_{5-1}	废气带走的热量	179877.06	4.66
				Q'_{5-5}	热损失	12081.00	0.31
合计		321362.01	8.32	合计		191958.06	4.97

续表 3-35

收入				支出			
符号	项　目	热量/kJ·t^{-1}	比例/%	符号	项　目	热量/kJ·t^{-1}	比例/%
6　冷却一段							
Q_{6-1}	空气带入的热量	50381.64	1.30	Q'_{6-1}	热风带走的热量	1721346.90	44.56
				Q'_{6-5}	热损失	27182.00	0.70
合　计		50381.64	1.30	合　计		1748528.90	45.26
7　冷却二段							
Q_{7-1}	空气带入的热量	25922.42	0.67	Q'_{7-1}	热风带走的热量	313461.93	8.11
				Q'_{7-2}	台车带走的热量	113007.90	2.92
				Q'_{7-3}	球团矿带走的热量	85526.58	2.21
				Q'_{7-4}	边底料带走的热量	17627.50	0.46
				Q'_{7-5}	热损失	12081.00	0.31
合　计		25922.42	0.67	合　计		541704.91	14.01
总　计		3863613.02	100	总　计		3863613.02	100

3.7　竖炉球团物料平衡与热平衡计算

3.7.1　竖炉球团物料平衡计算

3.7.1.1　物料收入

（1）干混合料量 G_1：

$$G_1 = \Sigma G_i \tag{3-155}$$

式中　G_i——每生产 1 t 球团矿，各种含铁原料、膨润土、返矿的用量，kg/t。

（2）生球含水量 G_2：

$$G_2 = G_1 \cdot w(H_2O)_{造球} \tag{3-156}$$

式中　$w(H_2O)_{造球}$——生球的适宜含水量，%。

（3）FeO 氧化增重 G_3：

$$G_3 = \frac{1}{9}[\Sigma G(FeO)_i - G(FeO)_{球} - 1.125\Sigma G(S)_i \times 0.95] \tag{3-157}$$

式中　$\Sigma G(FeO)_i$——混合料中 FeO 含量，kg/t；

$G(FeO)_{球}$——成品球团矿和返矿中 FeO 含量，kg/t；

$\Sigma G(S)_i$——混合料中 S 含量，kg/t；

0.95——脱硫率。

物料总收入 $G_{收}$：

$$G_{收} = G_1 + G_2 + G_3$$

3.7.1.2 物料支出

（1）成品球团矿 G_1'：

$$G_1' = 1000\ \text{kg/t}$$

（2）烧损 G_2'：

$$G_2' = \Sigma G_i \cdot I_{gi} \tag{3-158}$$

式中 I_{gi}——分别为各种原料的烧损,%。

（3）水蒸气 G_3'：$G_3' = G_2$。

（4）球团矿返矿 G_4'。由实际生产中得出数据。

（5）氧化产生的二氧化硫 G_5'，参照式（3-50）计算。

物料总支出：

$$G_{支} = G_1' + G_2' + G_3' + G_4' + G_5'$$

将计算列表于3-36。

表3-36 竖炉物料平衡表

收入				支出			
符号	项目	质量/kg·t^{-1}	比例/%	符号	项目	质量/kg·t^{-1}	比例/%
$G_{1.1}$	精矿			G_1'	成品球团矿	1000.00	
$G_{1.2}$	膨润土			G_2'	烧损		
$G_{1.3}$	球团矿返矿			G_3'	水蒸气		
G_2	生球含水量			G_4'	球团矿返矿		
G_3	FeO氧化增重			G_5'	氧化产生的二氧化硫		
合计			100	合计			100

3.7.1.3 具体实例

已知混合料配比为：甲精矿 $G_{1.1}$：855.20 kg/t，86.24%；乙精矿 $G_{1.2}$：117.00 kg/t，11.80%；膨润土 $G_{1.3}$：19.40 kg/t，1.96%。球团返矿为球团成品矿的9.0%，返回造球。竖炉排放的球团矿温度为500 ℃，FeO含量为1.0%，脱硫率为95%。每吨球团矿耗煤气210 m^3/t，冷却空气762 m^3/t，助燃风量150 m^3/t，冷却水4093 kg/t。排出水的平均温度36.7 ℃，每吨球团废气量2600 m^3/t，废气温度100 ℃。

原料化学成分列于表3-37。

表3-37 球团原料的化学成分 （%）

项目	w(TFe)	w(FeO)	w(CaO)	w(MgO)	w(SiO_2)	w(S)	w(MnO)	w(Al_2O_3)	w(K_2O)	w(Na_2O)	烧损
甲精矿	64.61	22.34	1.51	7.65	6.54	0.162	1.84	3.64	—	—	0.68
乙精矿	62.40	20.32	4.19	2.17	9.40	1.695	1.29	2.38	—	—	0.58
膨润土	—	—	1.34	1.64	71.75	—	—	14.35	1.58	1.94	5.00

A 物料收入部分

（1）干混合料量 G_1：

$$G_1 = G_{1.1} + G_{1.2} + G_{1.3} + G_{返} = 855.20 + 117.00 + 19.40 + 90.00 = 1081.60\ \text{kg/t}$$

（2）生球含水量 G_2。生球的适宜水分为干混合料的 8.5%。因此

$$G_2 = G_1 \times 8.5\% = 1081.60 \times 8.5\% = 91.94\ \text{kg/t}$$

（3）FeO 氧化增重 G_3：

$$G_3 = \frac{1}{9}[\Sigma G(\text{FeO})_i - G(\text{FeO})_{烧} - 1.125\Sigma G(\text{S})_i \times 0.95]$$

$$= \frac{1}{9} \times [855.20 \times 0.2234 + 117.00 \times 0.2032 - (1000 + 90) \times 1.0\% - 1.125 \times 0.95 \times (855.20 \times 0.00162 + 117.00 \times 0.01695)]$$

$$= 22.26\ \text{kg/t}$$

物料总收入：

$$G_{收} = G_1 + G_2 + G_3 = 1081.60 + 91.94 + 22.26 = 1195.80\ \text{kg/t}$$

B 物料支出部分

（1）成品球团矿 G'_1：$G'_1 = 1000\ \text{kg/t}$。

（2）烧损 G'_2：

$$G'_2 = 855.20 \times 0.68\% + 117.00 \times 0.58\% + 19.40 \times 5.00\% = 7.46\ \text{kg/t}$$

（3）水蒸气 G'_3：$G'_3 = 91.94\ \text{kg/t}$。

（4）球团矿返矿 G'_4：$G'_4 = 90.00\ \text{kg/t}$。

（5）氧化产生的二氧化硫 G'_5：

$$G'_5 = 2 \times 0.95\Sigma G(\text{S})_i = 2 \times 0.95 \times (855.20 \times 0.00162 + 117.00 \times 0.01695) = 6.40\ \text{kg/t}$$

物料总支出：

$$G_{支} = G'_1 + G'_2 + G'_3 + G'_4 + G'_5 = 1000.00 + 7.46 + 91.94 + 90.00 + 6.40 = 1195.80\ \text{kg/t}$$

将上述计算列表于 3-38。

表 3-38 竖炉物料平衡表

收入				支出			
符号	项 目	质量/kg · t^{-1}	比例/%	符号	项 目	质量/kg · t^{-1}	比例/%
$G_{1.1}$	甲精矿	855.20	71.52	G'_1	成品球团矿	1000.00	83.63
$G_{1.2}$	乙精矿	117.00	9.78	G'_2	烧损	7.46	0.62
$G_{1.3}$	膨润土	19.40	1.62	G'_3	水蒸气	91.94	7.69
G_2	生球含水量	91.94	7.69	G'_4	球团矿返矿	90.00	7.53
G_3	FeO 氧化增重	22.26	1.86	G'_5	氧化产生的二氧化硫	6.40	0.54
G'_4	球团矿返矿	90.00	7.53				
合 计		1195.80	100	合 计		1195.80	100

3.7.2 竖炉球团热平衡计算

3.7.2.1 热收入

（1）煤气燃烧放热 Q_1：

$$Q_1 = q \cdot V_m \tag{3-159}$$

式中 q——煤气低（位）热值（标态），kJ/m^3，取 3720.20 kJ/m^3；

V_m——每吨球团矿的煤气消耗量，m^3/t。

（2）空气带入的热量 Q_2：

$$Q_2 = c_k(V_{助} + V_{冷}) \times t_k \tag{3-160}$$

式中 c_k——空气比热容（标态），kJ/(m^3·℃)，取 1.30 kJ/(m^3·℃)；

$V_{助}$，$V_{冷}$——分别为助燃风量和冷却风量，m^3/t；

t_k——空气温度，℃，取 20 ℃。

（3）生球带入的物理热 Q_3：

$$Q_3 = (c_p \times G_1 + c_w \times G_2) \times t_p \tag{3-161}$$

式中 c_p——生球比热容，kJ/(kg·℃)，取 0.585 kJ/(kg·℃)；

c_w——水的比热容，kJ/(kg·℃)，取 4.18 kJ/(kg·℃)；

t_p——生球温度，℃，取 20 ℃。

（4）FeO 氧化放热 Q_4：

$$Q_4 = 1952.06[\Sigma G(\text{FeO})_i - G(\text{FeO})_{球} - 1.125 \times 0.95\Sigma G(\text{S})_i] \tag{3-162}$$

式中 $\Sigma G(\text{FeO})_i$——原料中 FeO 含量，kg/t；

$G(\text{FeO})_{球}$——球团以及返矿中 FeO 含量，kg/t。

（5）硫氧化放热 Q_5：

$$Q_5 = 6901.18 \times 1.875 \times \Sigma G_i(\text{S})_i \times 95\% \tag{3-163}$$

式中 6901.18——1 kg FeS_2 完全氧化所放出的热量，kJ/kg；

1.875——硫换算成 FeS_2 的系数；

$\Sigma G(\text{S})_i$——各原料中含硫量之和，kg/t；

95%——氧化焙烧过程的脱硫率，%。

（6）成渣热 Q_6。假定成渣热为总收入热量的 2%，则：

$$Q_6 = (Q_1 + Q_2 + Q_3 + Q_4 + Q_5)/98\% \times 2\% \tag{3-164}$$

热量总收入 $Q_{收}$：

$$Q_{收} = Q_1 + Q_2 + Q_3 + Q_4 + Q_5 + Q_6$$

3.7.2.2 热量支出

（1）球团矿成品及返矿带走的热量 Q'_1：

$$Q'_1 = c'_p(G'_1 + G'_4) \times t_p \tag{3-165}$$

式中 c'_p——球团及返矿比热容，kJ/(kg·℃)，取 0.854 kJ/(kg·℃)；

t_p——球团矿温度，℃。

（2）废气带走的热量 Q'_2：

$$Q'_2 = c_g \cdot t_g \cdot V_g \tag{3-166}$$

式中 c_g——废气平均比热容（标态），kJ/(m^3·℃)，取 1.421 kJ/(m^3·℃)；

V_g——每生产 1 t 球团矿所产生的废气，m^3/t；

t_g——废气温度，℃。

（3）水蒸发吸热量 Q'_3：

$$Q'_3 = q_{水} \cdot G'_3 \tag{3-167}$$

式中 $q_水$——水分汽化热，kJ/kg，取 2253 kJ/kg。

（4）冷却水带走的热量 Q'_4：

$$Q'_4 = c_w \cdot (t_2 - t_1) \cdot G_w \tag{3-168}$$

式中 G_w——每吨球团矿的冷却水消耗量，kg/t；

t_2，t_1——分别为排水和进水的温度，℃。

（5）炉壳散热 Q'_5：

$$Q'_5 = k \cdot (t_壳 - t_k) \cdot F \tag{3-169}$$

式中 k——炉壳传热系数，kJ/(m^2·h·℃)；

$t_壳$——外炉壳的温度，℃；

F——炉壳散热面积，m^2·h/t。

（6）其他散热 Q'_6：

$$Q'_6 = Q_收 - Q'_1 - Q'_2 - Q'_3 - Q'_4 - Q'_5$$

将计算结果列于表 3-39 中。

表 3-39 竖炉球团热平衡表

收入				支出			
符号	项目	热量/kJ·t^{-1}	比例/%	符号	项目	热量/kJ·t^{-1}	比例/%
Q_1	煤气燃烧放热			Q'_1	球团矿成品及返矿带走的热量		
Q_2	空气带入的热量			Q'_2	废气带走的热量		
Q_3	生球带入的物理热			Q'_3	水蒸发吸热量		
Q_4	FeO 氧化放热			Q'_4	冷却水带走的热量		
Q_5	硫氧化放热			Q'_5	炉壳散热		
Q_6	成渣热			Q'_6	其他散热		
合计			100	合计			100

3.7.2.3 具体实例

A 热收入

（1）煤气燃烧放热 Q_1：

$$Q_1 = q \cdot V_m = 3720.2 \times 210 = 781242.00 \text{ kJ/t}$$

（2）空气带入的热量 Q_2：

$$Q_2 = c_k(V_助 + V_冷) \times t_k = 1.30 \times (150 + 762) \times 20 = 23712.00 \text{ kJ/t}$$

（3）生球带入的物理热 Q_3：

$$Q_3 = (c_p \times G_1 + c_w \times G_2) \times t_p = (0.585 \times 1081.60 + 4.18 \times 91.94) \times 20 = 20340.90 \text{ kJ/t}$$

（4）FeO 氧化放热 Q_4：

$$\begin{aligned} Q_4 &= 1952.06[\Sigma G(\mathrm{FeO})_i - G(\mathrm{FeO})_球 - 1.125 \times 0.95\Sigma G(\mathrm{S})_i] \\ &= 1952.06 \times [855.20 \times 0.2234 + 117.00 \times 0.2032 - (1000.00 + 90.00) \times 1.0\% - \\ &\quad 1.125 \times 0.95 \times (855.20 \times 0.00162 + 117.00 \times 0.01695)] = 391048.21 \text{ kJ/t} \end{aligned}$$

（5）硫氧化放热 Q_5：

$$Q_5 = 6901.18 \times 1.875 \times \Sigma G(S)_i \times 95\%$$
$$= 6901.18 \times 1.875 \times (855.20 \times 0.00162 + 117.00 \times 0.01695) \times 95\%$$
$$= 41408.96\ \text{kJ/t}$$

（6）成渣热 Q_6。假定成渣热为总收入热量的2%，则：

$$Q_6 = (Q_1 + Q_2 + Q_3 + Q_4 + Q_5)/98\% \times 2\%$$
$$= (781242.00 + 23712.00 + 20340.90 + 391048.21 + 41408.96)/98\% \times 2\%$$
$$= 25668.41\ \text{kJ/t}$$

热量总收入 $Q_{收}$：

$$Q_{收} = Q_1 + Q_2 + Q_3 + Q_4 + Q_5 + Q_6$$
$$= 781242.00 + 23712.00 + 20340.90 + 391048.21 + 41408.96 + 25668.41$$
$$= 1283420.48\ \text{kJ/t}$$

B　热量支出

（1）球团矿成品及返矿带走的热量 Q_1'：

$$Q_1' = c_p'(G_1' + G_4') \times t_p = 0.854 \times (1000 + 90) \times 500 = 465430.00\ \text{kJ/t}$$

（2）废气带走的热量 Q_2'：

$$Q_2' = c_g \cdot V_g \cdot t_g = 1.421 \times 2600 \times 100 = 369460.00\ \text{kJ/t}$$

（3）水蒸发吸热量 Q_3'：

$$Q_3' = q_{水} \cdot G_3' = 2253 \times 91.94 = 207140.82\ \text{kJ/t}$$

（4）冷却水带走的热量 Q_4'：

$$Q_4' = c_w \cdot G_w(t_2 - t_1) = 4.18 \times 4093 \times (36.7 - 25) = 200172.26\ \text{kJ/t}$$

（5）炉壳散热 Q_5'：

$$Q_5' = k \cdot (t_{壳} - t_k) \cdot F$$

k 取 71.06 kJ/(m^2 · h · ℃)，此时外界温度取 25 ℃，流动速度 3.6 m/s，炉壳为 8 mm的钢板制成；$t_{壳}$取平均值 80 ℃；F 取 7.5 m^2 · h/t。则：

$$Q_5' = 71.06 \times (80 - 25) \times 7.5 = 29312.25\ \text{kJ/t}$$

（6）其他散热 Q_6'：

$$Q_6' = Q_{收} - Q_1' - Q_2' - Q_3' - Q_4' - Q_5' = 11905.15\ \text{kJ/t}$$

将上述计算结果列于表 3-40 中。

表 3-40　竖炉球团热平衡表

收入				支出			
符号	项　目	热量/kJ · t^{-1}	比例/%	符号	项　目	热量/kJ · t^{-1}	比例/%
Q_1	煤气燃烧放热	781242.00	60.87	Q_1'	球团矿成品及返矿带走的热量	465430.00	36.26
Q_2	空气带入的热量	23712.00	1.85	Q_2'	废气带走的热量	369460.00	28.79
Q_3	生球带入的物理热	20340.90	1.58	Q_3'	水蒸发吸热量	207140.82	16.14
Q_4	FeO 氧化放热	391048.21	30.47	Q_4'	冷却水带走的热量	200172.26	15.60

续表 3-40

收入				支出			
符号	项目	热量/kJ·t^{-1}	比例/%	符号	项目	热量/kJ·t^{-1}	比例/%
Q_5	硫氧化放热	41408.96	3.23	Q'_5	炉壳散热	29312.25	2.28
Q_6	成渣热	25668.41	2.00	Q'_6	其他散热	11905.15	0.93
合计		1283420.48	100	合计		1283420.48	100

复习思考题

3-1 烧结矿碱度是如何确定的?

3-2 三种配料计算方法各有什么特点?

3-3 试验过程中如何进行配料计算?

3-4 为什么返矿要参加配料计算?

3-5 点火空气过剩系数高低与烧结过程有什么关系?与烧结过程空气过剩系数的关系呢?

3-6 热平衡计算对烧结过程的意义。

3-7 已知包钢 162 m^2 带式焙烧机利用系数为 0.874 t/(m^2·h),生球水分 8%,返料率 10%,返矿率 5%,6 台造球机运转,求每台造球机的平均台时产量。

3-8 某炼铁厂高炉炉渣 $R'=1.25$,焦比 $K=45.12$ kg/100 kg 生铁,高炉所用焦炭灰分为 12.50%,$w(CaO)=5.40\%$,$w(SiO_2)=44.32\%$。生铁成分:$w(Fe)_{生}=94.00\%$,$w(Si)_{铁}=0.70\%$。高炉炉料中烧结矿占 80%,$w(TFe)=57.75\%$,$w(SiO_2)=5.75\%$;球团矿占 20%,$w(TFe)=64.00\%$,$w(SiO_2)=6.50\%$,$w(CaO)=0.88\%$。在不考虑生铁带走的 Si 的情况下,根据二元碱度计算该厂生产的烧结矿的碱度。

3-9 已知某带式焙烧机台车总料层高为 0.4 m,铺底料厚为 0.1 m,台车宽度为 3.0 m,生球水分为 8.0%,生球堆比重为 2.03 t/m^3,返矿率为 5%,台时产量为 153.30 t/h,求该带式焙烧机速度。

3-10 已知某烧结厂一烧车间配料煤粉配比为 4.50%,烧成率为 90%,台时产量 640 t/(台·h),试用经验公式计算每吨烧结矿消耗的煤粉量(煤粉单耗量)和该车间每小时煤粉用量。

3-11 某烧结矿台车料厚为 570 mm,烧结机有效长度为 40 m,烧结机机速为 1.3 m/min,求垂直烧结速度。

3-12 已知某台车箅条各下部含氧量为 13%,烟道废气含氧量为 17%,已知大气中含氧量为 21%,求漏风率。

4 工艺设备选择与计算

工艺设备的选型和计算是工程设计的重要组成部分，在确定生产工艺流程并完成物料平衡计算后进行。设备选择和计算的任务是在满足工艺过程需要的条件下，经过技术经济比较，正确选择设备的类型、规格和台数。选择设备时应遵循以下原则：

（1）所选择的设备应能满足既定的生产能力要求，而且适应工艺操作特点；

（2）设备型号、台数要能适应所建厂的生产规模及当地的自然条件；

（3）设备要便于操作、工作可靠，并能最大限度地节省投资和经营费用。

4.1 烧结部分

4.1.1 工艺设备选择计算的依据

（1）烧结厂设备台数的确定取决于工作制度、总产量、设备的台时生产能力以及设备的作业率。

（2）烧结厂为连续工作制，但熔剂、燃料制备系统，由于劳动条件较差，每班按 6 h 选用设备台数。

（3）根据高炉年需要的烧结矿量，并增加5%左右的富余量来计算设备台数。

设备作业率考虑了设备的大、中、小修时间以及一般事故、交接班检查、停电等因素影响的停机时间，不包括外部影响因素。烧结厂主要设备的作业率见表 4-1。

表 4-1 烧结厂主要设备的作业率

设备名称	设备年工作日/d	设备作业率/%
翻车机	219	60
锤式破碎机	274	75
振动筛（熔剂）	274	75
四辊破碎机	274	75
圆盘给料机	310~329	85~90
圆筒混合机	310~329	85~90
烧结机（冷矿）	310~329	85~90
烧结矿冷却设备	310~329	85~90
双齿辊破碎机（冷烧结矿）	310~329	85~90
振动筛（冷烧结矿）	310~329	85~90
抓斗起重机	310	85

设备选型要考虑建设的需要，适当注意设备规格及性能的统一，要结合实际采用技术上可靠的先进设备。

工艺流程的物料平衡是设备选择计算的基础。

4.1.2 原料接受设备的选择与计算

4.1.2.1 翻车机

翻车机有转子式翻车机和侧倾式翻车机两种。应根据运输量、场地的地形、水位和工艺布置来选择。其生产能力可概略计算，并参照类似企业翻车机实际操作的平均先进指标综合分析后选定，计算公式如下：

$$Q = \frac{60}{t}G \tag{4-1}$$

式中 Q——翻车机连续运转的生产能力，t/h；

G——铁路车辆平均载重量，一般每辆按 46.4 t 计算；

t——翻卸循环时间（见表 4-2），min。

表 4-2 翻卸循环时间 (min)

翻车机类型	松散无黏性的散状料	有黏性和轻微冻结的散状料
转子式	3	3~5
侧倾式	4	5~6

4.1.2.2 门型卸车机

门型卸车机用于中、小型烧结厂作为接受原料设备。

门型卸车机适用的物料粒度范围较宽，如 DDK-65 型门型卸车机，适用铁矿石粒度为 75~0 mm。

门型卸车机卸料能力为 190~230 m^3/h。

卸车时间：包括人工清料，50 t 敞车卸 1 车约 10 min。

4.1.2.3 螺旋卸车机

烧结厂受料仓上部卸料设备多采用螺旋卸车机，适用于不太坚硬的中等块度以下的散状料，如煤、石灰石、碎焦、轧钢皮、高炉灰等。设备生产能力应根据所选用螺旋卸车机的规格、性能、所卸物料性质确定，螺旋卸车机生产能力参考值见表 4-3。

表 4-3 螺旋卸车机生产能力参考值

项目	原煤、洗煤		石灰石
	干、松散	湿、较黏	
卸车能力/t·h^{-1}	310~450	220~270	270~310
卸 1 车时间/min	6~9	10~12	8~10

注：表中时间包括人工清料。

4.1.3 熔剂、燃料破碎筛分设备

4.1.3.1 熔剂破碎筛分流程的选择与计算

A 流程计算

破碎筛分流程分预先筛分流程与检查筛分流程，如图 4-1 所示。

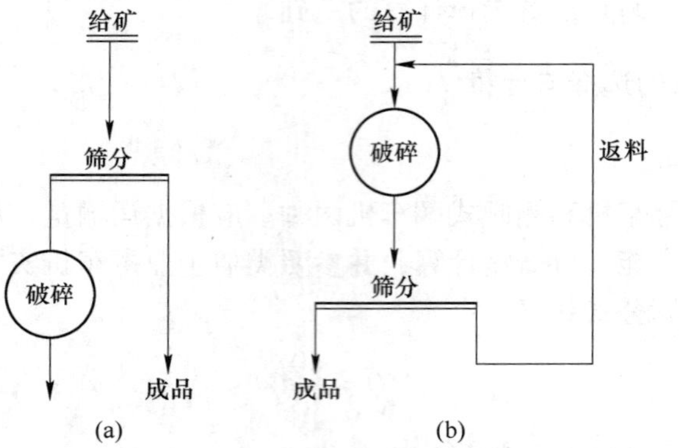

图 4-1 破碎筛分流程
（a）预先筛分流程；（b）检查筛分流程

预先筛分流程中，破碎可以是开路，也可以是闭路，计算方式与检查筛分相似。

检查筛分流程计算步骤。

（1）破碎机的处理量：

$$Q_2 = q_{3-0}/c_2 \tag{4-2}$$

式中 Q_2——破碎机的处理量，t/h；

q_{3-0}——按破碎后 3～0 mm 级别计算的石灰石产量，t/h；

c_2——破碎后 3～0 mm 粒级含量，一般为 50%～70%。

（2）筛下量按式（4-3）计算：

$$Q_4 = q_{3-0}\eta/c_4 \tag{4-3}$$

式中 Q_4——筛下量（成品），t/h；

η——筛分效率，一般可按 70%计；

c_4——成品中 3～0 mm 含量，一般为 90%。

（3）筛上量按式（4-4）计算：

$$Q_3 = Q_2 - Q_4 \tag{4-4}$$

式中 Q_3——返料量（筛上量），t/h。

原矿给矿量 Q_1 和成品量 Q_4 相等，即 $Q_1 = Q_4$。

B 筛分设备面积的计算

筛分设备多用振动筛，振动筛面积的计算方法有如下几种。

（1）用振动筛的生产能力估算：

$$A = q_{筛}/q_1 \tag{4-5}$$

式中 A——筛分面积，m^2；

$q_{筛}$——筛子的筛下物产量，t/h；

q_1——单位筛分面积的筛下物产量，$t/(m^2 \cdot h)$。

当给料中 3～0 mm 含量占 50%以上，筛分效率 70%，筛下产品中 3～0 mm 达 90%，原料含水小于 3%时，$q_1 = 7 \sim 8\ t/(m^2 \cdot h)$。

（2）考虑破碎机（主要是锤式破碎机）与振动筛能力的平衡，筛分面积按式（4-6）

计算：

$$A = \eta N/(acq_2) \tag{4-6}$$

式中 N——破碎机的电动机功率，kW；

η——筛分效率，%；

a——破碎单位质量成品石灰石的平均电能消耗，kW·h/t，取 2.5~3.5 kW·h/t；

c——烧结要求石灰石 3~0 mm 含量，%，取 90%；

q_2——单位筛分面积的筛下物产量，t/(m²·h)，取 7~8 t/(m²·h)。

（3）一般计算公式：

$$A = \frac{Q}{\gamma qKLMNOP} \tag{4-7}$$

式中 Q——筛子处理量，t/h；

γ——物料堆积密度，t/m³；

q——单位筛面平均生产能力，m³/(m²·h)，见表 4-4；

K,L,M,N,O,P——校正系数，见表 4-5。

表 4-4 单位筛面生产能力 *q*

筛孔尺寸/mm	q/m³·(m²·h)⁻¹	筛孔尺寸/mm	q/m³·(m²·h)⁻¹
2	5.5	25	31
3.15	7	31.5	34
5	11	40	38
8	17	50	42
10	19	80	56
16	25.5	100	63
20	28		

表 4-5 校正系数

系数	考虑的因素	筛分条件及各系数值										
K	细粒的影响	给料中粒度小于筛孔之半的颗粒的含量/%	0	10	20	30	40	50	60	70	80	90
		K	0.2	0.4	0.6	0.8	1.0	1.2	1.4	1.6	1.8	2.0
L	粗粒的影响	给料中过大颗粒（大于筛孔）的含量/%	10	20	25	30	40	50	60	70	80	90
		L	0.94	0.97	1.00	1.03	1.09	1.18	1.32	1.55	2.00	3.36
M	筛分效率	筛分效率/%	40	50	60	70	80	90	92	94	96	98
		M	2.3	2.1	1.9	1.6	1.3	1.0	0.9	0.8	0.6	0.4
N	颗粒和物料的形状	颗粒形状	各种破碎后的物料（煤除外）				圆形颗粒（例如海砾石）				煤	
		N	1.0				1.25				1.5	

续表 4-5

系数	考虑的因素	筛分条件及各系数值				
O	温度的影响	物料的温度	筛孔小于 25 mm			筛孔大于 25 mm
			干的	湿的	成团	视湿度而定
		O	1.0	0.75~0.85	0.2~0.6	0.9~1.0
P	筛分的方法	筛分方法	筛孔小于 25 mm			筛孔大于 25 mm
			干的	湿的（附有喷水）		任何的
		P	1.0	1.25~1.4		1.0

一般情况下，振动筛进、出料端均设有盲板，上述公式计算所得筛分面积为有效筛分面积。

C　影响筛子生产能力的因素

影响筛子生产能力的因素主要如下。

（1）给料量的影响。给料量增加，相同条件下筛分效率相应降低，在筛分效率为55%~70%时，产量较高，成品质量较好，过分提高筛分效率，筛子产量下降，返矿量增加，电耗增加。

（2）给料粒度的影响。给料中小于筛孔尺寸级别的含量多，筛分效率就低，要求的筛分面积就大。给料中大于筛孔粒级含量多，筛分效率就高。

（3）原料中水分含量的影响。原料中水分含量高，易堵筛孔，产量下降，一般要求水分在3%以下。原料水分达6%以上时应考虑先将原料进行干燥。

（4）筛孔大小的影响。筛孔增大，一般产量增高。由于筛网结构和形式不同，还应考虑筛孔的净空率的高低。净空率高，筛子产量高。

$$\text{筛孔净空率} = \frac{\text{筛孔面积}}{\text{筛子面积}} \times 100\% \tag{4-8}$$

（5）筛面宽度的影响。筛面太宽，给料前段很难布满筛面，筛分效率降低，如果筛面太窄，则筛子的长度增加。适宜的筛子长宽比一般取 1.5~3。

D　筛孔形状与粒度的关系

不同形状筛孔尺寸与筛下产品中的最大粒度按式（4-9）计算：

$$d_{\text{最大}} = K \cdot a \tag{4-9}$$

式中　$d_{\text{最大}}$——筛下产品中最大粒度，mm；

a——筛孔尺寸，mm；

K——系数，见表 4-6。

表 4-6　*K* 值

筛孔形状	圆形	方形	长方形①
K 值	0.7	0.9	1.2-1.7

①板条状矿取上限。

4.1.3.2 熔剂燃料破碎设备选择计算

A 锤式破碎机的选择计算

锤式破碎机生产能力的理论计算公式如下：

$$Q = 60ZLbdkmn\gamma \tag{4-10}$$

式中 Q——锤式破碎机的生产能力，t/h；

Z——排矿箅条的缝隙个数；

L——箅条筛格的长度，m；

b——箅条的缝隙宽度，m；

d——排料粒度，m；

k——松散与排料不均匀系数，一般取0.015~0.07，小型破碎机k值较小，大型破碎机k值较大；

m——转子圆周方向的锤子排数，一般取3~6；

n——转子转速，r/min；

γ——矿石堆积密度，t/m^3。

此理论公式比较复杂，一般采用经验公式。考虑锤式破碎机破碎石灰石消耗的能量波动不大，常用电动机功率来计算破碎机产量。计算步骤如下。

（1）首先计算经过破碎后，产品中3~0 mm石灰石的数量：

$$q_{3\sim0} = \frac{N}{a} \tag{4-11}$$

式中 $q_{3\sim0}$——按破碎后3~0 mm级别计算的石灰石产量，t/h；

N——电动机功率，kW；

a——破碎单位质量产品石灰石所需要的平均电耗，kW·h/t。

根据生产与试验，当石灰石水分小于或等于3%时，给料中3~0 mm级别含量在30%以内，给矿量使破碎机保持满负荷运转；锤头与箅条的间隙为10~20 mm时，破碎后产品中全部3~0 mm及新生3~0 mm级别的平均单位电耗，取a=2.5~3.5 kW·h/t。

（2）考虑到石灰石筛分时的效率，以及烧结对石灰石成品中3~0 mm级别的要求为90%，破碎机台时产量为：

$$q' = \eta N/(q_s a) \tag{4-12}$$

式中 q'——按3~0 mm占90%计算的破碎机产量，t/h；

η——筛分效率，%，一般取70%；

q_s——烧结要求成品石灰石中3~0 mm的含量，%，一般取90%。

所需破碎机台数：

$$n = Q_{处}/Q \tag{4-13}$$

式中 n——设计需要的破碎机台数；

$Q_{处}$——破碎作业的处理产量，t/h；

Q——破碎机的台时产量，t/h。

在选择Q值时，需要考虑破碎机作业率，一般取75%。即破碎作业的处理量为设计产量的1.33倍。

B 反击式破碎机的选择计算

反击式破碎机适用破碎中硬矿石，易碎物料，如石灰石、煤等。其生产能力计算式如下：

$$Q = 60k_1 m(h + s)dbn\gamma \tag{4-14}$$

式中 Q——破碎机的生产能力，t/h；

k_1——理论生产能力与实际生产能力的修正系数，一般取 0.1；

m——转子上板锤数目；

h——板锤高度，m；

s——板锤与反击板间的距离，m；

d——排矿粒度，m；

b——板锤宽度，m；

n——转子的转速，r/min；

γ——矿石堆积密度，t/m^3。

C 对辊破碎机

对辊破碎机常用作燃料粗碎设备，一般光面辊最大给料粒度为 80 mm。

光面对辊破碎机生产能力按式（4-15）计算：

$$Q = 60\pi DLdn\gamma k \tag{4-15}$$

式中 Q——对辊破碎机的生产能力，t/h；

D——辊筒直径，m；

L——辊筒长度，m；

d——破碎产物最大粒度，m；

n——辊筒转速，r/min；

γ——矿石堆积密度，t/m^3；

k——松散系数，一般取 0.1~0.3（金属矿石取 0.1，软物料取 0.3）。

D 四辊破碎机选择和计算

四辊破碎机的产量与燃料的给料粒度有很大关系，给料粒度上限为 25 mm，给料粒度中 3~0 mm 级别的含量越多，产量越高。ϕ900 mm×700 mm 四辊破碎机产量一般为 10~25 t/h。给料粒度与产量的关系见表 4-7。

表 4-7 给料粒度与产量的关系

给料粒度/mm	破碎机产量/t·h^{-1}
25~0，其中 3~0 占 24%左右	10
25~0，其中 3~0 占 50%~60%	12
25~0，其中 3~0 占 75%左右	25

给料水分适宜值为 2.6%~7.0%，最大不超过 15%，否则易黏辊筒，使产量和质量下降。

E 棒磨机选择计算

棒磨机产品粒度均匀，一般为 3~0 mm。

影响棒磨机生产能力的因素很多，变化也较大，因此尚无精确公式计算产量，但可参照式（4-16）计算：

$$Q = Vq/(q_2 - q_1) \tag{4-16}$$

式中 Q——棒磨机台时产量，t/h；

V——棒磨机筒体容积，m^3；

q——按新生成级别（小于 3 mm）计算的单位生产能力，$t/(m^3 \cdot h)$，其值由试验确定，或根据类似工厂经验数据确定；

q_2——产品中小于 3 mm 级别含量；

q_1——给矿中小于 3 mm 级别含量。

宝钢棒磨机规格为 ϕ3.3 m×4.8 m，产量为 31.5 t/h。

4.1.4 配料设备

为了使烧结矿的化学性质和物理性质稳定，满足高炉炼铁的要求，并使烧结混合料具有足够的透气性，以获得较高的烧结生产率，必须对烧结原料进行精确的配料。烧结生产实践表明：配料产生偏差就会影响烧结过程的进行和烧结矿的质量。例如，燃料配入量波动 0.2%就会影响烧结矿的还原性和强度，同时对烧结矿的脱硫率也有很大的影响。给料设备的作用就是按照工艺计算确定的各种烧结原料的配料比进行配料作业，以保证烧结矿的各项指标控制在规定的范围内，与此同时完成将原料从料仓中排出的任务。

给料设备的种类较多，采用什么样的给料设备取决于技术经济分析的结果。常用的给料设备有圆盘给料机、螺旋给料机和胶带给料机。

4.1.4.1 圆盘给料机

圆盘给料机的主要机械结构为一带有传动装置的在水平面内旋转的圆盘，物料经过一个固定的漏斗落在圆盘上，由于圆盘带料旋转，在一固定刮料板的作用下将料刮下盘面，卸至混料大皮带机上。圆盘给料机适用于细粒物料，粒度范围为 50~0 mm，其产量计算如下：

（1）采用刮刀卸料（见图 4-2）：

$$Q = 60\frac{\pi h^2 n\gamma}{\tan\alpha}\left(\frac{D_1}{2} + \frac{h}{3\tan\alpha}\right) = 188.4\frac{h^2 n\gamma}{\tan\alpha}\left(\frac{D_1}{2} + \frac{h}{3\tan\alpha}\right) \tag{4-17}$$

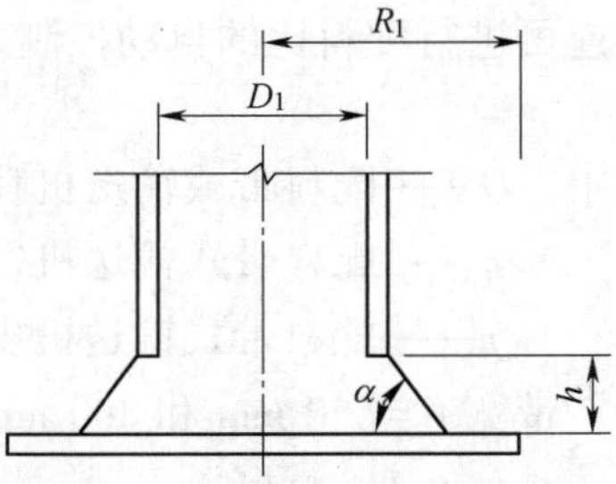

图 4-2 刮刀卸料圆盘示意图

式中 Q——圆盘给矿机产量，t/h；

h——套筒离圆盘高度，m；

n——圆盘转速（重量配料，n 为可调值），r/min；

γ——物料堆积密度，t/m^3；

α——圆盘上物料的倾斜角（可采用动安息角），(°)；

D_1——套筒直径，m。

圆盘的极限允许最大转速见式（4-18）：

$$n_0 < 9.5\sqrt{\frac{g\mu}{R_1}} \tag{4-18}$$

式中　n_0——圆盘极限转速，r/min；

g——重力加速度，9.8 m/s^2；

μ——物料与圆盘的摩擦系数（对于烧结的各种原料均可取 0.8）；

R_1——物料所形成的截头锥体的底半径，m。

（2）采用闸门套筒卸料（见图 4-3）：

$$Q = 60\pi n(R_2^2 - R_1^2)h\gamma \tag{4-19}$$

式中　Q——圆盘给矿机产量，t/h；

n——圆盘给矿机圆盘转速，r/min；

R_1，R_2——排料口内外侧与圆盘中心距离，m；

h——排料口闸门开口高度，m；

γ——物料堆积密度，t/m^3。

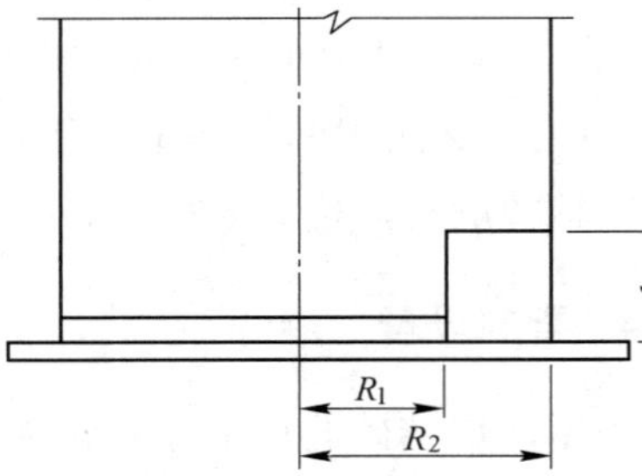

图 4-3　闸门套筒卸料圆盘给料机示意图

4.1.4.2　螺旋给料机

螺旋给料机多用于配料室的生石灰配料、除尘器下卸灰等。其生产能力计算公式如下：

$$Q = 47D^2Sn_0\gamma K \tag{4-20}$$

式中　Q——生产能力，t/h；

D——螺旋直径，m；

S——螺距，m；

n_0——螺旋转速，r/min；

γ——物料堆积密度，t/m^3；

K——槽体容积利用系数，对于无磨损性物料，从小粒到尘埃，$K=0.8$（在无中间轴承时），对于有磨损性大块或大粒物料，采用较小值（$K=0.6\sim0.7$）。

4.1.4.3　自动配料秤

自动配料秤能测量、指示物料的瞬时输送量，并进行累计显示物料的总量，与计算机相连可进行配料比的自动控制。配料电子皮带秤运送的物料量计算如下：

$$Q = 3.6qv \tag{4-21}$$

式中　Q——配料带式输送机瞬时输送量，t/h；

q——配料带式输送机每米皮带上的荷重，kg/m；

v——配料带式输送机皮带运行速度，m/s。

带宽 $B=650$ mm 和 800 mm，取 $v=0.25$ m/s、0.36 m/s 或 0.52 m/s。

4.1.4.4　配料仓

配料仓主要涉及以下几个方面。

（1）储存量。为保证向烧结机连续供料，各种原料在配料仓内都有一定的储存时间，其储存时间根据原料处理设备的运行和检修情况确定。一般各种物料均不小于 8 h。各种原料的储存时间可参照表 4-8 确定。

表 4-8 各种原料储存时间

原料名称	考 虑 因 素	储存时间/h
混匀矿	考虑混匀矿取料机、带式输送机发生故障及换料时间	6~8
粉矿	配料室设在原料仓内，考虑抓斗能力及检修	4~6
精矿	配料室不在原料仓内时，应考虑原料仓设备检修及原料仓至配料室带式输送机的检修	8
熔剂	熔剂在料场加工时，考虑料场加工设备定期维修	10
	熔剂在烧结厂加工时，考虑破碎筛分系统与烧结机作业率的差异与破碎筛分设备的检修	>8
燃料	破碎筛分设备检修及烧结机作业率的差异	>8
生石灰、烧结冷返矿及冶金厂杂料	考虑配料仓的配置要求以及来料情况	视情况而定
高炉返矿	带式输送机运输时考虑烧结与炼铁作业率的差异	10~12
烧结热返矿	（1）大型烧结机热矿筛下矿仓一般不存热返矿，以保护热矿筛，由链板输送机运至专门的返矿仓，其储存时间约为 3 h； （2）中小型烧结机一般热返矿仓配置在热矿筛下，热返矿仓容量视配置情况而定，储存时间不应少于 30 min	约 3

决定混匀料配料仓的储存时间应考虑混匀料场向配料室供矿的条件及混匀取料机突然发生故障时造成的影响，对混匀料场设备计划检修或故障时间较长造成的影响可不考虑，出现该情况时由储料场的直拨运输系统临时向配料室供料。

（2）料仓格数。根据如下原则考虑料仓的格数。

1）配料设备发生故障时不致使配料作业中断。当某一物料配料仓为单格时，应设有备用料仓。

2）考虑混匀料的料仓格数时，除考虑混匀料给料系统的作业率外，还应考虑储料场直拨供应单品种矿的储存。

3）无混匀料场时，料仓格数应考虑原、燃料的品种。

4）大宗原料的料仓格数应与排矿和称量设备的能力相适应。

5）尽量减少矿仓料位波动对配料带来的影响。

一般含铁原料的料仓不应少于 3 格，熔剂燃料仓各不少于 2 格；生石灰仓可设 1 格，或 1 格料仓设 2 台排料设备；返矿仓可设 1~2 格。

4.1.5 混合设备

混合设备是烧结厂主要设备之一。混合设备设置在配料设备与烧结机之间，为烧结机提供混合均匀适合烧结的原料。

烧结矿质量的好坏在较大程度上取决于混合原料中各组分分布的均匀性和透气性。混合设备的作用就是将配好的混合料混匀、润湿、制粒，达到成分均匀、水分适中、透气性良好的要求，以保证烧结过程顺利进行，为烧结矿产量、质量的提高创造条件。

4.1.5.1 混合时间的计算

一般混合时间根据试验和生产实践来确定，宜设计为5~9 min，以铁粉矿为主要原料时宜取下限值，以铁精矿为主要原料时宜取中上限值（包括固体燃料外滚的时间）。根据此时间选择混合机规格，按选定的规格核算混合时间。

$$t = \frac{L_{效}}{\pi D_{效}\ n\tan\beta} \tag{4-22}$$

或

$$n = \frac{L_{效}}{\pi D_{效}\ t\tan\beta} \tag{4-23}$$

式中 t——混合时间，min；

$L_{效}$——混合机的有效长度（见图4-4），m，$L_{效}=L-(1\pm0.5)$；

L——混合机实际长度，m；

$D_{效}$——混合机的有效内径（见图4-5），m，$D_{效}=D-0.1$；

D——混合机的实际直径，m；

n——混合机转速，r/min；

β——前进角度，(°)，$\tan\beta\approx\sin\beta=\sin\alpha/\sin\varphi$；

α——混合机倾角，(°)；

φ——物料安息角，(°)。

$$n = iN_0 = i\frac{42.3}{\sqrt{D_{效}}} \tag{4-24}$$

式中 i——混合机转速与临界转速之比；

N_0——混合机临界转速，r/min。

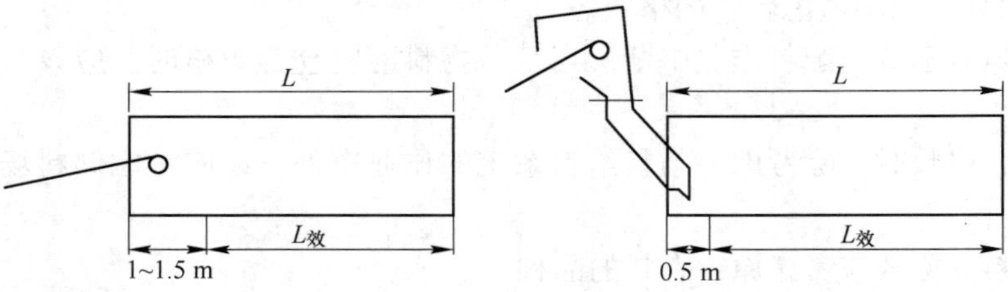

(a) (b)

图4-4 混合机的有效长度 $L_{效}$

（a）皮带给料；（b）溜槽给料

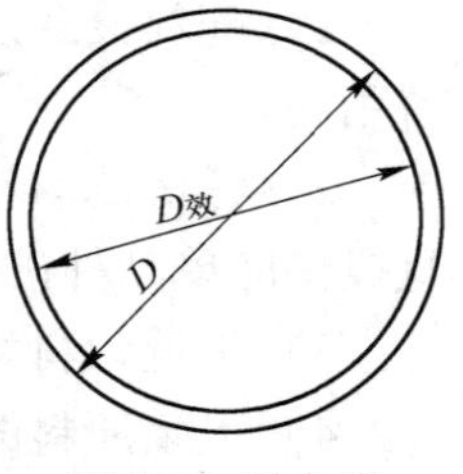

图4-5 混合机的有效内径 $D_{效}$

4.1.5.2 混合机设备选择计算

在选择混合机规格时，必须首先确定下列参数：混合时间 t、圆筒倾角 α、混合机填充率、混合机圆筒转速与临界转速之比 i。然后根据流程中正常生产能力的1.15倍作为混合机的最大生产能力 Q_{max} 来进行设备参数选择：

$$n = i\times 42.3/\sqrt{D_{效}} \tag{4-25}$$

$$n = \frac{L_{效}}{\pi t D_{效}\cdot\dfrac{\sin\alpha}{\sin\varphi}} \tag{4-26}$$

式中符号同式（4-22）~式（4-24），i 取 0.2~0.3。

解上述联立方程，即可求出 $D_{效}$ 和 $L_{效}$。

混合机的实际规格：

$$D = D_{效} + 0.1 \tag{4-27}$$

$$L = L_{效} + (0.5 \sim 1.5)(\text{根据进料方式选取 0.5 或 1.5}) \tag{4-28}$$

计算出来的值取整数或选接近现有的混合机规格，选定后需进行验算，主要是验算填充率、转速和混合时间。填充率的计算公式如下：

$$\Psi = \frac{Q_{max} t}{0.471 \gamma L_{效} D_{效}^2} \tag{4-29}$$

式中 Ψ——填充率，一混为 10%~16%，二混为 9%~15%，合并型混合机为 10%~15%；

γ——混合料堆积密度，t/m^3；

式中其他符号含义同前。

4.1.6 烧结机及其附属设备

4.1.6.1 圆辊给料机

圆辊给料机的选择计算内容包括其直径、长度、转速和驱动电机功率。

（1）直径。圆辊的直径按生产能力只需 1 m，为了便于检修时更换衬板，要适当加大圆辊的直径。过大的直径会增加布料落差，破坏料层的透气性。大型烧结机的圆辊给料机直径通常为 1.25~1.5 m。

（2）长度。圆辊的长度要与烧结机台车的宽度相配合，随台车宽度而变化。表 4-9 列出了圆辊给料机圆辊长度、直径与台车宽度的关系。

表 4-9 圆辊的长度、直径与台车宽度的关系（参考值）

台车名义宽度/m	台车顶面宽度/m	台车炉箅面宽度/m	圆辊长度/m	圆辊直径/m	混合料仓系数 C
3	3.09	2.96	3.04	1.0~1.3	23×10^{-2}
4	4.09	3.96	4.04	1.2~1.4	25×10^{-2}
5	5.13	5.0	5.08	1.3~1.5	27×10^{-2}

（3）转速。圆辊给料机的转速由式（4-30）计算确定：

$$n = Q_n/(60\pi KDhL\gamma) \tag{4-30}$$

式中 n——圆辊给料机正常转速，r/min；

Q_n——设备设计的混合料给料量，t/h；

K——与圆辊中心线位置有关的系数，通常为 1.0~1.1，当圆辊中心线位于混合料仓中心线之前（沿烧结机前进方向）或两者重合时，K 值取 1.0，当圆辊中心线位于混合料仓中心线之后时，K 值取 1.1；

D——圆辊直径，m；

h——圆辊给料机开口度，$h=(70\pm30)\times10^{-3}$，m；

L——圆辊长度，m；

γ——混合料堆积密度，t/m^3。

圆辊给料机的最大转速 n_{max}(r/min) 按式（4-31）计算：

$$n_{max} = n/(0.7 \sim 0.8) \tag{4-31}$$

（4）驱动电机功率。圆辊给料机的驱动电机功率由式（4-32）计算：

$$N = CLDn_{max} \tag{4-32}$$

式中 N——驱动电机功率，kW；

C——混合料仓系数；

其他符号同式（4-30）和式（4-31）。

烧结机圆辊给料机驱动电机为调速电动机，转速为 300~900 r/min。驱动电机功率 N 与烧结台车宽度 b 的关系见表 4-10。

表 4-10 驱动电机功率与烧结台车宽度的关系

b/m	N/kW
5	18.5
4	11~15
3	7.5

4.1.6.2 烧结机

A 烧结机能力计算

确定烧结机生产能力，一般根据烧结试验数据或同类型原料实际生产数据，并按式（4-33）及式（4-34）计算确定。

$$Q = 60KA\gamma v \tag{4-33}$$

或

$$Q = qA \tag{4-34}$$

式中 Q——烧结机生产能力，t/h；

K——成品率，%；

A——有效烧结面积，m^2；

γ——混合料堆积密度，t/m^3；

v——垂直烧结速度（按试验确定），m/min；

q——单位面积产量（利用系数），$t/(m^2 \cdot h)$。

B 烧结机面积的确定

当产量设定后，烧结机有效烧结面积根据正常日产量和利用系数（%）计算后确定。

$$正常日产量 = \frac{烧结矿年产量}{365(d) \times 作业率} \tag{4-35}$$

$$A_{效} = \frac{正常日产量}{q \times 24(h)} \tag{4-36}$$

式中 $A_{效}$——烧结机有效烧结面积，m^2。

烧结矿的年产量是由整个冶金工厂的物料平衡来确定的。烧结机的作业率一般取 92%~95%，利用系数可根据试验、国标或类似烧结厂生产情况确定。

C 烧结机其他各项计算

（1）混合料仓容积的确定。烧结台车上混合料的最大波动量一般为 10%~15%。

有中子水分计的混合料仓，如图 4-6 所示。当混合料仓没有中子水分计时，其储存量为烧结最大产量 8～15 min 所需的混合料量。当混合料仓有中子水分计时，各项参数计算如下：

$$t = 0.6t_1 \tag{4-37}$$

$$V_{效} = Q_n t/(60\gamma) \tag{4-38}$$

$$V_t = V_{效}/(0.85 \sim 0.9) \tag{4-39}$$

式中 t——混合料仓储存时间，min；

t_1——混合料的运输时间，min，从配料至烧结机台车一般为 7～9 min；

$V_{效}$——混合料仓有效容积，m^3；

Q_n——料斗的混合料给料量，t/h；

γ——混合料堆积密度，t/m^3，取 1.6～1.8 t/m^3；

V_t——混合料仓几何容积，m^3。

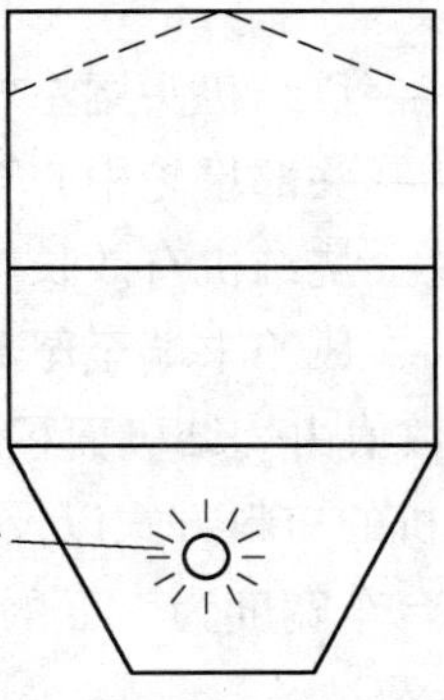

图 4-6 混合料仓示意图

（2）铺底料仓容积确定。一般来说，铺底料仓储存时间应等于烧结时间、冷却机冷却时间与铺底料运输时间之和。但对于鼓风冷却设备，由于冷却时间长，使铺底料仓的储存时间达 80 min 以上，显然是不经济的，应通过合理的操作方式（如刚开机时可将铺底料厚度降至 15 mm 左右)，适当减少储存时间。

$$V'_{效} = \frac{Q'_n}{60\gamma'}t' \tag{4-40}$$

$$V'_t = V'_{效}/(0.75 \sim 0.8) \tag{4-41}$$

式中 $V'_{效}$——铺底料仓有效容积，m^3；

Q'_n——设备设计的铺底料量，t/h；

γ'——铺底料堆积密度，t/m^3，取（1.7±0.2）t/m^3；

t'——铺底料仓储存时间，min，对于鼓风冷却设备，t'=60～80 min，对于抽风冷却设备，t'=30～50 min；

V'_t——铺底料仓几何容积，m^3。

（3）台车宽度。烧结机的面积确定之后，台车的宽度要与面积相适应。表 4-11 为原联邦德国鲁奇公司和日本日立造船公司推荐的长宽比以及相应的最大规格烧结机。

表 4-11 鲁奇公司和日立造船公司推荐的烧结机长宽比

台车宽度/m	烧结面积/m^2	烧结机有效长度与台车宽度之比	日立造船制造的最大烧结机/m^2	鲁奇公司制造的最大烧结机/m^2
3	≤200	≤22	183	28
4	≤400	≤25	320	400
5	≤700	≤28	600	400

烧结机的台车宽度有 1.5 m、2 m、2.5 m、3 m、3.5 m、4 m、5 m 几种。

（4）烧结机长度。烧结机的长度由式（4-42）计算：

$$L = L_x + L_s + L_y \tag{4-42}$$

式中 L——烧结机头尾星轮中心距，m；

L_x——头部星轮中心至风箱始端距离，m；

L_s——烧结机有效长度，m；

L_y——风箱末端至尾部星轮中心距，m。

L_s的数值由烧结机面积和台车宽度计算得出。L_x和L_y的数值随台车宽度、尾部机架形式、烧结机的布料方式以及头尾密封板的长度不同而变化。

例如台车宽度为 3 m 的烧结机，其L_x和L_y的数值，如图 4-7 所示。

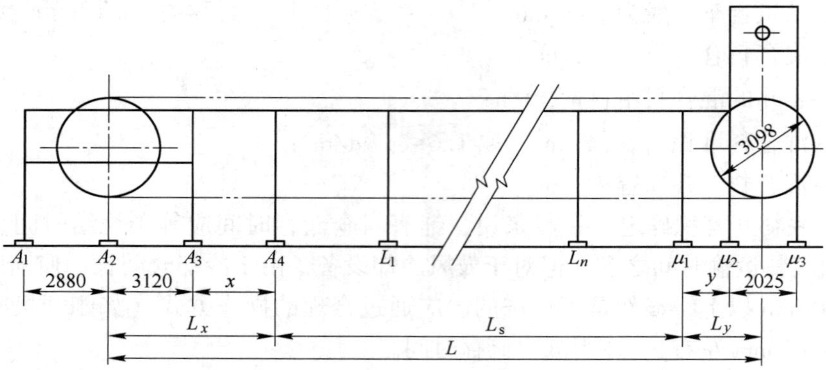

图 4-7 台车宽 3 m、机尾为摆架结构的烧结机长度参数

图 4-7 中 x 值在单层布料及机头采用一组密封板的情况下为最小值，等于 2.5 m，如采用双层布料或头部设置多组密封板时，则 x 值需加大。y 值当尾部为一组密封板时为最小值，等于 1.475 m，当设置多组密封板时需加大 y 值。

图 4-8 所示为台车宽 4 m、尾部设摆架的烧结机的长度参数。图 4-8 中 x 的最小值为 3.375 m，y 的最小值为 1.8 m。

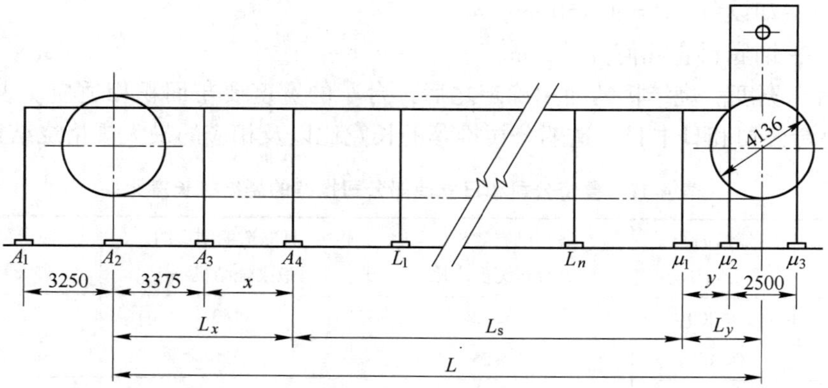

图 4-8 台车宽 4 m、尾部设摆架的烧结机长度参数

图 4-9 所示为尾部设移动架台车宽度为 4~5 m 的烧结机长度参数。对于台车宽度为

4 m 的烧结机，x 的最小值为 3.375 m，对于台车宽度为 5 m 的烧结机，x 的最小值为 4.125 m。两者 y 的最小值相等，均为 2.8 m。

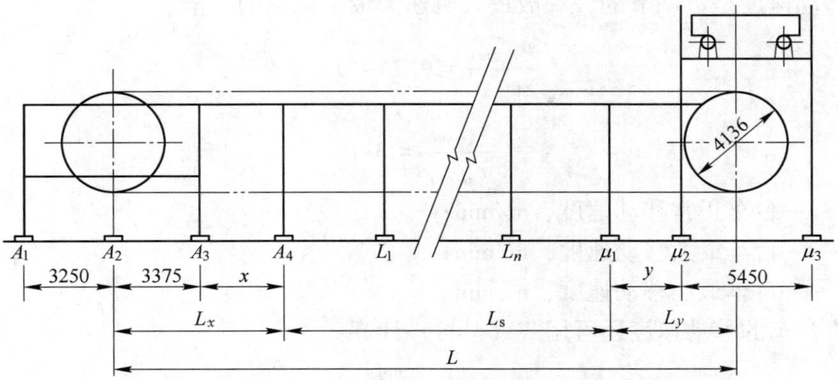

图 4-9　台车宽 4~5 m、尾部设移动架的烧结机长度参数

按照上述方法计算出来的烧结机长度还需要进行调整，并满足式（4-43）的要求：

$$\frac{(L - C) \times 2}{L_p} = \text{整数} \tag{4-43}$$

式中　C——系数，m；

L_p——台车长度，m；

L——烧结机长度，m。

C 值随星轮直径不同而异，L_p 值随台车宽度不同而变化，见表 4-12。

表 4-12　C 值和 L_p 值的变化

台车宽度/m	L_p/m	C/m	星轮上的台车数
3	1.0	0.245	10
4	1.5	0.35	9
5	1.5	0.35	9

（5）烧结机台车数与机速。烧结机台车数由式（4-44）计算得出：

$$n_p = \frac{(L - C) \times 2}{L_p} + n_{p0} \tag{4-44}$$

式中　n_p——烧结机台车数，个；

n_{p0}——星轮上的台车数，个；

式中其他符号含义见式（4-43）。

烧结机台车移动速度计算公式如下：

$$v_{s-n} = \frac{Q_n}{60bh\gamma} \tag{4-45}$$

式中　v_{s-n}——台车正常移动速度，m/min；

Q_n——烧结机设备设计给料量，t/h；

b——台车宽度，m；

h——台车上混合料料层高度，m；

γ——台车上混合料堆积密度，t/m³，取 1.6~1.8 t/m³。

台车移动速度是可调节的，一般最大机速为最小机速的 3 倍。

$$\frac{v_{s-max}}{v_{s-n}} = 0.7 \sim 0.8 \tag{4-46}$$

$$\frac{v_{s-max}}{v_{s-min}} = 3/1 \tag{4-47}$$

式中 v_{s-n}——台车正常移动速度，m/min；

v_{s-max}——台车最大移动速度，m/min；

v_{s-min}——台车最小移动速度，m/min。

烧结机台车的移动速度还可用式（4-48）计算：

$$v_{s-n} = \frac{v_f L_s}{h} \tag{4-48}$$

式中 v_f——垂直烧结速度，m/min，一般取 $(23 \pm 5) \times 10^{-3}$ m/min；

式中其他符号含义同前。

（6）烧结机风箱的布置。在有效长度内布置风箱，中、小型烧结厂采用 2 m 长的风箱，大型厂用 4 m 长的风箱，在每一机架间布置两个风箱，因此烧结机标准机架框距为 8 m。根据实际需要另设置（3.5 m）、3 m、（2.5 m）及 2 m 长的非标准风箱（带括号的长度不常采用）。

$$L_s = L_f + 4n_1 + 3n_2 + 2n_3 \tag{4-49}$$

$$n_w = n'_w + n_1 + n_2 + n_3 \tag{4-50}$$

式中 L_s——烧结机有效长度，m；

L_f——烧结机点火段长度，m；

n_1——4 m 长风箱个数，个；

n_2——3 m 长风箱个数，个；

n_3——2 m 长风箱个数，个；

n_w——风箱个数，个；

n'_w——点火段风箱个数，个。

确定风箱个数以后，再布置烧结机的中部机架。

（7）烧结机驱动电机功率。在做可行性研究时可用下列经验公式估算烧结机传动电机功率：

$$N = 0.1A_{效} \tag{4-51}$$

式中 N——电机功率，kW；

$A_{效}$——有效烧结面积，m²。

不同规格烧结机所配用的电机功率列于表 4-13。烧结机驱动电机功率的计算公式如下：

$$N = MnK/(0.974\eta_1) \tag{4-52}$$

式中 N——烧结机驱动电机功率，kW；

M——星轮驱动转矩，t·m；

n——星轮转速，r/min；

K——安全系数，通常取 1.2；

η_1——机械效率，通常取 0.72。

表 4-13　不同烧结面积的烧结机驱动电机功率

有效烧结面积/m^2	电动机功率①/kW	有效烧结面积/m^2	电动机功率①/kW
$130<A_{效}<200$	22	$350\leqslant A_{效}<400$	45
$200\leqslant A_{效}<300$	30	$400\leqslant A_{效}<500$	55
$300\leqslant A_{效}<350$	37	$500\leqslant A_{效}<600$	75

①标准直流电动机，电动机转速 300~900 r/min。

4.1.7 热烧结矿破碎筛分设备

4.1.7.1 单辊破碎机的选择计算

单辊破碎机的规格与烧结机相适应，主要取决于烧结台车的宽度。表 4-14 列出了不同烧结机台车宽度的单辊破碎机规格。

表 4-14　单辊破碎机规格

台车宽度/m	单辊直径/m	单辊齿片数	箅板箅条数	齿片（条）中心距/mm	驱动电机功率/kW	检修起重机起重量/t
3	1.6	11	12	270	55	15
4	2.0	14	15	290	110	30
5	2.4	16	17	320	150	60

4.1.7.2 热烧结矿筛分设备选择计算

烧结厂的热烧结矿筛分多采用热振筛，根据振动形式分上振式和下振式。下振式的振动子检修容易，目前我国用上振式较多，其面积计算公式同式（4-7），但系数按式（4-53）选取：

$$A=\frac{Q}{\gamma qKLMNOP} \tag{4-53}$$

式中 A——振动筛筛分面积，m^2；

Q——筛子处理量，t/h；

γ——物料堆积密度，t/m^3；

q——每平方米筛子面积上的平均生产率，$t/(m^2\cdot h)$，当热矿筛分面积为烧结面积的 10%时，单位筛分面积生产能力约 40~45 $t/(m^2\cdot h)$，当烧结机机型较小时，热矿筛分面积与烧结面积之比较大，q 值可按筛孔大小确定：当筛孔为 8 mm 时，$q=16.6\ t/(m^2\cdot h)$，当筛孔为 6 mm 时，$q=12.35\ t/(m^2\cdot h)$；

K——考虑粒度小于筛孔尺寸一半的颗粒多少对筛分质量的影响系数，各厂粒度不一，如取平均值为 25%，则 $K=0.6$；

L——大于筛孔尺寸的颗粒影响系数，取平均值为 75%时，$L=1.75$；

M——筛分效率的影响系数，当筛分效率为 85%时，$M=1.15$；

N——物料形状的影响系数，取1；

O——物料中含水量影响系数，取1；

P——筛分方法的影响系数，取1。

我国生产的热振筛最大为3.1 m×7.5 m，这种筛子的筛分效率较高。作为热烧结矿筛分的设备还有固定筛，其因筛分效率低、高度大，已由热振筛所代替。

由于热振筛长期处于高温、多尘的恶劣条件下运转，事故多，严重影响烧结机作业率的提高，且热振筛筛下的热返矿温度高，劳动条件恶劣，运输皮带事故较多，同时热振筛振动噪声也大，所以现有的大中型烧结工艺设计已取消热振筛。

4.1.8 冷却设备

4.1.8.1 冷却机主要工艺参数的计算

冷却机有效冷却面积$A_{效}$按式（4-54）计算：

$$A_{效}=\frac{Qt}{60h\gamma} \tag{4-54}$$

冷却机直径D按式（4-55）计算：

$$D=\frac{A_{效}}{\pi b}+\frac{L_d}{\pi} \tag{4-55}$$

冷却机台车个数N_t按式（4-56）计算：

$$N_t=\frac{\pi D}{b}(N_t\text{ 值为 3 的倍数，即等于 }3n\text{，}n\text{ 为整数}) \tag{4-56}$$

式中 $A_{效}$——冷却机有效冷却面积，m^2；

Q——冷却机的设计生产能力，t/h；

t——冷却时间，min，抽风冷却约为30 min，鼓风冷却约为60 min；

h——冷却机料层高度，m，鼓风机冷却时，取（1.4±0.1）m，抽风机冷却时，取（0.3±0.1）m；

γ——烧结矿堆积密度，t/m^3，取(1.7±0.1)t/m^3；

D——冷却机直径，m；

b——冷却机台车宽度，m；

L_d——冷却机无风箱段的中心长度，m，取18~20 m。

冷却机的转速（r/h）按式（4-57）和式（4-58）计算：

$$v_{正常}=\frac{60A_{效}}{\pi Dbt} \tag{4-57}$$

$$v_{最大}=\frac{v_{正常}}{0.7\sim0.8} \tag{4-58}$$

式中其他符号含义同前。

4.1.8.2 冷却风量的计算

冷却1 t烧结矿所需冷空气量用热平衡计算公式计算：

$$Q=\frac{T_1c_1-T_2c_2}{c'(T_1'-T_2')}K\times1000 \tag{4-59}$$

式中 Q——冷却 1 t 矿（指通过冷却机的）所需冷空气量（标态），m^3/t；

T_1——热烧结矿平均温度,℃，一般取 750 ℃；

T_2——冷烧结矿平均温度,℃，一般取 100~150 ℃；

T_1'——废气温度（烟囱废气平均温度）,℃，抽风冷却为 150 ℃左右，鼓风冷却约为 200 ℃；

T_2'——冷空气温度,℃，一般取 20 ℃；

c_1——热烧结矿平均比热容，kJ/(kg · ℃)，查表 4-15；

c_2——冷烧结矿平均比热容，kJ/(kg · ℃)，查表 4-15；

c'——空气平均比热容，kJ/(kg · ℃)，取 1.032 kJ/(kg · ℃)；

K——热交换系数，被冷空气带走的热与烧结矿放出热之比（实验室测定数字为 0.95）。

热烧结矿的平均比热容，可按下列经验公式求出：

$$c_1 = [0.115 + 0.257 \times 10^{-3}(T - 373) - 0.0125 \times 10^{-5}(T - 373)^2] \times 4.1868 \tag{4-60}$$

式中 c_1——热烧结矿的平均比热容，kJ/(kg · ℃)；

T——绝对温度，K。

计算结果列入表 4-15。

表 4-15 烧结矿平均比热容

温度/℃	100	300	500	750
比热容/kJ · (kg · ℃)$^{-1}$	0.5~0.6	0.7~0.8	0.8~0.9	0.8~0.9

对于抽风冷却，按式（4-57）计算出的风量，就是通过冷却机烧结矿层的常温空气（20 ℃）的风量（Q），通过风机的实际风量按式（4-61）计算：

$$Q_{实} = Q\frac{273 + T}{373 + 20} \tag{4-61}$$

式中 $Q_{实}$——冷却 1 t 矿（通过冷却机）的实际风量（工况），m^3/t；

Q——冷却 1 t 矿所需冷空气量，m^3/t；

T——通过风机的废气温度,℃。

冷却风机的风量按式（4-62）确定：

$$Q_p = \frac{Q_{sc}Q_n}{60} \tag{4-62}$$

式中 Q_p——冷却风机的风量（标态），m^3/min；

Q_{sc}——每吨矿（指通过冷却机的）所需冷却风量（标态），m^3/t，鼓风冷却选用 2000~2200 m^3/t，抽风冷却选用 2800~3500 m^3/t；

Q_n——冷却机生产能力，t/h。

4.1.8.3 风压的计算

确定冷却风机的压力，要考虑料层阻力、箅条阻力和管道阻力等阻力损失。各种阻力计算如下。

A 烧结矿层阻力计算

烧结矿层阻力按式（4-63）计算：

$$p_{料} = 0.51h(v/M)^{1.92} \tag{4-63}$$

式中 $p_{料}$——烧结矿层阻力，Pa；

h——料层高度，m；

v——风速，mm/s（按整个冷却面积计算的平均风速）；

M——透气性，与物料粒度和性质有关的一个常数，可查图 4-10 获得。

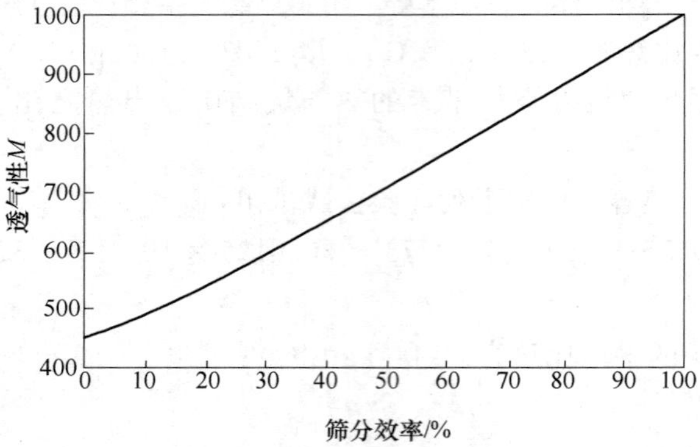

图 4-10 透气性 M 与筛分效率的关系

例如，当 $v=1500$ mm/s，$h=300$ mm 时，按式（4-63）计算的结果见表 4-16。

表 4-16 透气性 M 与矿层阻力 P 的计算结果

筛分效率/%	M	P/Pa
100	1000	320
85	900	392
67	800	481

烧结矿层阻力也可采用式（4-64）进行计算或校核：

$$p_{料} = 9.8\mu \frac{h(v_0/\rho)^2}{2dg} \gamma_0(1+\beta t) \tag{4-64}$$

式中 $p_{料}$——烧结矿层阻力损失，Pa；

μ——摩擦阻力系数；

h——烧结矿层高度，m；

v_0——标态下废气平均流速，m/s；

ρ——料层孔隙度，一般在 0.2~0.3 波动；

d——矿块标准平均直径，m；

g——重力加速度，m/s^2；

γ_0——标态下空气密度，kg/m^3；

β——气体膨胀系数，其值为 1/273；

t——废气平均温度，℃。

$$\rho = \frac{\gamma_{块} - \gamma_{料}}{\gamma_{块}} \tag{4-65}$$

式中 $\gamma_{块}$——料块密度，kg/m^3；

$\gamma_{料}$——料层堆积密度，kg/m^3。

摩擦阻力系数μ与料块堆积密度有关，且与雷诺准数 *Re* 成函数关系，烧结矿 *Re* 值一般为 2500~4500，μ 值可查表 4-17。

表 4-17 摩擦阻力系数μ与雷诺准数 *Re* 之关系

Re	μ		
	焦 炭	矿 石	烧结矿
1000	14.0	20.0	24.2
2000	12.0	16.5	20.5
3000	11.0	14.0	18.5
4000	10.3	12.3	~16.6
5000	9.8	11.3	~15.5
6000 以上	9.5	10.5	~15.0

确定 *d* 值时，可以略去对阻力影响不大的大块烧结矿，取烧结矿的标准平均直径，即 60 mm 以下各粒级含量的平均直径，一般为 30 mm 左右。

B 箅条阻力计算

箅条阻力按局部阻力计算：

$$p_{条} = 9.8C\frac{v^2}{2g}\gamma_0(1 + \beta t) \tag{4-66}$$

式中 $p_{条}$——箅条阻力损失，Pa；

v——标态风速（按整个冷却面积计算的平均风速），m/s；

g——重力加速度，m/s^2；

γ_0——标态下空气密度，kg/m^3；

C——阻力系数，取决于箅条形态及有效通风面积；

式中其他符号含义同式（4-65）。

箅条的有效通风面积不能小于箅条上烧结矿层的有效通风面积。箅条的有效通风面积，可以通过所选用的箅条形状及其大小算出。每平方米冷却面积的烧结矿层，其有效通风面积为 0.2 m^2。

C 通风管道阻力计算

通风管道阻力为摩擦阻力及局部阻力之和。

(1) 摩擦阻力为气体本身的黏性及其与管壁间的摩擦产生的阻力，按式（4-67）计算：

$$p_{摩} = 9.8\mu\frac{Lv^2}{2dg}\gamma_0(1 + \beta t) \tag{4-67}$$

式中　$p_{摩}$——摩擦阻力，Pa；

μ——摩擦阻力系数；

L——管道长度，m；

v——标态下气体流速，m/s；

d——管道当量直径，m；

γ_0——标态下气体密度，kg/m³。

金属管道的μ=0.025~0.03，氧化较弱的金属管道的μ=0.0.35~0.04，氧化较重的金属管道的μ=0.045。

（2）局部阻力为管道截面及方向改变而产生的阻力，按式（4-68）计算。

$$p_{局} = 9.8K\frac{v^2}{2g}\gamma_0(1 + \beta t) \tag{4-68}$$

式中　K——局部阻力系数；

式中其他符号含义同式（4-67）。

D　实际应用的鼓风冷却风压计算公式

鼓风冷却风压一般按下面实际应用的公式计算确定。

当冷却机前无热矿振动筛时：

$$p = 1275h(Q_{sc}/60)^{1.67} \tag{4-69}$$

当冷却机前有热矿振动筛时：

$$p = 980h(Q_{sc}/60)^{1.67} \tag{4-70}$$

式中　p——鼓风压力，Pa；

h——冷却机料层高度，m；

Q_{sc}——单位冷却面积的标态风量，m³/(m²·min)。

4.1.8.4　冷却风速

冷却风速与风量及矿层高度有关，并影响烧结矿的冷却时间。冷却风速与烧结矿平均最大矿块热传导速度有关。风速与烧结矿大块换热系数关系如图4-11所示。

从图4-11可以看出，当风速达到一定值以后，增加风速，将不再加快冷却速度，合适风速一般不超过2 m/s。风速过低，也是不合理的。

整个冷却面积的平均风速可按式（4-71）计算：

$$v_0 = \frac{Qq}{3600LB} \tag{4-71}$$

式中　v_0——风速，m/s；

Q——冷却1 t矿所需标态风量，m³/t；

L——冷却机长度，m；

B——冷却机宽度，m；

q——冷却机生产能力，t/h。

$$q = 60Bh\gamma L/t \tag{4-72}$$

将式（4-72）代入式（4-71）得：

$$v_0 = \frac{Q\gamma h}{60t} \tag{4-73}$$

式中 γ——烧结矿堆积密度，t/m^3；

h——料层高度，m；

t——冷却时间，min；

式中其他符号含义同式（4-71）。

抽风冷却风速计算的实例：设 $Q_{标态}$ = 3500 m^3/t，$\gamma = 1.8\ t/m^3$，$h = 0.35$ m，$t = 30$ min，按式（4-73）：

$$v_0 = \frac{3500 \times 1.8 \times 0.35}{60 \times 30} \approx 1.22\ m/s$$

如果冷却时间为未知数，则按式（4-71）进行计算。设 $q = 258$ t/h，$L = 64$ m，$B = 3.2$ m，则：

$$v_0 = \frac{3500 \times 258}{3600 \times 64 \times 3.2} \approx 1.22\ m/s$$

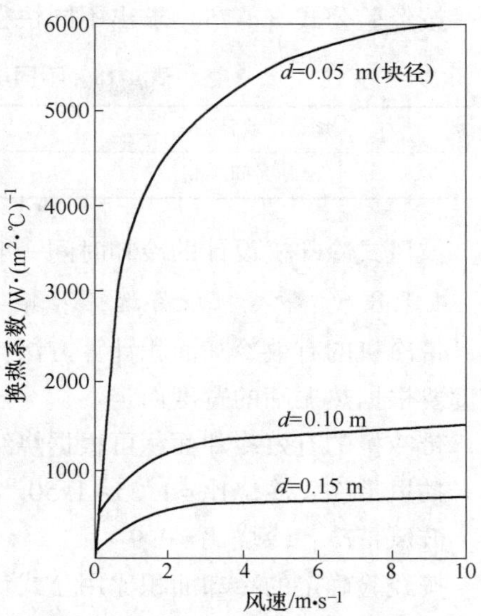

图 4-11 冷却风速与烧结矿大块换热系数关系

4.1.8.5 冷却时间的确定

冷却时间与料块表面同空气热交换速度及料块中心至表面的热传导速度有关，同时与料层厚度有关。采用抽风冷却，料层厚度一般不超过 400 mm，烧结矿粒度小于 150 mm，大块烧结矿所需的冷却时间应通过试验确定，一般为 25～30 min。

抽风冷却时间可按式（4-74）计算：

$$t = \frac{Q\gamma h}{60v_0} \tag{4-74}$$

式中符号含义同式（4-73），冷却风速可按式（4-71）和式（4-72）求出。

确定冷却时间后，可验算风速或料层厚度 h 是否合适，并调整冷却机。

（1）首先按产量假定的长度和宽度计算。公式未考虑烧结矿的块度，计算出的冷却时间可按下述经验公式进行校对：

$$t = 0.15kd \tag{4-75}$$

式中 t——冷却时间，min；

k——常数，按烧结矿筛分效率高低取 1～1.2，如果烧结矿小于 8 mm 含量为零，则 k 为 1；

d——烧结矿粒度上限，mm（取 150 mm）。

冷却时间计算实例：设 $Q = 3500\ m^3/t$（标态），$h = 0.35$ m，$v_0 = 1.6$ m/s，$\gamma = 1.8\ t/m^3$，则按式（4-74）：

$$t = \frac{3500 \times 1.8 \times 0.35}{60 \times 1.6} \approx 23\ min$$

（2）用经验公式（4-73）进行校核。

设热烧结矿经热振筛筛分，筛分效果较好，k 取 1.1，则

$$t = 0.15 \times 1.1 \times 150 \approx 25\ min$$

两种计算结果相近，同时与生产数据也基本相符。

按经验公式（4-75）求出不同块径烧结矿所需最小的冷却时间见表4-18。

表4-18　不同块径烧结矿计算的最小冷却时间

烧结矿块径/mm	150	100	50
冷却时间/min	23~30	15~23	7~10

鼓风式冷却机设计的冷却时间一般为60 min左右。

4.1.8.6　带冷机设备选择计算

带冷机的有效冷却面积计算方法同环冷机，见式（4-54）。如设热矿筛时，带冷机的宽度要根据热振筛的宽度而定。

带冷机的有效冷却面积可根据烧结机的有效面积按经验来确定。

抽风带冷：冷烧比=1.25~1.50。

鼓风带冷：冷烧比=0.9~1.1。

按经验确定的冷却面积比用公式计算的要偏大。

带冷机速度按式（4-76）计算：

$$v = \frac{Q}{60Bh\gamma} \tag{4-76}$$

式中　v——带冷机速度，m/min；

Q——带冷机的给料量，t/h；

B——带冷机的宽度，m；

h——料层厚度，m；

γ——烧结矿堆积密度，t/m^3，取（1.7±0.1）t/m^3。

带冷机的速度应能调速，其他参数如风量、风压、风速、冷却时间与前述环冷机相同。

4.1.8.7　输送散料的拉链机设备选择计算

回收环冷机散料的环形拉链输送机输送能力计算式如下：

$$Q = 60Av\gamma \tag{4-77}$$

式中　Q——拉链机输送能力，t/h；

A——输送面积，$A=Bh$，m^2；

B——拉链机宽度，m；

h——拉链机高度，m；

v——输送速度，m/min；

γ——输送物料堆积密度，t/m^3，取1.8 t/m^3。

4.1.9　整粒设备

4.1.9.1　固定筛选择计算

冷烧结矿常用固定筛和振动筛。固定筛筛分面积按下面经验公式计算：

$$F = Q/(2.4a) \tag{4-78}$$

式中 a——固定筛筛孔尺寸，mm；

Q——通过固定筛的给矿量，t/h；

F——筛分面积，F=筛子长度×筛子宽度，m^2。

筛子宽度一般要根据破碎机给矿口宽度来定，长宽比一般为2~4。

4.1.9.2 冷烧结矿筛分设备选择计算

冷烧结矿筛分设备的设计筛分面积按式（4-79）计算：

$$A = \frac{Q}{qL\nu HMSC\gamma} \tag{4-79}$$

式中 A——筛分面积，m^2；

Q——筛子的生产能力，t/h；

q——单位筛面生产能力，见表4-19；

L——筛分效率系数，见表4-20；

ν——大于筛孔的粗粒影响系数，见表4-21；

H——小于1/2筛孔的细粒影响系数，见表4-22；

M——筛网层数系数，见表4-23；

S——筛网系数，见表4-24；

C——筛孔形状系数，见表4-25；

γ——烧结矿堆积密度，t/m^3，取（1.7±0.1）t/m^3。

表4-19 单位筛面生产能力 q

筛分尺寸/mm	2.5	3	5	6	10	13	15	20
q	5	6	8.5	10	14	17	17	20
筛分尺寸/mm	30	40	50	60	70	80	100	
q	23	27	31	34	37	40	45	

表4-20 筛分效率系数 L

筛分效率/%	(95)	90	85	80	75	70	(65)
L	(0.8)	1.0	1.2	1.4	1.55	1.7	(1.85)
筛分效率/%	(60)	(55)	(50)	(45)	(40)	(30)	
L	(2.0)	(2.15)	(2.25)	(2.38)	(2.5)	(2.7)	

表4-21 粗粒影响系数 ν

给料中大于筛孔尺寸的含量/%	0	10	20	30	40	50	60	70	80	90
ν	0.91	0.94	0.97	1.03	1.09	1.18	1.32	1.55	2.00	3.36

表4-22 细粒影响系数 H

给料中小于筛孔尺寸之半的含量/%	0	10	20	30	40	50	60	70	80	90
H	0.2	0.4	0.6	0.8	1.0	1.2	1.4	1.6	1.8	2.0

表 4-23 筛网层数系数 M

筛网层数	单层筛	双层筛	三层筛
M	1.00	0.93	0.75

表 4-24 筛网系数 S

筛网种类	钢板冲孔		金属编织物	拉制金属网	铸钢筛网	固定筛或棒条筛
	正方形	长方形				
S	0.8	0.85	1.0	0.85	0.75	1.0

表 4-25 筛孔形状系数 C

筛孔长宽比	<2	2~5	>5
C	1.0	1.2	1.4

4.1.9.3 冷烧结矿破碎设备的选择计算

冷烧结矿的破碎常选用双齿辊破碎机，其生产能按式（4-80）计算：

$$Q = 60\pi CDnSKB\gamma \tag{4-80}$$

式中 Q——对辊破碎机生产能力，t/h；

C——破碎比系数，$C=0.6(d'/d)+0.15$；

d'——破碎后烧结矿粒度，m，取 0.04~0.05 m；

d——给入的烧结矿粒度，m，取 0.15 m；

D——辊子直径，m；

n——辊子的平均转速，r/min，高速辊转速≤60 r/min，低速辊转速≤50 r/min，因此，$n=55$ r/min；

S——辊子间隙，m，取 $(50\pm20)\times10^{-3}$ m；

K——辊子宽度工作系数，取 0.7 ± 0.1；

B——辊子宽度，m；

γ——烧结矿堆积密度，t/m^3，取（1.7 ± 0.1）t/m^3。

4.1.10 烟气抽风除尘设备

本节只叙述烧结机机头除尘设备。

4.1.10.1 多管除尘器的选择计算

多管和单管旋风除尘器相比较，处理气体量越大，多管除尘器所需要的设备质量就越小。目前烧结厂使用的多管除尘器的技术条件见表 4-26。

表 4-26 多管除尘器和单管旋风除尘器的比较

气体量/m^3·h^{-1}	3500		23000		100000	
	多管	单管	多管	单管	多管	6 管并联
体积/m^3	0.6	7	4.8	112	390	690
除尘效率/%	85	89	86	83	86	84
压力损失/Pa	784	882	882	882	882	882
质量/kg	420	390	2000	3900	8800	21000

4.1.10.2 电除尘器的选择计算

（1）烟气的电场流速。烟气的电场流速可以根据经验参考同类型烧结厂机头电除尘器或经验数据确定。

（2）电除尘器进口断面积。电除尘器进口断面积按式（4-81）计算：

$$A = Q/v \tag{4-81}$$

式中 A——电除尘器进口断面积，m^2；

Q——流过电除尘器电场的烟气流量（工况），m^3/s；

v——烟气的电场流速（工况），m/s。

（3）除尘效率。除尘效率按式（4-82）计算：

$$\eta = \frac{G_1 - G_2}{G_1} \times 100\% \tag{4-82}$$

式中 η——除尘效率，%；

G_1——烟气原始含尘浓度，可以通过测试确定，mg/m^3；

G_2——烟气排放浓度，可根据国家环保法规，适当提高要求而定，目前一般可取 80~100 mg/m^3。

（4）粉尘有效驱进速度。电场内粉尘的驱进速度无法直接测出，但可通过测出的废气流量求得粉尘的有效驱进速度：

$$v = \frac{Q}{A}\ln\left(\frac{1}{1 - \eta}\right) \tag{4-83}$$

式中 v——粉尘有效驱进速度，m/s；

Q——流过电除尘器电场的烟气流量（工况），m^3/s；

A——电除尘器收尘极板总面积，m^2；

η——除尘效率，%。

在设计一台新的电除尘器时，驱进速度常凭经验，参考同类型电除尘器或通过试验确定。

（5）收尘极板总面积。收尘极板总面积可由式（4-84）求出：

$$A = \frac{Q}{v}\ln\left(\frac{1}{1 - \eta}\right) \tag{4-84}$$

式中符号含义同式（4-83）。

（6）比表面积。比表面积 $A_{比}$（m^2/m^3）指电除尘器处理单位流量的烟气所需要的收尘极板面积，按式（4-85）计算：

$$A_{比} = \frac{A}{Q} \tag{4-85}$$

式中符号含义同式（4-83）。

设计一台电除尘器，若烟气流量及除尘效率一定，由式（4-83）或式（4-84）可知，驱进速度值在合理的范围内越大，则比表面积值越小，电除尘器经济效果越好。

（7）每个电场的收尘极板面积。每个电场收尘极板面积按式（4-86）计算：

$$A' = \frac{A}{n} \tag{4-86}$$

式中 A'——每个电场的收尘极板面积，m^2；

A——电除尘器收尘极板总面积，m^2；

n——电场数，一般取 3。

（8）电场有效宽度。电场有效宽度按式（4-87）计算：

$$B = \frac{A_{进}}{h} \tag{4-87}$$

式中 B——电场有效宽度，m；

$A_{进}$——电除尘器进口断面积，m^2；

h——收尘极板有效高度，m，一般取 10~15 m。

（9）通道数：

$$m = \frac{B}{S} \tag{4-88}$$

式中 m——通道数；

B——电场有效宽度，m；

S——极板间距，m。

（10）极板排数。极板排数是指在电场有效宽度内收尘极板的排数。极板排数按式（4-89）计算：

$$Z = m + C_1 \tag{4-89}$$

式中 Z——极板排数；

m——通道数；

C_1——系数，单室结构为 1，双室结构为 2。

（11）电晕线排数。电晕线悬挂在相邻两块极板之间。电晕线排数 Y 与通道数 m 相等，即：

$$Y = m \tag{4-90}$$

（12）电场有效长度。电场有效长度是指电晕线与收尘极板形成电场能吸附荷电粉尘的一段长度，其计算式为：

$$L = \frac{A'}{Rh \times 0.96 \times 2} \tag{4-91}$$

式中 L——电场有效长度，m；

h——收尘极板高度，m；

A'——每个电场的收尘极板面积，m^2；

0.96——电场有效长度与每排的实际长度的比例系数，每块极板之间有 5~15 mm 的间隙；

2——每块极板两面都可以收尘，但紧靠外壳或两室分隔梁柱的极板只有一面可以收尘；

R——可以两面收尘的极板排数，$R = Z - C_2$；

Z——极板排数，排；

C_2——系数，单室结构为 1，双室结构为 2。

（13）烟气停留时间。烟气停留时间指烟气通过电场有效长度的时间，按式（4-92）计算：

$$t = \frac{Ln}{v} \tag{4-92}$$

式中 t——烟气停留时间，s；
L——电场有效长度，m；
n——电场数；
v——烟气流速，m/s。

（14）供电装置参数。

1）电压。一般情况下，电压参考下式的计算值：

操作电压 $$U_1=(3\sim3.5)\times S/2 \tag{4-93}$$

空载电压 $$U_2=4\times S/2 \tag{4-94}$$

式中 U——供电装置的额定电压值，kV；
S——极板间距，cm。

2）电流。电流值可根据板电流或线电流值来计算：

$$L=(0.15\sim0.25)\times A' \tag{4-95}$$

或 $$I=(0.15\sim0.4)/L' \tag{4-96}$$

式中 0.15~0.25——板电流值，即单位收尘极板面积的平均电流值，mA/m^2；
0.15~0.4——线电流值，即单位电晕线长度上的平均电流值，选取时要考虑电晕线的放电特性，mA/m；
I——供电装置的额定电流值，mA；
A'——每个电场的收尘极板面积，m^2；
L'——每个电场的电晕线长度，m。

4.1.10.3 抽风机的选择计算

主抽风机的选择计算主要是确定其风量、风压、风温和驱动电机的功率。

（1）风量。主抽风机的风量按式（4-97）计算：

$$Q=qA \tag{4-97}$$

式中 Q——主抽风机风量（工况），m^3/min；
q——单位烧结面积风量（工况），$m^3/(m^2\cdot min)$，一般取不大于90 $m^3/(m^2\cdot min)$；
A——有效烧结面积，m^2。

（2）风温。一般取（140±10）℃。

（3）驱动电机的功率。驱动电机的功率按式（4-98）计算：

$$N=K\cdot\frac{E}{\eta}\cdot\frac{T_s}{T_c} \tag{4-98}$$

式中 N——主抽风机驱动电机功率，kW；
K——富裕系数，一般取104%；
η——全压效率，一般取85%；
T_s——烟气温度，K，取423 K；
T_c——低温条件，K，取353 K；
E——理论空气动力，kW，其计算式为：

$$E=\frac{\gamma_s Q_s h_{ab}}{6120} \tag{4-99}$$

γ_s——烧结烟气密度，kg/m^3，取0.698 kg/m^3；
Q_s——抽风量（工况），m^3/min；

h_{ab}——绝对压头，m。

$$h_{ab} = \frac{K}{K-1}RT_s \cdot \left[\left(\frac{p_{s2}+p_{d2}}{p_{s1}+p_{d1}}\right)^{\frac{K-1}{K}} - 1\right] \tag{4-100}$$

式中 R——气体常数，取 28.45 (kg · m)/(kg · K)；

p_{s1}——入口静压，Pa；

p_{s2}——出口静压，Pa；

p_{d1}——入口动压，Pa；

p_{d2}——出口动压，Pa。

4.1.11 给排料设备及输送设备

4.1.11.1 各种给料设备使用范围及优缺点

给料设备种类很多，烧结厂常用的给料设备列于表 4-27。

表 4-27 常用给料设备

名称	给料粒度范围/mm	优 缺 点
圆盘给料机	50~0	优点：给料均匀准确，调整容易，运转平稳可靠，管理方便； 缺点：设备较复杂，价格较高
圆辊给料机	细粒、粉状	优点：给料量大，设备较轻，耗电量少，给料面较宽且较均匀； 缺点：只适宜给细粒物料
板式给料机	1200~0	优点：排料粒度大，能承受矿仓中料柱压力，给料均匀可靠； 缺点：设备笨重，价格高
槽式给料机	450~0	优点：给料均匀，不易堵塞； 缺点：槽底磨损严重
螺旋给料机	粉状	优点：密封性好，给料均匀； 缺点：磨损较快
胶带给料机	350~0	优点：给料均匀，给料距离较长，配置灵活； 缺点：不能承受较大料柱的压力，物料粒度大，胶带损严重
摆式给料机	小块	优点：构造简单，价格低，管理方便； 缺点：工作准确性较差，给料不连续，计量较困难
电振给料机	1000~0.6	优点：设备轻，结构简单，给料量易调节，占地面积及高度小； 缺点：第一次安装调整困难，输送黏性物料容易堵矿仓口
叶轮给料机	粉状	优点：密封性好； 缺点：给料量小

4.1.11.2 圆辊给料机生产能力计算

圆辊给料机如图 4-12 所示，其生产能力计算公式如下：

$$Q = 60\pi hBDn\gamma K \tag{4-101}$$

式中 Q——圆辊给料机产量，t/h；

h——闸门高，m；

B——给料口宽，m；

D——圆辊直径，m；

n——圆辊转速，r/min；

γ——物料堆积密度，t/m^3；

K——系数，取 0.7。

4.1.11.3 板式给料机生产能力计算

板式给料机有水平和倾斜两种配置，倾斜角度最大不超过12°。生产能力计算公式如下：

$$Q = 3600Bhv\gamma\varphi \tag{4-102}$$

式中 Q——板式给料机生产能力，t/h；

B——矿仓口宽度，m，一般为链板宽的90%；

h——矿层高度，m；

v——链板移动速度，m/s，取0.02~0.15 m/s；

γ——物料堆积密度，t/m³；

φ——充满系数，一般取0.8~0.9。

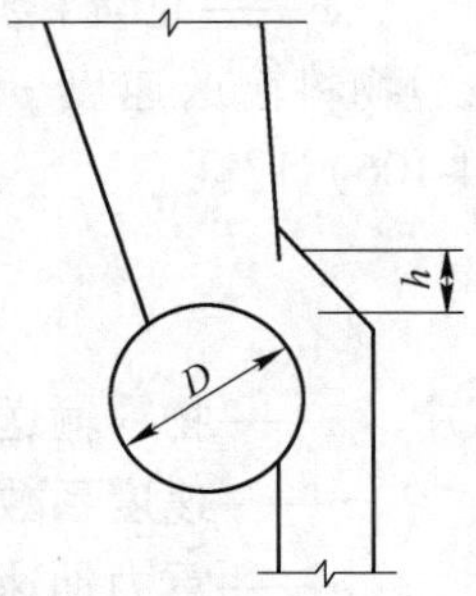

图4-12 圆辊给料机示意图

4.1.11.4 胶带给料机生产能力计算

胶带给料机生产能力按式（4-103）计算：

$$Q = 3600Bhv\gamma\varphi \tag{4-103}$$

式中 Q——生产能力，t/h；

B——给料漏斗宽度，m；

h——料层高度，m；

v——带速，m/s，一般取不大于1 m/s；

γ——物料堆积密度，t/m³；

φ——充满系数，一般取0.75~0.8。

4.1.11.5 摆式给料机生产能力计算

摆式给料机生产能力按式（4-104）计算：

$$Q = 60BhL\gamma nK \tag{4-104}$$

式中 Q——摆式给料机生产能力，t/m³；

B——排矿口宽度，m；

h——闸门敞开高度，m；

L——给料机摆动行程，m；

γ——物料堆积密度，t/m³；

n——偏心轮转速，r/min；

K——系数，一般取0.3~0.4。

4.1.11.6 电振给料机生产能力计算

电振给料机生产能力一般按设备产品性能表中所列数值选取，也可按式（4-105）计算。其生产能力可调，计算的生产能力是设备允许调节的最大能力。

$$Q = 3600Bhv\gamma\varphi \tag{4-105}$$

式中 Q——生产能力，t/h；

B——槽宽，m；

h——槽高度，m；

v——物料输送速度，m/s；

γ——物料堆积密度，t/m³；

φ——充满系数，取0.6~0.9，按物料粒度选定，粒度小取较大值，粒度大取较小值。

物料输送速度 v 与物料特性（料层厚度、频率）、振幅 f 和振动角 β 有关，按式(4-106)计算：

$$v = \eta \cdot \frac{g}{2K_2} \cdot \frac{K_1^2}{f} \cdot \cot\beta \tag{4-106}$$

式中 v——物料输送速度，m/s；

η——速度系数，取0.75~0.9；

g——重力加速度，m/s^2，取9.81 m/s^2；

f——频率，Hz；

β——振动角，(°)，一般取20°；

K_1——系数，为抛料时间与一个振动期之比；

K_2——周期指数，一般取1.0。

振幅 S（mm）按式（4-107）计算：

$$S = \frac{K_2 g}{4\pi^2 f^2} \tag{4-107}$$

式中符号含义同式（4-106）。

上述输送速度为水平安装时的数值，当向下倾斜安装时，其输送能力可提高，但倾角不宜大于15°。

槽体也可向上倾斜安装，最大不超过12°，倾角每升高1°，产量将降低2%。

如已知输送量，可用公式计算出槽内物料高度 H，运输大块物料时要保证槽体高度大于物料最大粒度的2/3。

目前电振给料机在烧结厂主要用在成品给料系统，如铺底料矿仓下、冷却机下等。生产实践证明，在铺底料矿仓下使用较好，因为无水分、粉末少、环境灰尘小，而在冷却机下部的电振给料机使用情况较差，主要是灰尘大，灰尘进入电振器影响正常振动，在灰尘较大之处不宜用电机振给料机。

4.1.11.7 螺旋给料机生产能力计算

螺旋给料机多用于配料室的生石灰配料、除尘器下卸灰等。其生产能力计算公式如下：

$$Q = 47D^2 S n_0 \gamma K \tag{4-108}$$

式中 Q——生产能力，t/h；

D——螺旋直径，m；

S——螺距，m；

n_0——螺旋转速，r/min；

γ——物料堆积密度，t/m^3；

K——槽体容积利用系数，对于无磨损性物料，从小粒到尘埃，取0.8（在无中间轴承时），对于有磨损性大块或大粒物料，采用较小值0.6~0.7。

4.1.11.8 叶轮式给矿机生产能力计算

叶轮式给矿机又称星形给料机，多用于粉状物料（见图4-13），常用于除尘器下，其生产能力按式（4-109）计算：

$$Q = 60ZAL\gamma n_0K \qquad (4\text{-}109)$$

式中 Q——生产能力，t/h；

Z——叶轮格数；

A——每格截面面积（图中阴影部分），m^2；

L——轮轴工作长度，m；

γ——物料堆积密度，t/m^3；

n_0——叶轮转速，r/min；

K——生产能力系数，一般取 0.8。

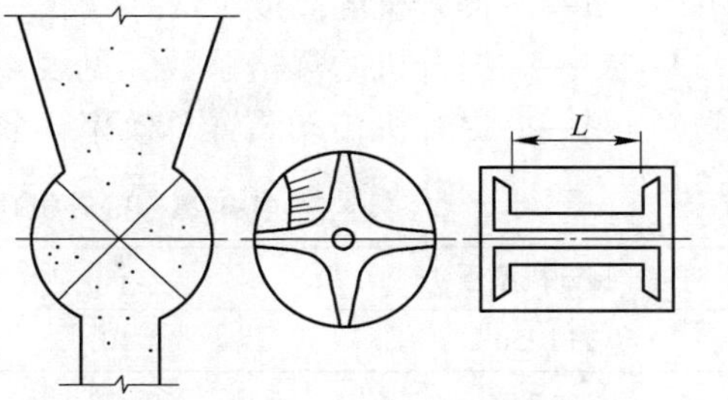

图 4-13 叶轮式给矿机示意图

4.1.11.9 斗式提升机

斗式提升机是垂直提升物料的设备，在烧结厂有时用于石灰石破碎系统，提升破碎后的石灰石，与筛子组成闭路系统，这样可以减少占地面积。但斗的磨损严重，常断链，维修量较大。斗式提升机有三种类型。

（1）D 型和 HL 型。特点为快速离心卸料，适用于粉状或小块状的无磨琢或半磨琢性的物料，如煤、砂、水泥、白灰、小块石灰石等。D 型斗式提升机输送的物料温度不得超过 60°，如采用耐热胶带，允许到 150 ℃；HL 型斗式提升机允许输送温度较高的物料。这两种提升机还有两种常用料斗：一种是深圆底型料斗，它适用于输送干燥的松散物料；另一种是浅圆底型料斗，它适于输送易结块的、难以抛出的物料。

（2）PL 型斗式提升机。它是采用慢速重力卸料，适用于输送块状的、密度较大的磨琢性物料。如块煤、碎石、矿石等，被输送物料温度在 250 ℃以下。

斗式提升机的形式、规格、生产能力按设备性能表选择。但 D 型和 HL 型斗式提升机中两种料斗的充满系数不同：深圆底型，充满系数为 0.6；浅圆底型，充满系数为 0.4。其功率计算如下。

（1）D 型、HL 型的功率计算公式：

$$N = 1.2 \times \frac{Qh}{367\eta\eta_1} \qquad (4\text{-}110)$$

式中 N——电机功率，kW；

Q——生产能力，t/h；

h——提升机高度，m；

η——传动效率，一般取 0.7~0.8；

η_1——提升机效率，大块取 0.25~0.4，粒状取 0.4~0.6；

1.2——储备系数。

（2）PL 型的功率计算式：

$$N = \frac{cQhK'}{367\eta} \qquad (4\text{-}111)$$

式中 N——电机功率，kW；

c——功率备用系数，其值由 h 决定，见表 4-28；

Q——提升机的运输量，t/h；

h——提升机的高度，m；

K'——提升机的规格系数，见表4-28；

η——提升机传动装置总效率，取0.7~0.8。

表4-28 提升机功率备用系数 c 和规格系数 K'

提升机型号	h/m	c	K'
PL250	≤10	1.45	1.5
PL350	10~20	1.25	1.20
PL450	>20	1.15	1.42

根据计算所需功率，再按传动装置技术性能表选择传动装置。

4.1.11.10 螺旋输送机

(1) 螺旋输送机的使用条件：

1) 用于水平或倾斜度小于20°的情况下输送粉状或粒状物料；

2) 物料温度低于200 ℃；

3) 工作环境温度为-20~50 ℃；

4) 驱动装置尽量配置在头节；

5) 运输距离不宜过长。

(2) 生产能力计算。

1) 螺旋直径：

$$D = K \cdot \sqrt[2.5]{Q/(\varphi \gamma c)} \tag{4-112}$$

式中 D——螺旋机螺旋直径，m；

Q——运输量，t/h；

c——螺旋机在倾斜工作时输送量的校正系数，见表4-29；

φ——物料的充填系数，见表4-30；

K——物料综合特性的经验系数，见表4-30；

γ——物料堆积密度，t/m³。

表4-29 倾斜运输时输送量的校正系数 c

倾角 β/(°)	0	≤5	≤10	≤15	≤20
c	1.0	0.9	0.8	0.7	0.65

表4-30 充填系数 φ 及物料综合特性系数 K

物料块度	物料的磨琢性	物料名称	推荐充填系数 φ	推荐螺旋类型	K	m
粉状	无（半）磨琢性	石灰	0.35~0.4	实体	0.0415	75
	磨琢性	水泥	0.25~0.3	实体	0.0565	35
粉状	无（半）磨琢性	泥煤	0.25~0.35	实体	0.049	50
	磨琢性	炉渣	0.25~0.3	实体	0.06	30
<60 mm	无（半）磨琢性	煤、石灰石	0.25~0.3	实体	0.0537	40
	磨琢性	卵石、砂岩、干炉渣	0.20~0.25	实体或带体	0.0645	25

续表 4-30

物料块度	物料的磨琢性	物料名称	推荐充填系数 φ	推荐螺旋类型	K	m
>60 mm	无（半）磨琢性	块煤、块状石灰	0.20~0.25	实体或带体	0.06	30
	磨琢性	干黏土、焦炭	0.125~0.2	实体或带体	0.0795	15

2）螺旋机螺旋转速 n(r/min)：

$$n \leqslant n_j \frac{m}{\sqrt{D}} \tag{4-113}$$

式中 n_j——螺旋轴极限转速，r/min；

m——物料综合特性系数，见表 4-30；

D——螺旋直径，m。

所求得的螺旋直径和转速都须按设备规格选用标准数，螺旋直径及转速选定后，按式（4-114）校正 φ 值，所得 φ 值必须在表 4-30 范围内，否则需重新选取。

$$\varphi = \frac{Q}{47D^2 n\gamma cs} \tag{4-114}$$

式中 s——轴距，一般为 0.8D，m；

式中其他符号含义同式（4-112）和式（4-113）。

3）螺旋轴所需功率：

$$N_0 = K\frac{Q}{367}(K_0 L \pm H) \tag{4-115}$$

式中 N_0——螺旋轴所需功率，kW；

K——功率备用系数，1.2~1.4；

Q——输送量，t/h；

K_0——物料阻力系数，见表 4-31；

L——螺旋机水平投影长度（见图 4-14），m；

H——螺旋机垂直投影高度（向上运输取正号，向下运输取负号，水平运输时为零），m。

表 4-31 物料阻力系数 K_0 值

物料特性	强烈磨琢性或黏性	磨 琢 性	半磨琢性	干、无磨琢性
物料实例	石灰、炉灰	黏土、硅石、白云石、镁砂、焦炭	块煤	煤粉
K_0	4	3.2	2.5	1.2

4）螺旋输送机驱动装置的电机功率：

$$N = N_0/\eta \tag{4-116}$$

式中 N——电机功率，kW；

N_0——螺旋轴功率，kW；

η——驱动装置总效率，与减速机直联时，取 0.94。

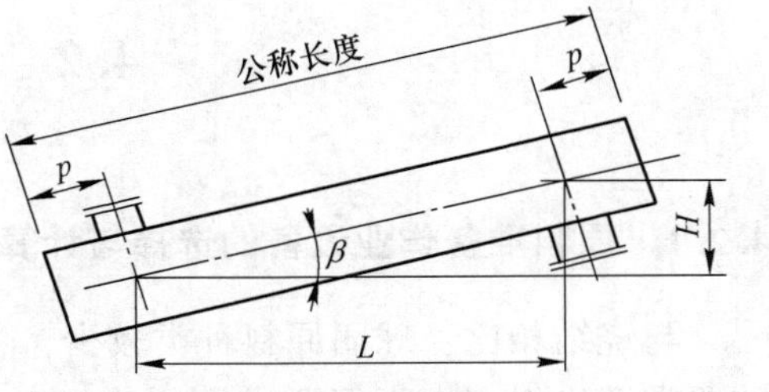

图 4-14 螺旋运输机尺寸

计算结果应满足以下关系：

$$\frac{N_0}{n} \leqslant \left[\frac{N}{n}\right] \tag{4-117}$$

$$P \leqslant [P] \tag{4-118}$$

式中 $\left[\frac{N}{n}\right]$——螺旋机的许用功率转速比，kW/(r/min)，见表 4-32；

$[P]$——螺旋机的许用悬臂载荷，kg，见表 4-32；

P——当螺旋机与驱动装置用皮带、链条等传动时，作用于螺旋轴轴端上的总作用力（其值不是有效圆周力），如采用联轴节时，不验算 P 值。

表 4-32 许用功率转速比及许用悬臂载荷

螺旋直径/mm	150	200	250	300	400	500	600
$\left[\frac{N}{n}\right]$/kW·(r/min)$^{-1}$	0.013	0.03	0.06	0.10	0.25	0.48	0.85
$[P]$/kg	210	370	580	800	1500	2400	8500

4.1.11.11 起重设备

A 抓斗起重机生产能力计算

抓斗起重机生产能力按式（4-119）计算：

$$q = \frac{60V\gamma}{t} \tag{4-119}$$

式中 q——抓斗起重机生产能力，t/h；

V——抓斗容积，m^3；

γ——矿石堆积密度，t/m^3；

t——抓取物料的每个循环时间，min。

矿石堆积密度视物料性质而定，如为铁精矿时需按 3 t/m^3计算，抓斗的每个循环时间一般为 2 min。

B 检修起重机的选择

起重机的起重量是根据设备最大件或难于拆卸的最大部件的重量来决定的。检修用的常见起重设备有桥式起重机、手动单轨起重机和电动葫芦。

桥式起重机用于烧结室、成品筛分室、燃料破碎室、熔剂破碎室、熔剂筛分室；手动单轨起重机多用于皮带机头部、检修不频繁的车间，其最小转弯半径 R 一般为 0.9～1.6 m；电动葫芦用于提升高度较高，环境灰尘较少，检修较多的车间。

4.2 球团部分

4.2.1 原料准备作业设备的选择与计算

与烧结相比，球团原料种类较少，各种物料的物化性能较简单，但是球团生产对原料的要求严格得多。不但要求原料中 SiO_2 含量尽可能低、铁品位高、结晶水少、化学成分均匀，而且含铁原料的物理性能，如铁精矿粒度和粒度组成、水分、表面状态、爆裂性能等，对球团生产过程影响都很大。因此人们把球团原料具有一定的粒度和粒度组成、适宜的水分和均匀的化学成分称为生产优质球团矿的三大重要基本因素。

我国由于没有供球团生产用的大型铁精矿生产基地，有些球团厂的铁精矿来源比较杂，原料的含水量和粒度都不理想，而且波动大，给生产带来许多困难。因此对这些球团厂来说，使球团生产顺利进行，改善球团矿产质量和经济效益，加强原料准备就尤为重要。

4.2.1.1 圆筒干燥

我国球团生产用铁精矿都是由选矿厂脱水后供应的。但精矿含水量都比造球适宜水分高，因此球团厂都要采取措施控制水分才能达到良好的造球效果。

我国近期新建的球团厂都设计有圆筒干燥机。圆筒干燥机的优点是机械化程度高、结构简单、生产能力大、操作控制方便、故障少、维修费用低、对物料的适应性强，不仅适用于处理散状物料，而且适用于处理黏性大或者含水量高的物料；不足之处是设备笨重、热效率较低、一次投资高，当处理黏性大的精矿粉时干燥过程中易结块，干燥后还要进行粉碎。圆筒干燥机如图 4-15 所示。

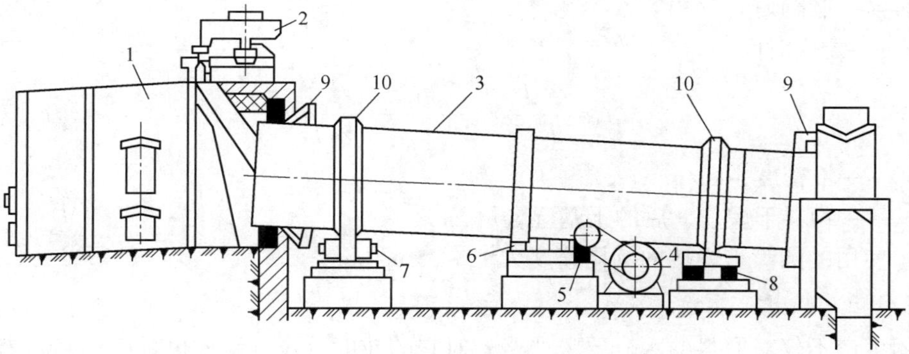

图 4-15 圆筒干燥机

1—燃烧炉；2—给料装置；3—钢制筒体；4—驱动电机；5—齿轮传动装置；6—齿轮；7—滚轮；8—挡轮；9—迷宫式密封存装置；10—滚圈

圆筒干燥机的重要工艺参数为圆筒直径、长度、倾斜度及转速。圆筒干燥机的直径主要取决于干燥介质的流速。一般来说气体流速大些可提高传热传质系数，强化干燥操作。圆筒直径过小、流速过高时，气体中夹带粉尘现象严重。因此气流速度一般在 0.55~5.5 kg/(s · m^2)，对易引起粉尘飞扬的物料，宜选取较小的值。选定物料充填系数后，圆筒直径 D 由式（4-120）计算：

$$D = \frac{1.13}{\sqrt{1-\beta}} \times \sqrt{\frac{\nu_g}{u_g}} \tag{4-120}$$

式中 ν_g——干燥介质的体积流量，m^3/s；

β——物料充填系数，一般取 0.05~0.30；

u_g——筒内干燥介质流速，m/s。

圆筒长度 L 可由式（4-121）计算：

$$L = \frac{V_b}{0.785D^2} \tag{4-121}$$

式中 V_b——圆筒体积，m^3；

D——圆筒直径，m，一般圆筒长径比（L/D）为 5~10。

V_b可由式（4-122）计算：

$$V_b = \frac{\omega}{R_V} \tag{4-122}$$

式中 ω——蒸发水分量，kg/h；

R_V——体积干燥速度，kg/(m³·h)。

圆筒的转速可由式（4-123）计算：

$$n = \frac{60k_1k_2L}{tD\tan\alpha} \tag{4-123}$$

式中 n——圆筒转速，r/min；

k_1——物料的运动系数，对于对流干燥，取 0.2~0.7；

k_2——抄板形状系数，取 0.5~1.0；

α——圆筒倾角，(°)；

t——干燥时间，s。

$$t = \frac{2\rho_b\beta}{R_V} \times \frac{x_1 - x_2}{2 - (x_1 - x_2)} \tag{4-124}$$

式中 ρ_b——堆密度，kg/m³；

x_1，x_2——物料干燥前、后的干基湿含量,%。

实际使用的圆筒干燥机的圆周速度为 15~25 m/min。

4.2.1.2 铁精矿磨矿

球团生产不仅对原料的水分要求严格，对它的粒度及粒度组成也是有严格要求的。当进厂原料粒度较粗时，需进行干磨或湿磨。近年来，润磨工艺也在球团厂得到重视。

A 磨矿工艺

一般磨矿工艺分为干磨和湿磨。湿磨是将矿粉或粗精矿加水在开路或闭路的磨矿系统中磨至造球所需的粒度，磨后的矿浆经过滤机进行脱水。由于细磨的矿浆，特别是赤铁精矿、褐铁精矿等亲水性很好的铁精矿，过滤性能差，难以脱除到所要求的水分。因此经过脱水后的精矿还需进行干燥。

由于湿磨工艺存在过滤困难、磨矿介质消耗高等原因，国外不少球团厂采用干磨工艺。干磨工艺是在磨矿前将矿粉先干燥到水分含量 0.5%以下，经磨矿后采用风力分级机组成闭路系统，粗粒返回再磨，细粒经润湿后送去造球，如图 4-16（b）所示。国外球团厂选用了水泥工业生产广泛采用的干磨工艺处理造球原料。其中，将矿粉干磨的有美国的皮奥尼尔，加拿大的卡德兰希蒂普洛克，日本的加古川、八幡，比利时的克拉伯克，荷兰的艾莫依登等厂；将精矿干磨的有加拿大的瓦布什公司。图 4-17 所示为荷兰艾莫依登厂的干燥与磨矿流程。该厂磨矿采用的球磨机尺寸为 ϕ4 m×14 m。球磨机分为两室，干燥室长 3 m，磨矿室长 10.5 m。隔墙有螺旋叶片，将干粉送入磨矿室，磨后粒度小于 0.44 mm

的含量占 59.27%，用风力分级机将粗粒返回再磨。用于干燥的气体许可温度为 600 ℃。也有将干燥和磨矿工艺分开在单独设备中进行的。

两种磨矿工艺相比较，湿磨的优点是投资较低，动力消耗较低，劳动条件和环保较好；缺点是不能用于难过滤的物料，磨矿介质磨损较大，脱水后的矿物难达到造球要求。

干磨的优点是磨矿介质磨损较小，不需要浓缩和过滤，适应性较高，可加入黏结剂共磨，节省膨润土用量。存在问题是：

（1）尽管装了除尘设备，仍有灰尘；

（2）水蒸气在管道和分离器中冷凝；

（3）球磨机生产率和磨矿细度受原料湿度影响，物料水分必须控制在 0.5%以下；

（4）干磨后的细矿粉，在润湿搅拌过程中会出现小球，影响混匀质量。

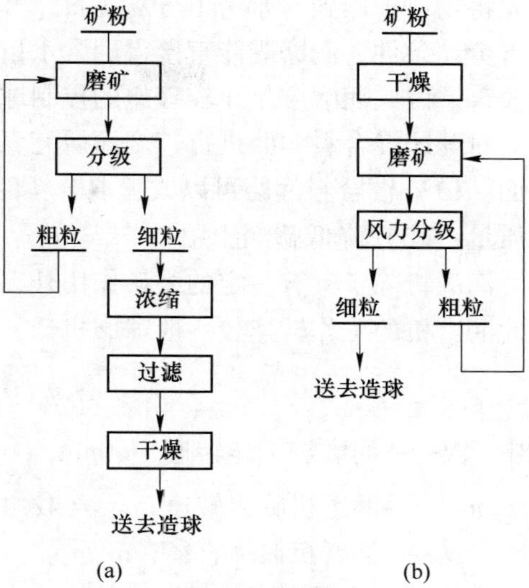

图 4-16 球团原料磨矿工艺

（a）湿磨；（b）干磨

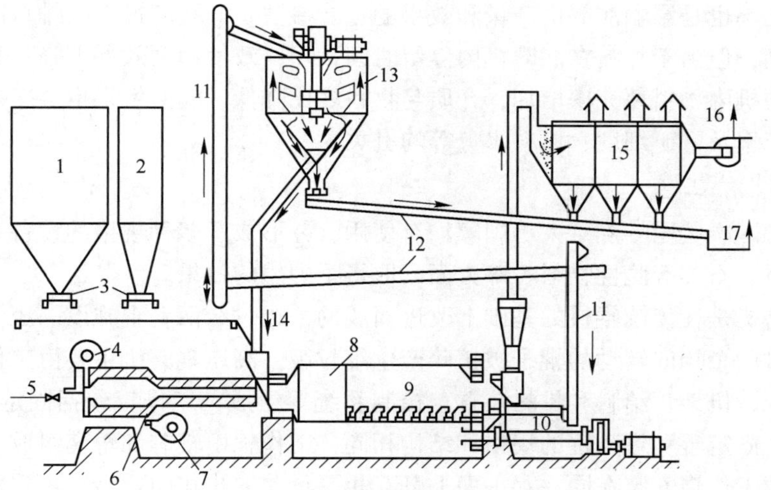

图 4-17 造球原料的干燥磨矿流程

1—原料仓；2—石灰石；3—带式配料秤；4—一次空气；5—天然气；6—燃烧室；7—二次空气；8—干燥室；9—磨矿室；10—筛分；11—提升机；12—风力运输；13—风力分级机；14—返矿；15—电除尘器；16—至烟囱；17—成品至矿仓

关于采用湿磨还是干磨工艺主要由矿石性质决定，对于难过滤的赤铁矿、褐铁矿或菱铁矿大多数球团厂采用干磨；对于易过滤矿如磁铁矿，球团厂都采用湿磨工艺。

B 润磨

润磨既不同于湿磨也不同于干磨。湿磨不能直接得到含水量较低的产品，当磨矿粒度很细时，往往过滤很困难，需要设置一套干燥设备，使得工艺复杂、成本增加。干磨也必须先将物料干燥到含水分 0.5%以下，然后磨矿，并需设置收尘系统，以获得细粒产品，改善劳动条件。润磨既能直接得到含水量符合造球要求的细粒产品，劳动条件又较干磨大为改善。因此润磨应是比较理想的控制球团原料粒度的措施。

对球团混合料润磨进行较全面研究表明，混合料润磨在球团生产中的作用主要有三个方面：(1) 混合料润磨可以改善混合料的粒度和粒度组成；(2) 提高原料塑性，改善生球质量；(3) 降低膨润土用量。

润磨机除了具有一定的磨矿作用外，更重要的是研磨和搓揉作用，以提高物料塑性。因此润磨机的工作转速较一般球磨机低，通常工作转速为临界转速的 0.65～0.7。

$$N = (0.65 \sim 0.7) n_{临} \tag{4-125}$$

式中 N——润磨机工作转速，r/min；

$n_{临}$——润磨机临界转速，$n_{临} = 42.4\sqrt{D}$，r/min；

D——润磨机筒体直径，m。

介质填充率对润磨效果影响较大，当介质填充率低，而物料填充率过大时，不但减弱磨矿、研磨、搓揉作用，而且造成介质包裹物料及润磨机黏料现象。一般来说介质填充率根据润磨机的产量通过试验后确定。国内外的 ϕ(3300～3200) mm 润磨机产量为 50 t/h，介质填充率为 17%～18%。

排料开孔率也是影响润磨机产量和效果的重要参数。开孔率过大，排料能力增加，润磨机产量提高，但由于物料在润磨机内停留时间太短，致使润磨效果下降；相反，开孔率过小时，润磨机内物料填充率增加，介质与物料之比降低，润磨效果也会变差。开孔率与润磨介质填充率及磨矿细度、原料水分等均有关。

C 高压辊磨工艺

目前在德国、美国、加拿大等国家均有使用，并形成了多种规格的设备系列。在水泥生产、石灰石、石英等脆性物料粉碎方面已取得了理想的效果。

高压辊磨机是在传统辊机的基础上改进而成的，通过给活动辊施以高压使得边界受约束的物料通过两个相向转动的辊子被挤碎产生细粒级。高压辊磨机主要由工作辊、传动系统、压力系统、机架、给料和排料装置、控制系统等组成。工作辊包括固定辊和可动辊、轴和轴承座。固定辊和可动辊的规格和结构相同，工作辊由辊芯和辊套组成，磨损后辊套可以更换。两工作辊安装在同一水平面上且互相平行，同步相向运转。固定辊的轴承座定位于机架上，可动辊的轴承座能沿上下机架的导轨前后移动，并与施压部件相连，传递工作压力。图 4-18 所示为高压辊磨机的结构简图。用于铁精矿磨矿的高压辊磨机的工作辊面上设有栓钉，物料嵌布在栓钉之间，形成抗磨损的保护层，抗磨损保护层的高度与栓钉高度一致。球团厂的高压辊磨机的辊面工作寿命超过两年。

国外球团厂将高压辊磨机应用于铁矿石或铁精矿的再磨，以提高铁精矿的细度，增加铁精矿的比表面积，改善铁精矿的造球性，降低膨润土用量。我国新建的链箅机-回转窑球团厂，如武钢程潮铁矿、柳钢、昆钢球团厂，由于铁精矿粒度较粗，均从国外引进高压辊磨机对铁精矿进行处理。高压辊磨可以是开路辊磨也可以是闭路辊磨，其工艺的选择视铁精矿的原始粒度和对铁精矿的粒度要求而定。

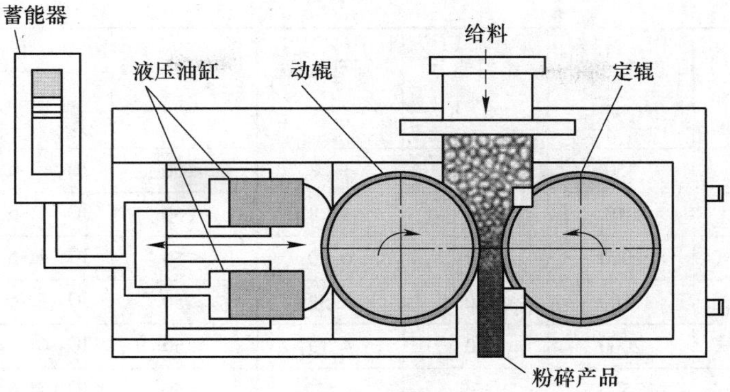

图 4-18　高压辊磨机的结构简图

4.2.2　配料与混匀

4.2.2.1　配料

为了保证球团矿化学成分稳定，除铁精矿需要混匀外，配料也是关键工序。

球团原料品种较少，大多数球团厂的原料为铁精矿和黏结剂。有些球团厂为了综合利用钢铁厂资源，防止环境污染，钢铁厂内的粉尘也被应用于球团生产。由于球团原料比较单一，与烧结配料相比球团的配料比较简单，有很多设备与烧结设备相同。为此，本节对烧结部分已作详述的设备，仅作简要叙述。

A　圆盘给料机

圆盘给料机是球团厂常用的给料设备。它给料均匀、容易操作，运转平稳可靠；但与其他给料设备相比，结构较复杂，价格较高。选择计算见本章烧结部分。常用的圆盘给料机的规格见表 4-33。

表 4-33　圆盘给料机的规格

型　号	形　式	圆盘直径 /mm	给料能力 /$m^3 \cdot h^{-1}$	圆盘速度 /$r \cdot min^{-1}$	物料粒度 /mm	电动机		总重 /kg
						型　号	功率 /kW	
FPD400	封闭吊式	400	0~2.6	10.7	≤30	JO41-6	1	160
FPD500	封闭吊式	500	0~3.3	7.83	≤30	JO41-6	1	230
FPD600	封闭吊式	600	0~5	7.83	≤30	JO_2-22-6	1.1	250
FPD800	封闭吊式	800	0~7.95	7.53	≤30	JO_2-22-6	1.1	600
FPD1000	封闭吊式	1000	0~13	5.90	≤30	JO_2-31-6	1.5	950
FPD1300	封闭吊式	1300	0~24.6	6.33	≤30	JO_2-41-6	3	1255
CDP600	敞开吊式	600	0~5	7.83	≤30	JO_2-22-6	1.1	255
CDP800	敞开吊式	800	0~7.95	7.53	—	JO_2-22-6	1.1	600
PG-60/5	座式	600	5	9.10	≤50	JO_2-32-6	2.2	678
PG-60/10	座式	600	10	14.8	≤50	JO_2-32-6	2.2	678

续表 4-33

型　号	形　式	圆盘直径 /mm	给料能力 /$m^3 \cdot h^{-1}$	圆盘速度 /$r \cdot min^{-1}$	物料粒度 /mm	电动机		总重 /kg
						型　号	功率 /kW	
PG-85/20	座式	850	20	14.8	≤50	JO_2-41-6	3	746
PG-85/30	座式	850	30	14.8	≤50	JO_2-41-6	3	746
FPG1000	封闭座式	1000	13	6.50	≤50	JO_2-41-6	3	1400
FPG1500	封闭座式	1500	30	6.50	≤50	JO_2-52-6	7.5	2880
FPG2000	封闭座式	2000	80	4.79	≤50	JO_2-61-6	10	5200
FPG2500	封闭座式	2500	120	4.522	≤50	JO_2-71-6	17	7310
FPG3000	封闭座式	3000	75~225	1.3~3.9	≤50	JO_2-72-6	22	13300
CPG1000	敞开座式	1000	14	7.50	≤50	JO_2-32-6	2.2	740
CPG1500	敞开座式	1500	25	7.50	≤50	JO_2-51-6	5.5	1325
CPG2000	敞开座式	2000	100	7.50	≤50	JO_2-61-6	10	1730
ϕ2000	高温	2000	80	1.0~4.95	≤50	JZT52-4	10	5940

B　螺旋给料机

螺旋给料机用于配料量少的粉状细粒物料，如生石灰、膨润土等添加剂。当物料的配料变动幅度较大时，给料机也可设计成具有两种给料能力的结构形式。螺旋给料机密封性好，有利于环境保护，但螺旋叶片磨损较严重。有的球团厂用于膨润土配料。

C　电子皮带秤

电子皮带秤是一种称量设备，能够测量、指示物料的瞬时输送量，并能进行累计和显示物料的总量。它与自动调节系统配套可实现物料输送量的自动控制。因此，电子皮带秤被广泛应用于重量配料的球团厂。

4.2.2.2　混匀

A　轮式混合机

轮式混合机有 4~6 个工作轮。第 1 个工作轮为粉碎轮，用来捣碎混合料中的大块，第 3~5 个工作轮为混合轮。工作轮两端夹板之间配置有 6 个人字形叶片，叶片长度比皮带的宽度稍小一点，叶片与皮带的间隙为 5 mm。混合机安装在皮带运输机上，全部工作轮都罩在壳内，工作时由链传动或三角皮带传动装置带动旋转，轮子转速为 400~750 r/min。皮带速度约 1 m/s。图 4-19 所示为乌拉尔选矿研究院设计的轮式混合机。其他国家多采用美国芝加哥 Pekay 机械工程公司生产的 Pekay 型轮式混合机（见图 4-20）。

轮式混合机具有结构简单、质量轻、电耗小、单机能力大的优点，但混合效率不高。

轮式混合机生产能力按式（4-126）计算：

$$Q = 0.8 \times 3600BHv\gamma \tag{4-126}$$

式中　B——皮带宽度，m；

H——料层高度，m；

v——皮带速度，m/s；

γ——物料堆积密度，t/m^3。

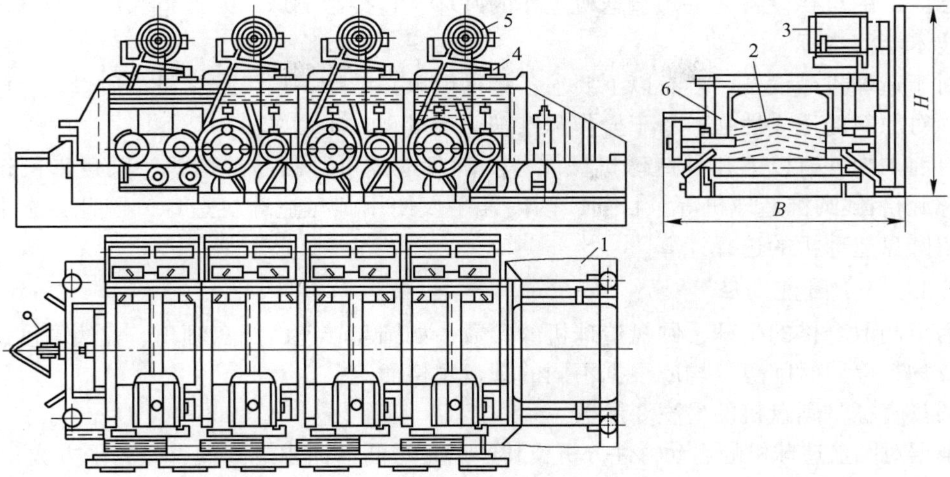

图 4-19 轮式混合机

1—焊接架；2—工作轮；3—电动机；4—三角皮带传动；5—皮带机；6—刮刀

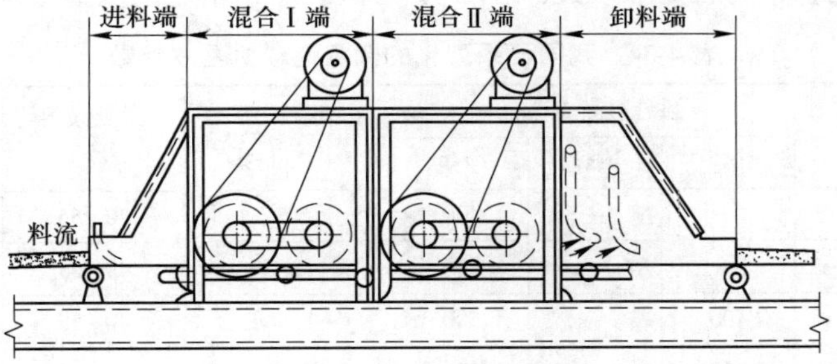

图 4-20 Pekay 型轮式混合机

B 强力混合机

强力混合机为水平圆筒混合机，如图 4-21 所示。筒体为固定卧式圆筒，内装特殊设计的安装在实心轴上的混合耙，混合耙在圆筒中随轴做高速运转，使物料产生剧烈运动。物料呈单个颗粒分别投向筒壁再返回，与其他颗粒交叉往来，形成物料颗粒与气体的紊动混合物。颗粒交叉流动，使各种物料或物料与水分充分相互接触，达到均匀混合。强力混合机的优点为混合时间短、混合效率高，适合于加膨润土的细磨湿精矿的混合。由于混合效率高，黏结剂在混合料中分布均匀，可减少黏结剂用量。

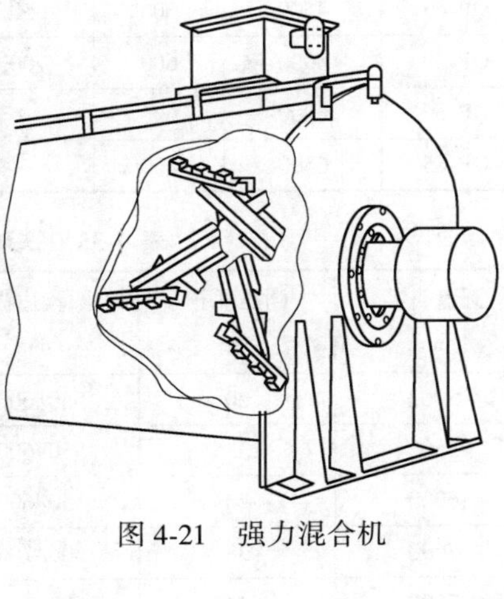

图 4-21 强力混合机

4.2.3 造球设备选择与计算

将细粒物料预先在造球机中成球及球团固结是球团生产的两大基本环节，因此，造球机是球团厂的重要设备之一。造球机工作的好坏，直接影响球团矿产量和质量及球团厂的其他技术经济指标。

对于造球机械设备一般有以下要求：结构简单，工作平稳可靠；设备质量轻，电能消耗少；对原料的适应性强，易于操作和维护；产量高，质量好。

目前国内外有以下几种造球机械设备：圆盘造球机、圆筒造球机、圆盘形圆锥造球机、螺旋挤压-圆锥造球机等。目前，国内几乎仅使用圆盘造球机造球，因此，本书仅详细介绍圆盘造球机的选择计算。

4.2.3.1 圆盘直径

为了制取合格的生球，圆盘造球机的参数，如圆盘转速、圆盘倾角、盘边高度、填充率以及物料停留时间等，均应根据不同的圆盘规格而定。

圆盘直径是圆盘机的最主要参数。

根据对圆盘造球机的运动特性分析，其产量是与圆盘面积或圆盘直径的平方成正比的。圆盘直径的大小主要依据造球规模的大小而定。我国规定的造球机圆盘直径系列规格有2000 mm、2500 mm、2800 mm、3200 mm、3500 mm、4000 mm、4500 mm、5000 mm、6000 mm、6500 mm 十种。目前新建球团厂造球圆盘直径一般为7500 mm。表 4-34 列举了我国已系列化的圆盘造球机的技术参数，表 4-35 为铁矿球团常用的圆盘造球机的技术参数。

表 4-34 我国已系列化的圆盘造球机基本参数

型号	圆盘直径 D /mm	圆盘边高 H/mm			圆盘转速 /r·min^{-1}	圆盘倾角 /(°)	生产能力/t·h^{-1}	
		冶金	陶粒	建筑			建筑	冶金
QP-20	2000	—	—	400	15	40~55	7.2	3~4.5
QP-25	2500	—	—	500	12.5	40~55	11	4.9~7.5
QP-28	2800	400	—	500	11.8	40~55	14	6.5~9.5
QP-32	3200	450	—	650	11.0	40~55	18.5	8.0~12
QP-35	3500	450	500	650	10.5	40~55	22	9.5~14.5
QP-40	4000	500	600	800	8.6~11	40~55	29	9.5~14.5
QP-45	4500	500	650	800	8.1~10	40~55	36.5	16~24
QP-50	5000	600	700	—	6.8~8.2	40~55	45	20~30
QP-60	6000	600	—	—	6.2~7.6	40~55	64.8	29~43
QP-65	6500	600	—	—	6.5~6.9	40~55	—	44.3~66.4

表 4-35 铁矿球团常用的圆盘造球机的技术参数

圆盘直径 /mm	圆盘面积 /m^2	圆盘边高 /mm	圆盘倾角 /(°)	圆盘转速 /r·min^{-1}	生产能力	
					t·h^{-1}	t·(h·m^2)$^{-1}$
5000	20	550/600	45~48	6.5/7.5	40~60	2~3
5500	23.5	550/600	45~48	6.5/7.5	50~70	2.1~3
6000	28	550/600	45~48	6/7	60~90	2.1~3.2
7000	38	600/700	45~48	6/7	90~120	2.4~3.1
7500	44	600/800	45~48	6/7	90~140	2.1~3.2

4.2.3.2 圆盘边高

边高与圆盘倾角和圆盘直径有关，它的大小直接影响造球机的容积填充率。倾角越小，边高越大，则填充率越大。但填充率过大，部分粉料不能形成滚动运动，造球机生产率反而下降，所以圆盘边高是有一定限度的。

当圆盘直径和倾角都不变时，边高还与原料的性质有关。如果物料的粒度粗、黏度小，盘边应取得高些；反之就可取得低些。

布雷尼（Bhrany）曾提出：

$$h = CD \tag{4-127}$$

式中 h——边高，m；

D——圆盘直径，m；

C——常数。

皮契（Pietsch）和邦布莱德（Bombled）认为该常数 C 为 0.2；克拉特（Klatt）则认为常数 0.2 只适宜于直径为 4 m 以下的圆盘，直径再大时，该常数值应逐渐减小。

鲁奇公司提出的计算圆盘边高的公式为：

$$h = 0.07D + 0.217 \tag{4-128}$$

式中 D——圆盘直径，m。

式（4-128）对于计算大直径圆盘的边高较合适，对于小直径圆盘，按式（4-128）算出的边高值偏大。

通常，直径 1000 mm 的造球机，$\alpha = 45°$，边高为 180 mm；直径 5000 mm 的造球机，$\alpha = 45° \sim 47°$，边高为 600~650 mm；圆盘直径为 1000~5500 mm 的造球机，边高可用插入法求得；圆盘直径大于 5000 mm 的造球机，边高推荐用德国鲁奇公司的计算公式。

4.2.3.3 圆盘倾角

圆盘倾角与物料性质和圆盘转速有关。不同物料其安息角不同，用于不同物料的圆盘，其倾角必须大于物料的安息角；否则，物料将形成一个相对于盘底静止的粉料层，与圆盘同步运动。可借助刮刀强迫物料下落而滚球，成球后安息角自然减小；否则，无法进行造球。

转速高的圆盘其倾角可取大值，否则应取小值。倾角过大，物料对盘底压力减小，物料的提升高度降低，盘面不能充分利用，使圆盘造球机的产量下降。倾角的大小由经验确定，一般为 40°~50°。对于某些物料，在某种转速下，倾角最大可达 60°。

4.2.3.4 圆盘转速

造球过程中，为了制取合格的生球必须使细粒物料处于滚动状态，为此，圆盘造球机需要有一个合适的工作转速。如果转速过低，物料便保持在一个相对静止的位置，不产生滚动；转速过高，则物料被带动向上，且由于离心力的作用，物料粘到盘边上，不再离开盘边，也不产生相对滚动。

当物料的重力刚好被作用到料球上的离心力所平衡时，即圆盘工作面带着物料同时转动至物料的脱离角 β 等于零时，这时的圆盘转速称为临界转速。临界转速可用式（4-129）计算：

$$n = \Psi \cdot n_{临}, \quad n_{临} = \frac{42.4f}{\sqrt{D}} \cdot \sqrt{\sin\alpha - \sin\varphi} \tag{4-129}$$

式中 n——工作转速，r/min；

Ψ——比转速，取0.6~0.75；

$n_{临}$——临界转速，r/min；

f——物料塑性指数，取0.6~1（塑性差取高值，塑性好取低值）；

φ——物料休止角，(°)；

D——造球机直径，m；

α——造球机倾角，(°)。

生产中为了保证生球的质量，合适的工作转速应为临界转速的55%~60%。

也有人提出圆盘合适的工作转速为：

$$n = \frac{22.5}{\sqrt{D}} \tag{4-130}$$

式中符号含义同式（4-129）。

4.2.3.5 填充率

圆盘造球机的填充率取决于圆盘的直径、边高和倾角。在一定范围内，填充率越大、产量越高，球粒强度也将越大。但是过大的填充率，球粒不能按粒度分级，反而降低了生产率。根据经验，填充率一般取8%~18%为宜。

4.2.3.6 造球时间

从物料进入圆盘到制成合格生球的时间为造球时间。造球时间与生球的粒度和质量要求有关，时间的长短可通过调整圆盘的转速和倾角来控制。一般情况下，造球时间为6~8 min。

4.2.3.7 生产能力

圆盘造球机的理论生产能力可按式（4-131）进行计算：

$$Q = \frac{\pi D^2 H \xi \gamma}{4t} \tag{4-131}$$

或

$$Q = \frac{1}{4}\pi D^2 q \tag{4-132}$$

式中 Q——圆盘造球机的生产能力，t/h；

D——圆盘直径，m；

H——圆盘边高，m；

ξ——填充率,%，一般取8%~18%；

γ——物料堆密度，t/m³，一般取1.3~1.8 t/m³；

t——成球时间，h，一般为0.1~0.13 h；

q——圆盘单位面积生产能力，t/(m²·h)，一般取2.0~3.0 t/(m²·h)。

由于圆盘造球机的产量除了与圆盘造球机的结构、工艺参数有关以外，还与造球物料的成球特性、粒度组成、造球前物料的湿度、温度以及操作水平和生产过程是否正常等诸因素密切相关，因此，到目前为止，还没有一个包含所有影响因素并能适用于各种情况的生产率计算公式。

4.2.3.8 造球机设备台数

造球机的台数按式（4-133）进行计算：

$$n = KQ_{年} / (365 \times 24 \times Q \times \eta) \tag{4-133}$$

式中 $Q_{年}$——混合料年用量，t；

Q——单个造球盘生产能力，t/h；

η——设备作业率，%，取 87.7%；

K——波动系数，取 1.1。

4.2.4 球团焙烧工艺设备选择

自 1947 年美国投产了世界上第一座工业生产球团竖炉后，竖炉曾一度发展很快。但随着钢铁工业的发展，要求球团生产不仅能处理磁铁矿，而且能处理赤铁矿、褐铁矿、土状赤铁矿等。随着对球团矿的需求量增加以及市场上的竞争，要求设备向大型化发展。因此相继试验出带式焙烧机、链箅机-回转窑、环形竖炉等，而且这些设备一直处于彼此相互竞争状态。

目前世界上用得最多的主要有三种焙烧设备，即竖炉、带式焙烧机、链箅机-回转窑。这三种设备的主要优缺点见表 4-36。

表 4-36 三种焙烧设备的主要优缺点

设备名称	优点	缺点
链箅机-回转窑	焙烧设备较简单，焙烧均匀，单机生产能力大，达 400 万吨/年	设备多，干燥预热、焙烧和冷却须分别在 3 台设备上进行
竖炉	设备简单，对材料无特殊要求，操作维护方便，热效率高，投资少，建设周期短	单机生产能力小，最大的为 50 万吨/年，加热不均匀，对原料适应性差
带式焙烧机	设备简单、可靠，操作维护方便，热效率高，单机生产能力大，达 500 万吨/年	需用耐热合金钢较多

4.2.4.1 竖炉

A 炉体

竖炉炉体由燃烧室和炉膛两部分组成。燃烧室尺寸是根据燃料燃烧所需容积确定。炉膛根据球团试验参数、竖炉产量及排料畅通等条件确定。

燃烧室分为矩形和圆形两种。我国最初设计的竖炉均为矩形燃烧室，与炉膛砌成一体，火道短，燃烧后热气体可以直接送入炉膛内。但这种燃烧室烧嘴多，操作麻烦，拱顶易烧穿。因此杭钢于 1981 年 4 月将燃烧室由矩形改为圆形。每个燃烧室设有两个烧嘴，安装在圆形燃烧室两端同一轴线的端板上。燃烧后的热气体通过通道进入火道口，喷入炉膛内。这种燃烧室结构强度好，两个烧嘴对吹，火焰相互冲击，燃料燃烧完全。

a 燃烧室尺寸确定

燃烧室容积 $V_{燃}$：

$$V_{燃} = (Q \cdot G) / q_V \tag{4-134}$$

式中 Q——单位球团矿需要的热量，MJ/t；

G——竖炉产量，t/h；

q_V——燃烧室热强度，MJ/(m^3·h)，一般取 627.3 MJ/(m^3·h)。

燃烧室尺寸：燃烧室长度等于炉子的长度。矩形燃烧室的宽度主要考虑应大于烧嘴火焰的长度，并应同时考虑选择标准拱的尺寸。竖炉普遍采用环缝涡流烧嘴，并多选用 1392 mm（或 1508 mm）标准拱，该尺寸即为燃烧室的宽度。

燃烧室高度 H：

$$H = V_{燃} / (2Lb) \tag{4-135}$$

式中 L——燃烧室长度，m；

b——燃烧室宽度，m。

算得燃烧室宽度、长度后，再检查是否满足配置上的要求，如不满足，应适当调整。

喷火口尺寸：火道在炉膛端的出口称为喷火口。喷火口的角度要以炉内的球不致滚入喷火口内为原则。球在下降过程中的动安息角为 35°，所以喷火口的角度 $\alpha < 35°$（见图 4-22）。

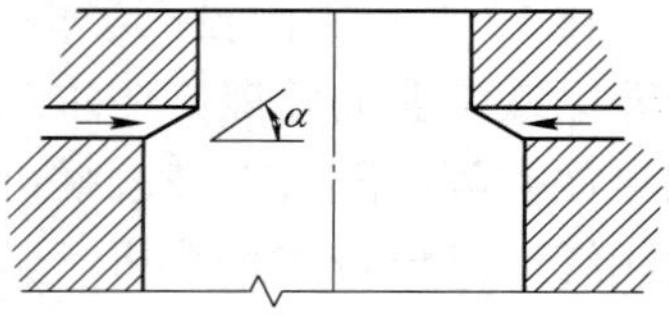

图 4-22 喷火口角度示意图

炉膛两侧的喷火口以均匀密布为合理。单侧喷火口总面积 $f_{总}$ 可按式（4-136）计算：

$$f_{总} = V_{废} / (2\omega_0 \times 3600) \tag{4-136}$$

式中 $V_{废}$——燃烧室废气量，m^3/h；

ω_0——喷火口气流速度，m/s。

喷火口气流速度按生产经验，取 2.8 m/s 左右为宜，流速太小，穿透能力小，竖炉横截面温度分布不均匀；流速过高，增加阻力。

根据砌砖具体情况，确定喷火口个数，即可算出每个喷火口的面积。在考虑喷火口数量的同时就确定了喷火口的宽度，喷火口的高度也就可以算出。

b 炉膛尺寸

（1）炉膛宽度：炉子宽度根据燃烧室废气的穿透能力、齿辊长度及布置方式而定。如果炉膛过宽，齿辊过长，影响齿辊强度；同时，废气不易穿透球层，使温度分布不均匀。目前我国 8 m^2 竖炉宽度多为 1.6 m，也有的为 2.2 m。

（2）炉膛长度：竖炉面积和宽度确定后，长度也就确定了。根据我国竖炉炉型的特点，可以延长现有竖炉长度，以增加焙烧面积。目前我国 8 m^2 竖炉炉膛长度为 4.8~5.5 m。

（3）炉膛高度：确定炉膛高度的原则是保证生球干燥、预热、焙烧均热及球团矿冷却所需要的时间。对于不同原料，完成球团焙烧全过程所需要的时间是不同的，所以在设计竖炉时，必须要有完整的球团焙烧试验报告。

球团在炉内下降速度是确定各带宽度的主要参数，试验所得各带停留时间是基础，同时还要考虑到竖炉内温度分布、球团下降速度不均匀等因素，确定合理的炉膛高度。因此炉膛各带高度可按式（4-137）计算：

$$H_i = v_{下} \cdot t_i \tag{4-137}$$

式中 H_i——竖炉某个带的高度，m；

$v_{下}$——球团在竖炉内下降速度，m/min，一般取 0.12~0.15 m/min；

t_i——球团在某个带停留时间，由球团焙烧试验确定，min。

竖炉整个高度为：

$$H = a\Sigma H_i = 3\Sigma v_{下} \cdot t_i \quad (4\text{-}138)$$

式中　a——安全系数，一般取 3。

B　竖炉附属设备

a　布料及排料设备

布料设备：目前国内竖炉的布料设备都是采用复式布料车，它实际上是一条胶带运输机沿炉顶干燥床脊上来回运动，同时将生球布下。对布料车的要求是将生球均匀、连续地布入炉内，而且要求布料点根据炉况灵活可调。这种布料也称为“线布料”。布料车上胶带速度一般为 0.6 m/min。

排料设备：竖炉的排料设备，应能将球团矿均匀、连续排出，使炉内料柱经常处于松散而活动的状态，以利炉内气流和温度均匀分布。同时如果遇到炉况要求大量排料时也能适应，另外在排料设备与炉体交接处，要求密封，严防炉内冷却风逸出。目前大多数竖炉均采用密封式电振给矿机排料，如图 4-23 所示。

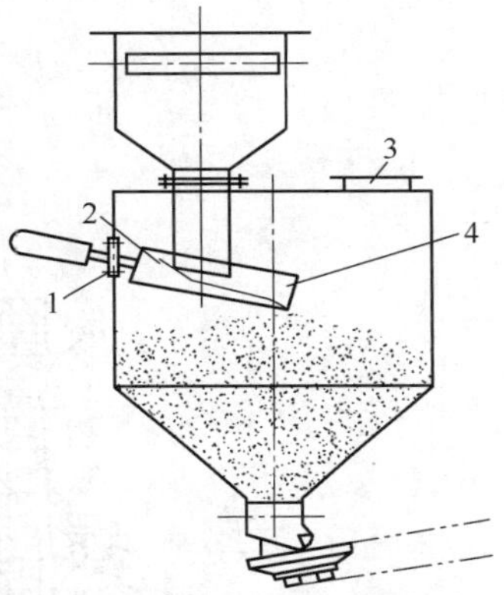

图 4-23　电振给矿机密封排料装置
1—迷宫式密封装置；2—电振给矿机；
3—检修孔；4—挡料链条

b　齿辊及其液压传动系统

齿辊系统是装设在炉底的靠液压传动的一组齿轮，它是绕自身轴线往复摆动的一个活动炉底（见图 4-24）。严格地说齿辊系统是一种排料设备，经过焙烧的球团矿通过齿辊间隙落入辊下漏斗。结块的球团矿块在齿辊的剪切、挤压下被破碎排出，齿辊根据炉子生产情况间隙式或连续式慢慢运动，使球团矿不断排出，维持竖炉正常生产。

齿辊普遍采用液压传动，齿辊做往复摆动。我国早期的齿辊是由两个油缸推动双侧摇臂，驱动一根齿辊（主动辊），并通过开式齿轮带动另一根辊（从动辊）向相反方向转动，每两个齿辊构成一组。实践证明，一组齿辊用齿轮传动时，由于中心距尺寸受到限制（不能大于齿辊间的轴距）而齿辊的转矩甚大，致使齿轮的齿面接合应力过高，加之该处灰尘多，润滑条件差，使正常的啮合易受到破坏，齿辊不能正常运转。为此，近年来一些厂相继把从动齿辊改为直线传动，其传动方式有两种：一种是单缸带动单辊（见图 4-25），为使一组辊子实现同步，采用了拉杆联接；另一种是双缸单辊。

按齿轮传动形式的差异，液压站的供油方式也有两种：一种是两台油泵，一台给各油缸供油，另一台备用，各油缸之间采用机械同步，称集中供油；另一种是一台油泵只向两个油缸供油，构成独立系统，称分别供油。

集中供油的优点是系统简单，所需液压件少；缺点是灵活性差，一个油缸或阀门失灵，所有油缸都不能工作。分别供油的优点是各齿辊自成独立系统，停开随意，灵活性大，一组液压件发生事故，不致造成炉子停产；缺点是所需液压装置较多。一般采用双缸单辊传动，两组油压系统，分别向两组相间安装的齿辊油缸供油，并采用拉杆实现机械同步较为合适。这种方式等于一套系统备用，因为一组齿辊或油压系统因故检修时，仅相当于全部齿辊呈动静相间布置，竖炉仍可继续生产。

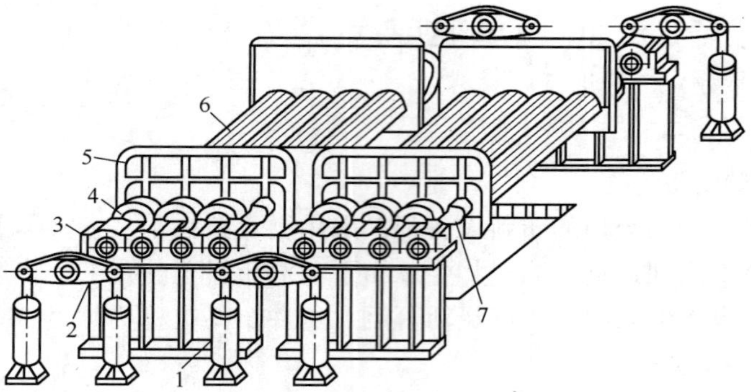

图 4-24 球团竖炉用齿辊系统图

1—油缸；2—摇臂；3—轴承；4—齿轮；5—挡板；6—齿辊；7—密封装置

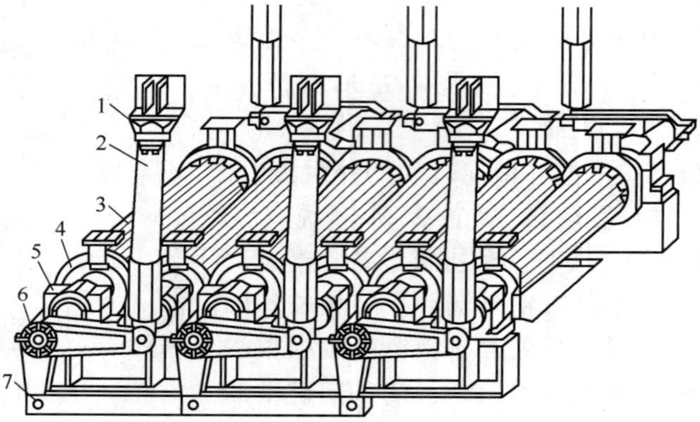

图 4-25 单缸单臂传动辊式卸料器

1—吊挂；2—油缸；3—齿辊；4—密封装置；5—轴承；6—摇臂；7—同步拉杆

4.2.4.2 带式焙烧机

带式焙烧机的工艺环节简单，设备也较少，主要由布料设备、带式焙烧机和附属风机组成。常见的带式焙烧机如图 4-26 所示。

A 布料设备

带式焙烧机的布料设备包括生球布料和铺底、边料两部分。生球布料由 3 个设备联合组成：梭式皮带机（或摆动皮带机）—宽皮带—辊式布料器；宽皮带的速度较慢而且可调，其宽度一般比焙烧机台车宽 300 mm 左右。在宽皮带上装有电子秤，随时测出给到台车上的生球量。铺底料和边底料分别从铺底料槽和边底料溜槽给到台车上，并用阀门调节给料量。铺底料槽装有称量装置，控制料槽料位（见图 4-27）。

B 焙烧机头部及其传动装置

焙烧机传动装置由调速电动机、减速装置和大星轮组成（见图 4-28）。台车通过星轮带动被推到工作面上，沿着台车轨道运行。焙烧机各个部位的动作都由操纵室集中控制。头部设有散料漏斗和散料溜槽，收集同行台车带回的散料和布料过程漏下的少量粉料。

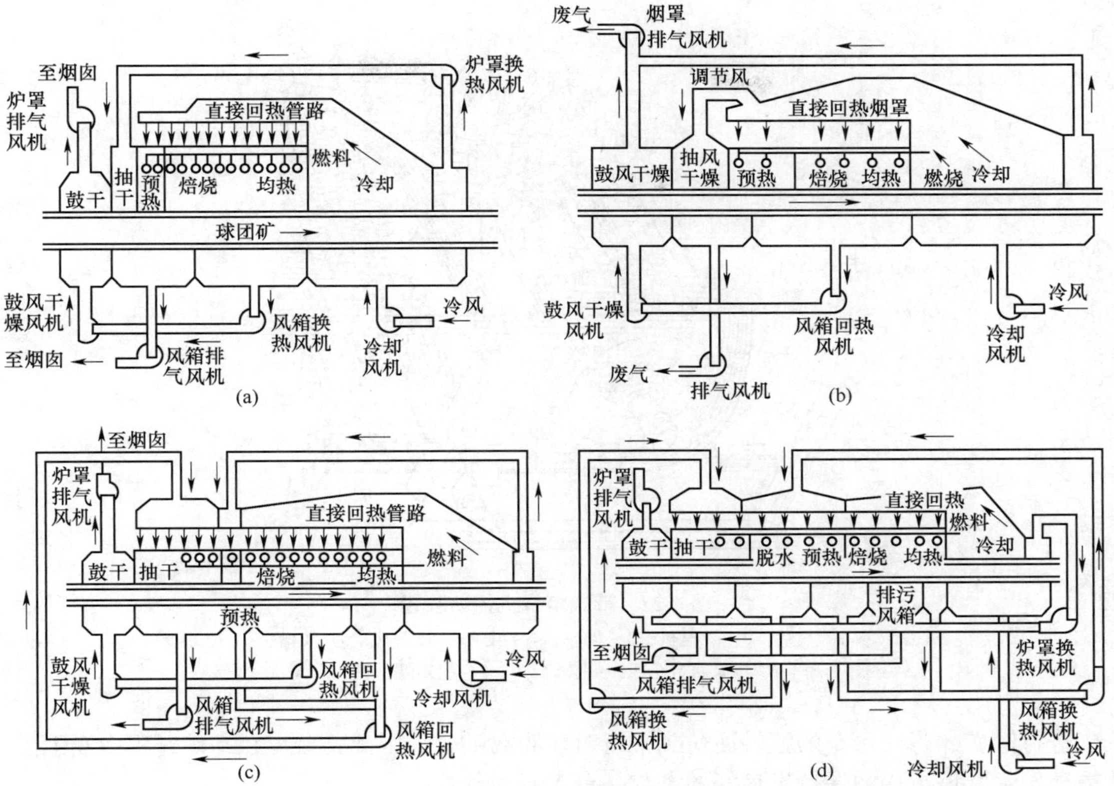

图 4-26 几种不同气循环鲁尔基-德腊伏型带式焙烧机

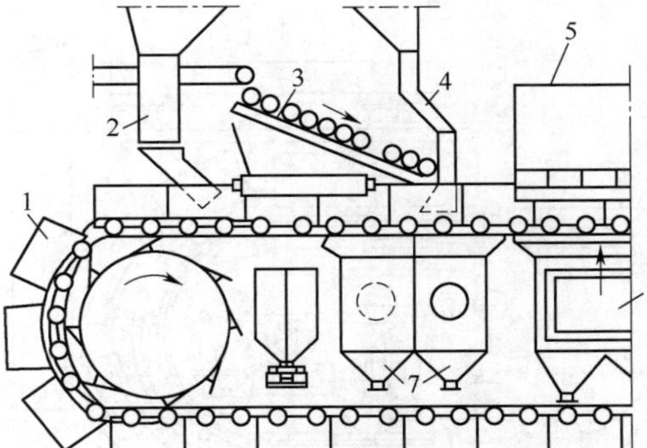

图 4-27 带式焙烧机布料系统示意图

1—台车；2—铺底料矿槽；3—辊式布料机；4—铺边料矿槽；
5—鼓风干燥炉罩；6—风箱；7—返料漏斗

在散料漏斗和鼓风干燥风箱之间设有两个副风箱，以加强头部密封。

C 焙烧机尾部星轮摆架

尾部星轮摆架有两种形式：摆动式和滑动式。DL 型焙烧机为滑动式（见图 4-29）。当台车被星轮啮合后，随星轮转动，台车从上部轨道渐渐翻转到下部回车轨道，在此过程

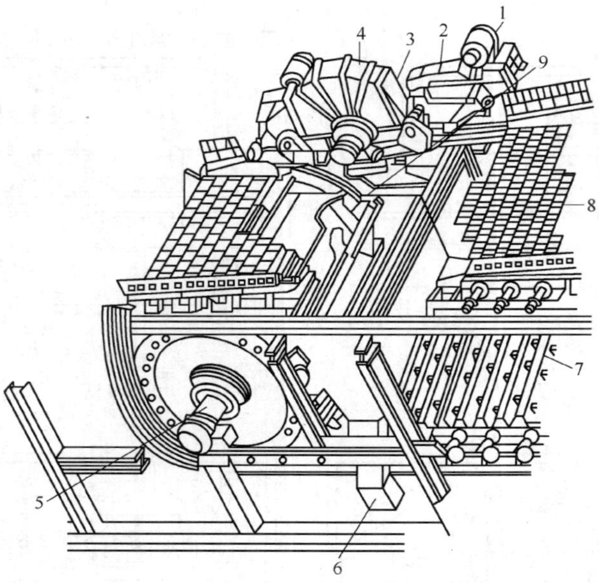

图 4-28　带式焙烧机传动装置

1—马达；2—减速机；3—齿轮；4—齿轮罩；5—轴；6—溜槽；7—返回台车；8—上部台车；9—扭矩调节筒

中进行卸矿，当两台车的接触面达到平行时才脱离啮合。因此，台车在卸矿过程中互不碰撞和发生摩擦，接触保持了良好的密封且台车寿命延长。

当台车受热膨胀时，尾部星轮中心摆架滑动后移，在停机冷却后，由重锤带动摆架滑向原来的位置。卸料时漏下的散料由散料漏斗收集，经散料溜槽排出。

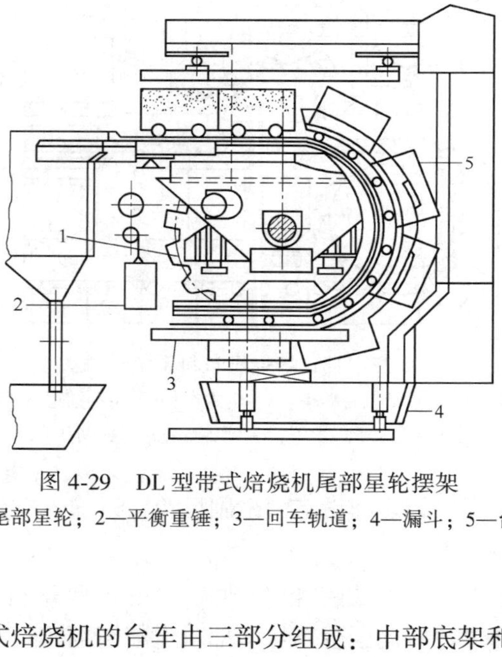

图 4-29　DL 型带式焙烧机尾部星轮摆架

1—尾部星轮；2—平衡重锤；3—回车轨道；4—漏斗；5—台车

D　台车和箅条

鲁奇公司制造的带式焙烧机的台车由三部分组成：中部底架和两边侧部分。边侧部分是台车行轮、压轮和边板的组合件，用螺栓与中部底架连成整体（见图 4-30）。中部底架可翻转 180°，当台车发生挠性变形后可翻转过来使用，以矫正变形，加上台车和箅条材质均为镍铬合金钢，所以台车和箅条寿命可极大延长。

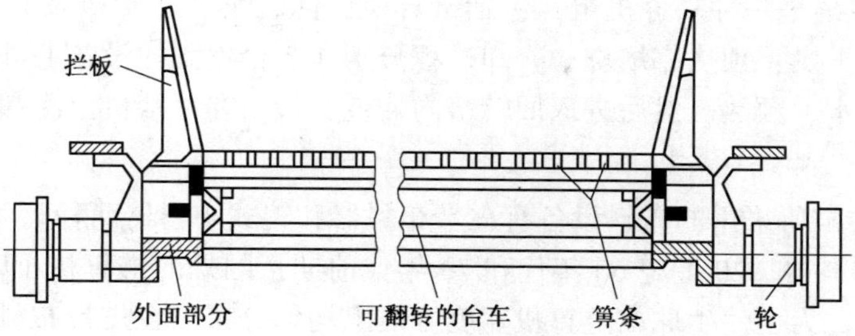

图 4-30 带式焙烧机可翻转的台车

E 密封装置

带式焙烧机需要密封的部位有头、尾风箱，台车滑道和炉罩与台车之间。头、尾风箱一般采用弹簧滑板密封。台车与风箱和炉罩之间的密封如图 4-31 所示。

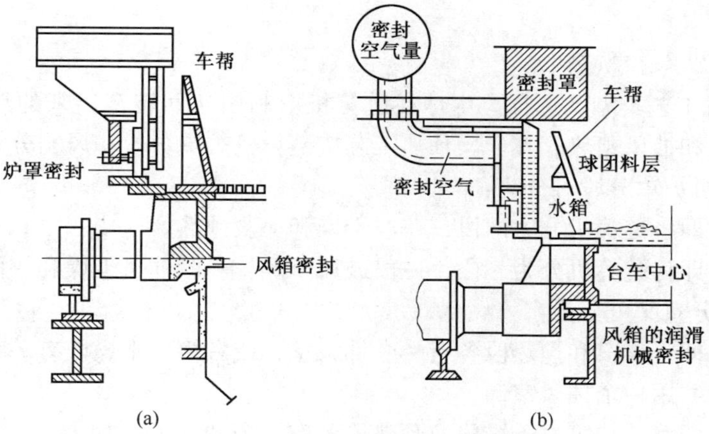

图 4-31 台车与风箱炉罩密封结构示意图

（a）台车与风箱和炉罩之间的密封；（b）鼓风冷却段炉罩的加气密封

F 风箱

带式焙烧机各段风箱分配比例是由焙烧制度所决定的。通过球层的风量、风速和各段停留时间，根据不同原料通过试验确定。当机速和其他条件一定时，这些参数主要取决于各段风箱的面积和长度，焙烧机风箱总面积是根据产量规模来确定的。

G 风机

带式焙烧机所需风机比其他焙烧设备的风机都多。按其用途分主要有四种：（1）废气风机，其作用是将鼓风冷却的热废气或风箱废气排放到大气中；（2）气流回热风机，这种回热风机把热气引入炉罩内或引入助燃风系统，作回收热量之用；（3）鼓风冷却风机，将冷空气鼓到球层中并使球团矿冷却；（4）助燃风机。风机性能应满足焙烧设备各段风量、风压及温度的工艺要求。

4.2.4.3 链箅机-回转窑

链箅机-回转窑是一种联合机组，包括链箅机、回转窑、冷却机及其附属设备。这种球团工艺特点是干燥、预热、焙烧和冷却过程分别在3台不同的设备上进行。生球先在链箅机上干燥、脱水、预热，然后进入回转窑内焙烧，最后在冷却机上冷却。

A 布料

链箅机-回转窑所采用的布料设备有皮带布料器和辊式布料器两种。

（1）皮带布料器。20世纪60年代和70年代前期，国外的链箅机-回转窑球团厂大都采用皮带布料器。为了使生球在链箅机宽度方向上均匀分布，在皮带布料器前需装一摆动皮带或梭式皮带机。

皮带布料器布料横向均匀，但纵向会由于生球量波动而不够均匀。为了减轻生球的落下冲击，加拿大亚当斯厂采用在皮带布料器卸料端装磁辊的方法，以减少生球破损。

（2）辊式布料器。辊式布料器首先出现在美国明塔克厂，它与振动给料机相配套。用辊式布料器时，生球质量获得两方面的改善：调整布料辊的间隙，可使生球得到筛分；生球经过进一步滚动，改善了生球表面的光洁度，提高生球质量。目前国内外许多球团厂都采用这种布料设备。

B 干燥、脱水和预热

（1）链箅机工艺类型及选择。生球在链箅机上利用从回转窑出来的热废气进行鼓风干燥、抽风干燥和抽风预热。其干燥预热工艺按链箅机炉罩分段和风箱分室分类如下。

1）按链箅机炉罩分段可分为：

①二段式。即将链箅机分为两段，一段干燥和一段预热。

②三段式。即将链箅机分为三段，一段鼓风干燥，一段抽风干燥和一段抽风预热。

2）按风箱分室又可分为：

①二室式。即干燥段和预热段各有一个抽风室，或者第一干燥段有一个鼓风室，第二干燥段和预热段共用一个抽风室。

②三室式。即第一和第二干燥段及预热段各有一个抽（鼓）风室。

生球的热敏感性是选择链箅机工艺类型的主要依据。一般赤铁矿精矿和磁铁矿精矿热敏感性不高，常采用二室二段式（见图4-32（a））。但为了强化干燥过程，也有采用一段鼓风干燥、一段抽风干燥和预热，即二室三段式（见图4-32（b））。当处理热稳定性差的含水土状赤铁矿生球时，为了提供大量热风以适应低温大风干燥，需要另设热风发生炉，将补足的空气加热，送进低温干燥段。这种情况均采用三室三段式（见图4-32（c））。日本加古川一号球团厂所用含铁原料是磁选铁精矿、天然赤铁矿、含水赤铁矿的混合矿物，为了生产含氧化镁的自溶性球团矿，在配料中加入适量石灰石和5%白云石及0.5%～0.8%膨润土。赤铁矿和石灰石、白云石混磨后，参加配料，磨矿粒度0.044 mm占65%，比表面积为2800 cm^2/g。根据这种原料条件，该厂采用三室三段式链箅机。对于粒度很细、水分较高的精矿和土状赤铁矿等热稳定性很差、允许初始干燥温度很低的生球，需要较长干燥时间，其干燥预热工艺也有采用三室四段式的（见图4-32（d））。例如美国皮奥尼尔厂，原料是土状赤铁矿、假象赤铁矿和含水氧化铁矿，生球破裂温度只有 140 ℃，该厂采用全抽风的三室四段式，即 3 个抽风干燥段和 1 个抽风预热段。美国蒂尔登厂原料为假象赤铁矿、土状赤铁矿、含水氧化铁矿以及少量的磁铁矿和镜铁矿混合矿，允许初始干燥温度为 104 ℃，采用的是一个鼓风干燥段、两个抽风干燥段和一个抽风预热段的三室四段式。第三干燥段可以由预热段供热，也可由冷却机的第二冷却段的回热气流供热。由于经过第一、第二干燥段后，干燥温度可以提高些，所以第三干燥段用的气流可以通过热风炉再加热。

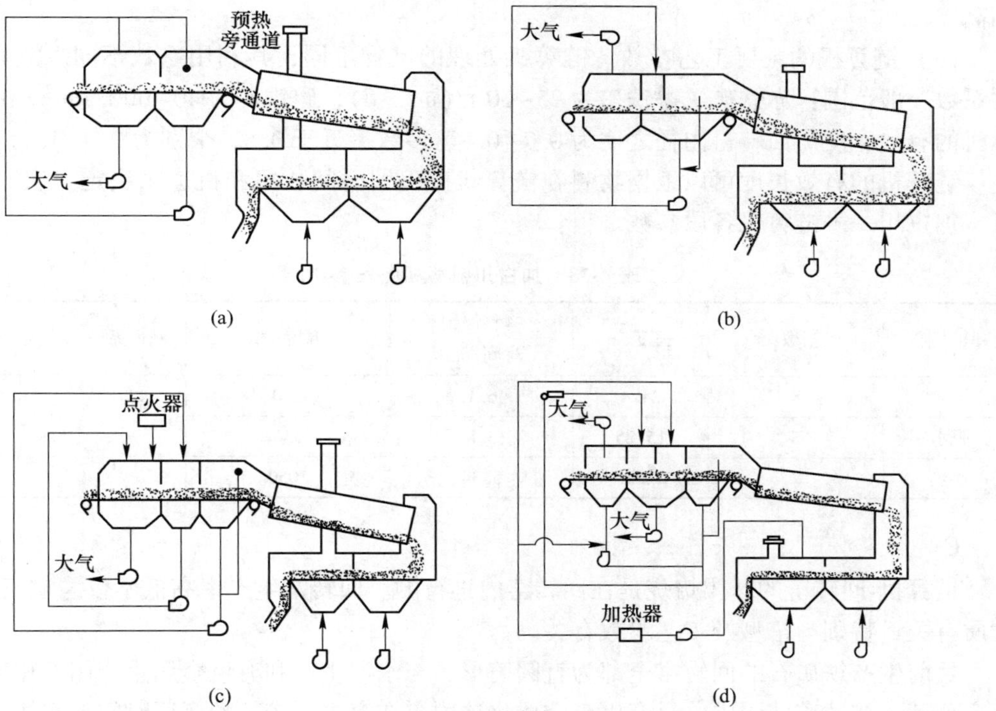

图 4-32　链算机-回转窑示意图

（a）二室二段式；（b）二室三段式；（c）三室三段式；（d）三室四段式

（2）链算机工艺过程及热工制度。生球布到链算机上后依次经过干燥段和预热段，脱除各种水分，磁铁矿氧化成赤铁矿，球团具有一定的强度，然后进入回转窑。关于预热球团矿的强度目前尚无统一标准。

链算机的热工制度根据处理的矿石种类不同而不同，表 4-37 为不同矿物的敏感性及相应的干燥温度。

表 4-37　不同矿物的敏感性和干燥温度

矿石种类	热敏感性	干燥温度/℃
非洲磁铁矿	很高	150~250
土状赤铁矿	高	150~250

续表 4-37

矿石种类	热敏感性	干燥温度/℃
镜铁矿	中等	250~350
赤、磁精矿及原生矿粉	一般不太敏感	350~450

预热温度一般为 1000~1100 ℃，但矿石种类不同，其预热温度也应有所差异。磁铁矿在预热过程中氧化成赤铁矿，同时放出大量热，生成 Fe_2O_3连接桥而提高其强度。赤铁矿不发生放热反应，需在较高温度下才能提高强度，因此赤铁矿球团预热温度比磁铁矿球团高。

(3) 链算机的主要工艺参数。链算机处理的矿物不同，其利用系数不同。链算机利用系数一般范围：赤铁矿、褐铁矿为 25~30 t/(m^2 · d)，磁铁矿为 40~60 t/(m^2 · d)。链算机的有效宽度与回转窑内径之比为 0.7~0.8，多数接近于 0.8，个别为 0.9~1.0。

链算机的有效长度可以根据物料在链算机上停留时间长短和机速来决定。表 4-38 为日本加古川一号链算机各段参数。

表 4-38 加古川链算机各段参数

段　别	风箱数/个	长度/m	物料停留时间/min	温度/℃	利用系数/t · (m^2 · d)$^{-1}$
干燥	8	24.4	6.1	200	35.9
脱水	5	15.25	3.8	350	
预热	7	21.35	5.34	1050	

C 焙烧

链算机-回转窑的球团焙烧是在回转窑内进行的。回转窑生产率高低不仅与矿石种类、性质有关，特别与窑型及工艺参数有关。

目前生产铁矿石的回转窑全部为直圆筒形，与水泥生产和有色金属生产用的相比，属短窑范畴。在铁矿球团中，只有生产金属化球团需在窑内有较长的还原时间，窑体才要相对长些。

回转窑的参数包括长度、直径、长径比、斜度、转速、物料在窑内停留时间、填充率等。

(1) 长径比。长径比（L/D）是回转窑的一个很重要的参数。长径比的选择要考虑到原料性质、产量、质量、热耗及整个工艺要求。应保证热耗低、供热能力大、能顺利完成一系列物理化学过程，此外还应提供足够的窑尾废气流量并符合规定的温度要求，以保证预热顺利进行。生产氧化球团矿时常用的长径比为 6.4~7.7。

长径比过大，窑尾废气温度低，影响预热，热量容易直接辐射到筒壁，使回转窑筒壁局部温度过高，粉料及过熔球团黏结于筒壁造成结圈；长径比适当小些，可以增大气体辐射层厚度，改善传热，提高产量、质量，减少结圈现象。近几年来，长径比已减小到 6.4~6.9。

(2) 倾斜度、转速及物料在窑内的停留时间。回转窑的倾斜度和转速的确定主要是保证窑的生产能力和物料的翻滚程度。根据试验及生产实践经验，倾斜度一般为 3%~

5%，转速一般为0.3~1.0 r/min。转速高可能强化物料与气流之间的传热，但粉尘带出过多。物料在窑内停留时间必须保证反应过程的完成和提高产量的要求，当窑的长度一定时，物料在窑内停留时间取决于料流的移动速度，而料流的移动速度又跟物料粒度、黏度、自然倾角及回转窑的倾斜度、转速有关。物料在窑内停留时间一般为30~40 min。

(3) 填充率和利用系数。窑的平均填充率等于窑内物料体积与窑的有效容积之比。国外回转窑的填充率一般在6%~8%。回转窑的利用系数与原料性质有关。磁铁矿热耗低，单位产量高。但是由于大小回转窑内料层厚度都差不多，大窑填充率低，因此长度相应取长些，以便保持适当的焙烧时间。爱里斯-哈默斯认为回转窑利用系数按式（4-139）计算比较具有代表性。

$$G = KD^{1.5}L \tag{4-139}$$

式中 G——窑的小时产量，t/h；

D——窑烧成带筒体内径，m；

L——窑有效长度，m；

K——系数，因窑型而异，一般为0.005~0.01。

回转窑的窑内温度根据矿石性质和产品种类确定，一般为1300~1500 ℃。

回转窑所需燃料：北美多用天然气，其他国家多用重油或气、油混合使用。燃料燃烧所需要的二次空气，一般来自冷却机高温段，风温1000 ℃左右。现在很多厂回转窑装备烧煤系统。

回转窑烧煤可能引起窑内结圈，但如果选择适宜的煤种，采用复合烧嘴，控制煤粉粒度（小于0.074 mm占80%）及火焰形状，控制给煤量等可以防止窑内结圈。

结圈是回转窑的主要缺点。结圈的主要原因是生球质量差、预热球强度不好、粉末多、窑温控制不好造成的。

处理结圈的办法通常有急冷法、调长火焰烧圈法和机械打圈法。急冷法是目前常用的方法。另外，美国、加拿大的一些厂设有处理结圈的风炮，但不采用直接打风炮的方法处理结圈，而是采用降温方法使结圈掉下后，再用风炮将掉下的结圈块打碎。此外，当回转窑与链箅机中间的溯槽堵塞时，可用风炮来处理。

D 冷却

球团从回转窑卸到冷却机上进行冷却，使球团最终温度降至100 ℃左右，以便皮带机运输和回收热量。链箅机-回转窑球团厂可采用带式冷却或环式冷却机鼓风冷却。这与烧结用的环冷设备和带冷设备类似，具体参见本章烧结部分对应内容。

复习思考题

4-1 简述锤式破碎机、反击式破碎机、双辊破碎机和四辊破碎机的特点，一般用于烧结过程哪些原料的破碎。

4-2 简述熔剂破碎筛分流程计算应注意事项。

4-3 简述配料矿仓时间的确定原则。

4-4 简述混合机规格确定的原则和方法。

4-5 设计一个年产300万吨烧结矿的烧结厂，作业率为90.4%，利用系数为1.3 t/(m^2·h)，试计算其面积、烧结机长和宽、台车个数等参数。

4-6 试画出烧结过程的脱硫区、非脱硫区和过渡区的分布图，并说明原因。

4-7 在什么情况下采用竖炉工艺，为什么？

4-8 竖炉生产中，为什么要求铁料 FeO 含量必须大于 20%？

4-9 圆盘造球机和圆筒造球机有什么区别？

4-10 竖炉干燥、预热和焙烧段高度选择的依据是什么。

4-11 某厂有两台 360 m^2烧结机，其中 2013 年 4 月计划检修影响 1 号烧结机 12 h，2 号烧结机 18 h，因事故停机影响两台烧结机各 8 h，因外因停机影响两台烧结机各 13 h，计算 4 月该厂烧结机的作业率。

4-12 某座竖炉焙烧面积 10 m^2，某天生产球团矿 1188 t，生产期间停机检修 2 h，求利用系数是多少？

5 烧结厂厂房布置及设备配置

厂房布置及设备配置是以工艺为主导，在综合考虑总图、土建、设备、仪表、电气、供排水等非工艺专业及机械、安装操作等要求的基础上，对车间建筑物、设备等设施配置安排作出合理布局，主要是对设备按生产流程在空间上进行组合、布置。

球团厂和烧结厂的功能都是生产满足高炉生产要求的原料，虽然工艺过程不同，但其厂房布置及设备配置方面有诸多相同之处。因此，本章仅介绍烧结厂的厂房布置及设备配置。

5.1 车间配置的基本原则与要求

厂房及设备配置总的原则是在保证生产过程安全实施（如《烧结球团安全规程》（AQ 2025）），检修方便，符合环保要求（如《钢铁烧结、球团工业大气污染物排放标准》（GB 28662））的条件下，尽可能节省投资成本。

5.1.1 工艺建筑物的布置要求

工艺建筑物的布置，将长期影响各生产车间生产管理组织和技术经济效果。为保证设计质量，一般要有两个及以上的方案比较，在广泛征求意见后再确定。在确定布置方案时须考虑以下问题。

（1）符合工艺流程要求前提下，力求布置紧凑，尽量减少占地面积，减少土石方量，缩短运输通廊。

（2）应考虑原料场、炼铁、焦化、烧结共用系统的密切协作，避免过长的运输距离，造成浪费。

（3）当分期建设时，应考虑公用设施及运输系统连接配合的合理性，前期建设为配合后期建设所花的投资不宜过多。

（4）烧结室尽量与主导风垂直布置，避免灰尘从机尾吹到机头。

（5）各车间配置应考虑到设备运输、检修的方便，留出各主要车间公路的通道；铁路与建筑物距离应符合规范，铁路、地面通廊不能横贯厂区。

（6）应留余地便于将来技术改造和工厂扩建。

（7）烧结、炼铁、焦化公共系统合作，尽量缩短运输距离。

（8）考虑检修、维修、运输公路。

（9）辅助设施、生活福利统一考虑。

（10）保证生产流程中料流和人流畅通。

5.1.2 车间配置的一般原则及要求

在车间配置过程中除了要考虑设备配置，还要充分考虑环保、安全生产等。具体要考虑以下原则。

（1）设备配置。

1）符合工艺流程要求并兼顾灵活性。同一作业中的同规格型号的多台设备，应配置在同一标高厂房内，以便于流程变革或互换。

2）在为保证安全生产与便利操作所必需的检修场地、操作平台、通道、楼梯的前提下，应尽量使设备配置紧凑，不应有多余的地面、空间、高差，以节省投资。如配备的检修吊装设备应能与所有备品备件供应线相衔接，以实现一台设备，为多层楼台服务。

（2）安全生产。

1）厂房高度应满足吊装、检修、操作要求，并考虑采光要求。

2）各类管道不能妨碍操作、行走，架空高度不低于 2 m，小管道紧贴平台或地面铺放。

3）低于地面 0.5 m 的地坑或高于 0.5 m 的平台都应设栏杆，传动装置应设防护罩。

4）与其他专业合作，首先考虑其他专业的要求。

（3）环保。

1）对产生有害气体、粉尘发生点应采取有效通风除尘措施。

2）对生产中产生的污水及可能产生的事故水要有排放设施，且排放方便。

厂房布置工艺建筑物系统如图 5-1～图 5-6 所示。

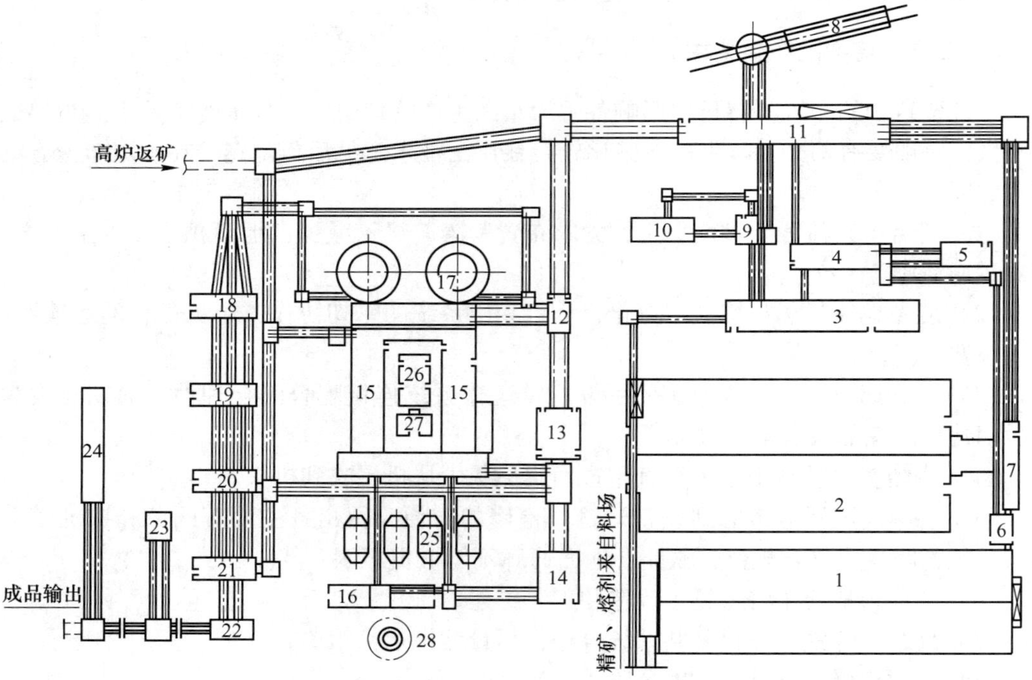

图 5-1　2×265 m^2工艺建筑物系统图

1—精矿仓库；2—中和仓库；3—熔剂燃料仓库；4—熔剂筛分室；5—熔剂破碎室；6—熔剂矿仓；7—原料中和仓；8—受矿仓；9—燃料筛分及粗碎室；10—燃料细破碎；11—配料室；12—热返矿仓；13— 一次混合室；14—二次混合室；15—烧结室；16—抽风机室；17—环式冷却机；18— 一次冷筛破碎室；19—二次冷筛破碎室；20—三次冷筛破碎室；21—四次冷筛破碎室；22—成品取样室；23—检验室；24—烧结矿仓；25—机头电除尘；26—机尾电除尘；27—通风机室；28—烟囱

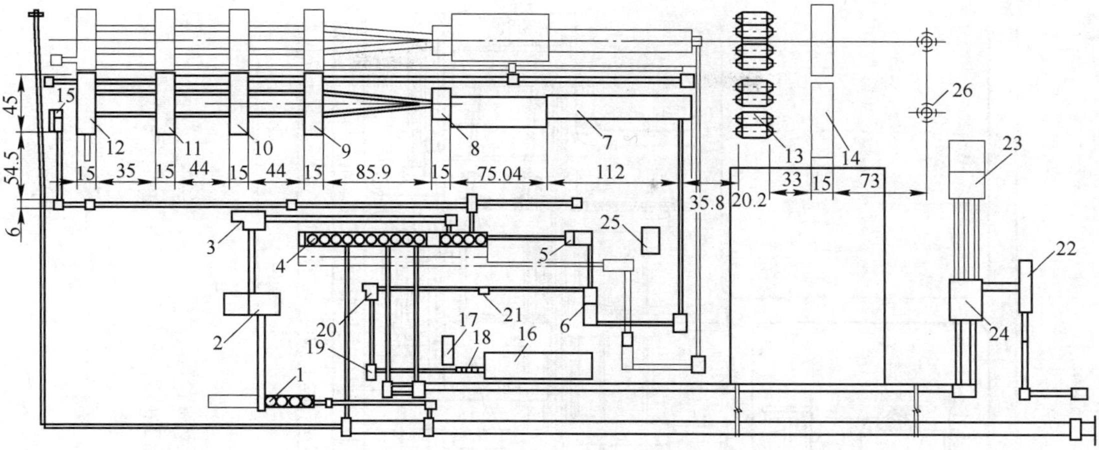

图 5-2　1×300 m²（预留第 2 台 300 m²）烧结厂建筑物系统图

1—燃料仓库；2—燃料粗碎室；3—燃料细碎室；4—配料室；5——次混合室；6—二次混合室；7—烧结室；8—带冷机室；9——次成品筛分及冷破碎室；10—二次成品筛分室；11—三次成品筛分室；12—四次成品筛分室；13—机头电除尘室；14—抽风机室；15—受料仓；16—湿粉尘干燥仓库；17—干粉尘配料室；18—膨润土仓库；19—小球混合室；20—小球造球室；21—小球成品矿仓；22—熔剂仓库；23—熔剂破碎室；24—熔剂筛分室；25—烧结试验室；26—烟囱

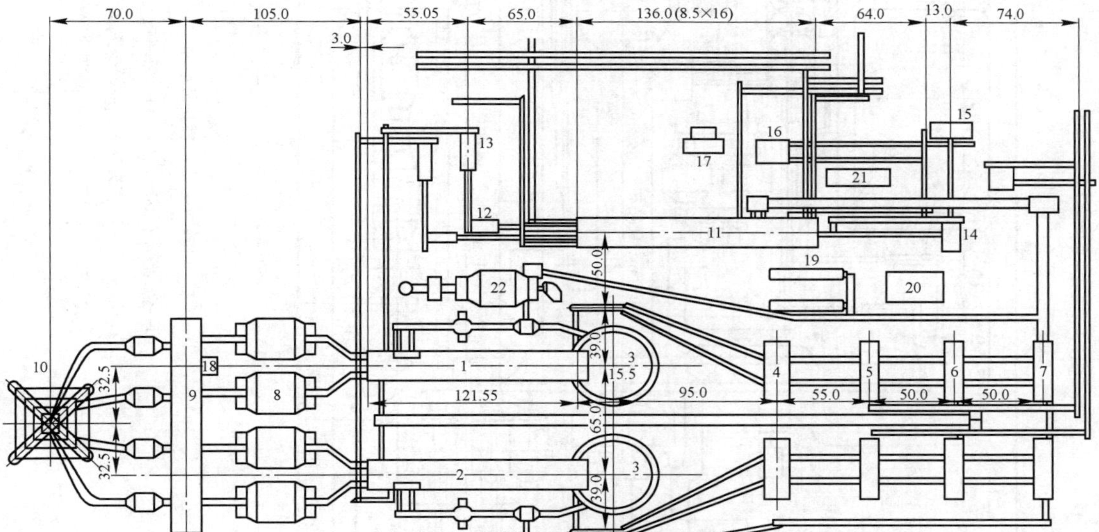

图 5-3　2×450 m²烧结厂建筑物系统图

1—1 号烧结机；2—2 号烧结机；3—环式冷却机；4—冷矿一筛；5—冷矿二筛；6—冷矿三筛；7—冷矿四筛；8—电除尘；9—主抽风机；10—烟囱；11—配料仓；12——次混合；13—二次混合；14—粗焦筛分破碎；15—粉焦筛分；16—粉焦储料仓及粉焦破碎；17—电气室；18—抽风机电气室；19—配料仓除尘室；20—成品除尘器；21—粉焦除尘器；22—烧结系统除尘器

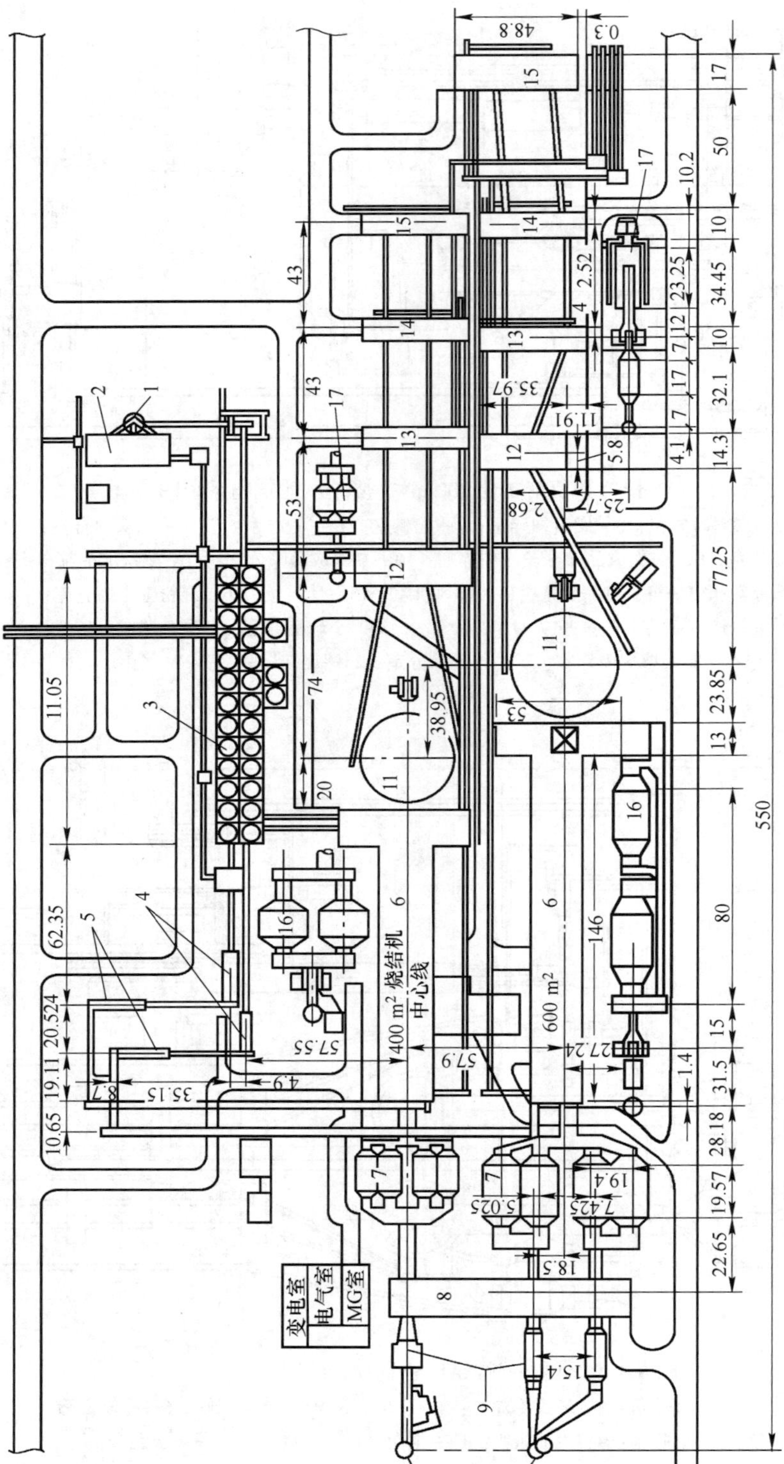

图 5-4 大分烧结厂建筑物总平面布置图

1—燃料中间储仓；2—燃料破碎室；3—配料室；4—一次混合机；5—二次混合机；
6—烧结室（400 m²，600 m²烧结机各一台）；7—机头点除尘；8—主抽风机房；
9—主抽风机消声器；10—集合烟囱；11—环式冷却机；12—成品一次筛分、破碎室；13—成品二次筛分室；
14—成品三次筛分室；15—成品四次筛分室；16—机尾除尘系统；17—整粒除尘系统

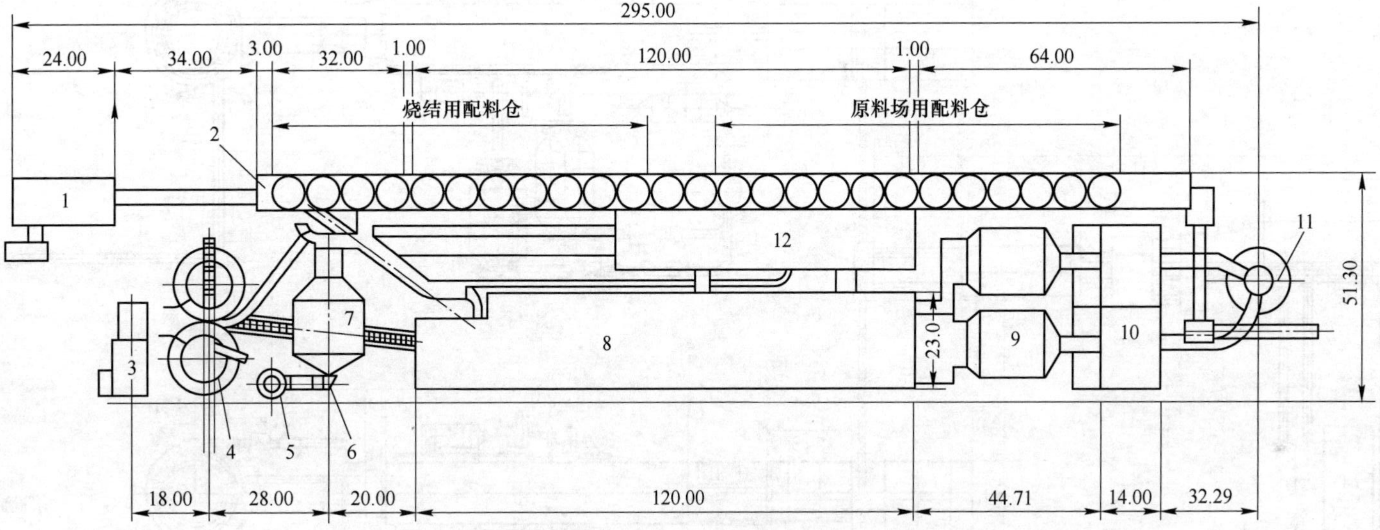

图 5-5 杜伊斯堡-胡金根厂 300 m²烧结厂建筑物系统平面图

1—混合室；2—配料室（配料仓 10 个，焦炭破碎 2 个，其余属原料场）；3—冷却风机室；4—冷却机；5—环境除尘用烟囱；6—环境风机；7—环境电除尘器；8—烧结室；9—主除尘器；10—主风机室；11—烟囱；12—烧结矿破碎筛分及焦粉准备室

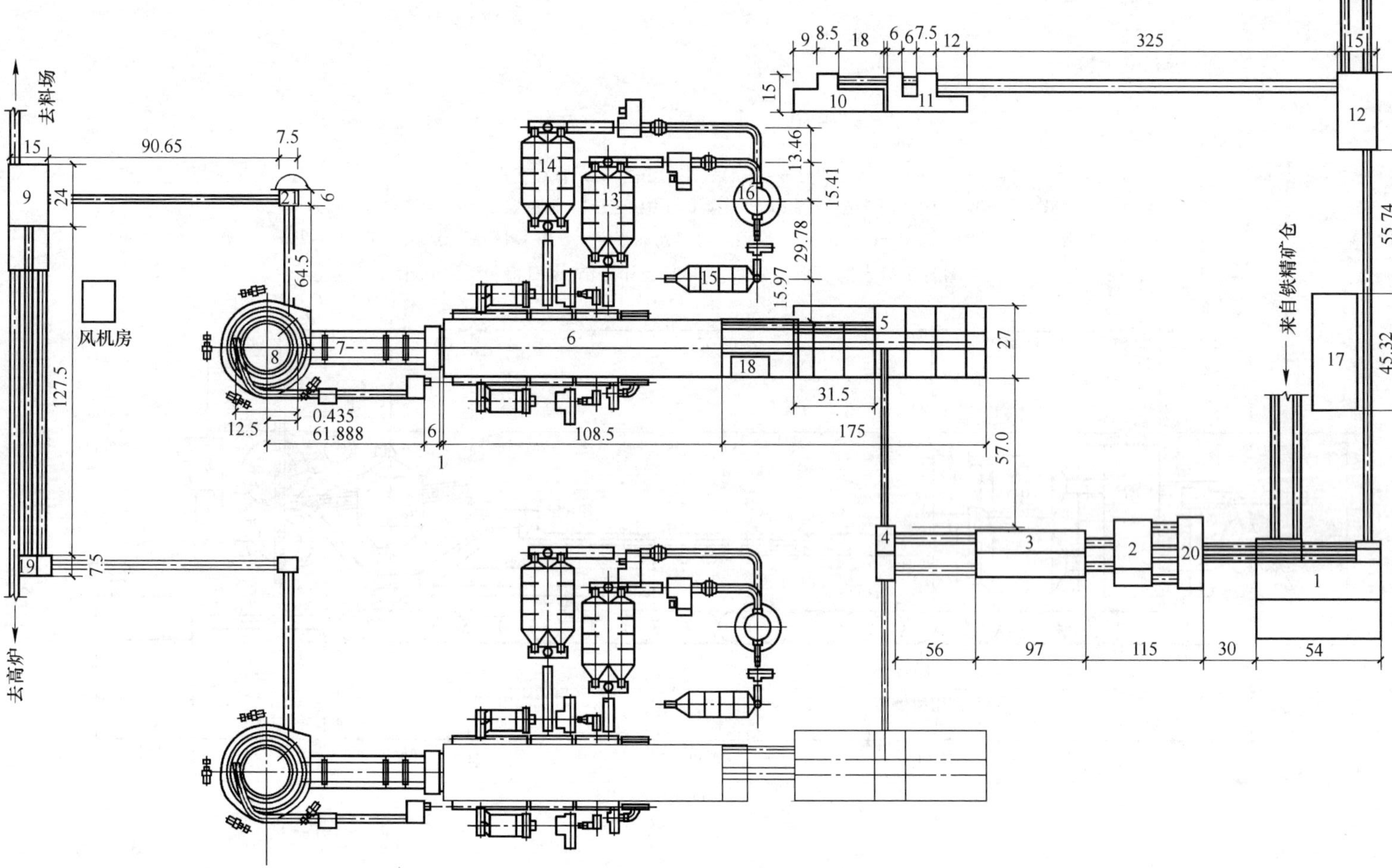

图 5-6 年产 2×500 万吨链算机-回转窑工艺建筑物系统平面图

1—干燥室；2—高压辊磨室；3—配料室；4—混合室；5—造球室；6—链算机室；7—回转窑；8—环冷机；9—筛分室；10—烟煤粉制备室；11—无烟煤粉制备室；12—原煤仓及煤破碎室；13—抽风干燥段电除尘及抽风机室；14—预热Ⅰ段电除尘及抽风室；15—鼓风干燥段除尘器及风机；16—主烟囱；17—膨润土仓库；18—灰尘矿槽；19—熟球散料矿槽；20—1号转运站；21—2号转运站

5.2 车间配置的设计任务、要求与规定

(1) 车间配置设计的目的是提供车间设备配置图，要求图上清楚标明以下内容。

1) 各主要设备的平面位置和标高；起重运输设备的标高和行程范围；各种管道的走向和空间位置；矿槽、矿仓大小、平面位置及标高。

2) 各楼板和主要操作平台的平面标高，操作台和楼梯的位置及对它们的特殊要求。

3) 各主要设备的操作检修场地和通道，各种物料、大型工具等的堆放位置及通道。

4) 各种辅助用室的配置位置。

5) 生产厂房的跨距、柱距、长度、高度及必要的门窗。

6) 车间设备明细表。

在进行设备配置前，应首先确定车间厂房的结构形式、柱子、跨度、长度、层数、门窗开设方式及尺寸、楼梯的位置、坡度等一系列的厂房轮廓。在设备配置方法上，可将各设备按大小、轮廓形状剪成小纸块，在绘有厂房平面的坐标纸上进行配置，以找出最优方案。对于特别复杂的车间可制成模型进行立体配置方案研究，方案确定后，工艺专业人员应与其他各专业人员进行会审。

车间配置图是车间配置设计的最终产品，它应按生产流程的要求，表示设备在厂房内的总体布置。其主要内容包括设备与附属部分的位置及相互关系，设备与建筑物的关系，操作与检修的位置，通道与堆放物料的场地及必要的生活辅助设施等。

(2) 配置图应包括车间各层平面布置图，剖（截）面图及部分放大样图。要求如下：

1) 一般以车间为单位绘制配置图（一个厂房内含几个车间，以厂房为单位）；

2) 多层时，一般分层绘制，能部分揭示也可不分层绘制；

3) 平面图应给出该平面以上至上一层平面以下的所有设备，一般不出现虚线；

4) 剖（截）面图应尽量在同一图上。

(3) 车间配置设计内容包括：

1) 主要工艺设备标高、平面位置、吊装标高、行程范围；

2) 各类管道中心线标高、走向、矿槽、料仓位置、标高、容积；

3) 各层楼板、操作平台标高、平面位置、特殊要求；

4) 主要设备操作、检修场地、通道；

5) 各辅助用室位置；

6) 厂房的跨距、柱距、长度、高度、必要的门窗；

7) 设备明细表。

(4) 设计绘制的图纸应符合以下规定。

1) 各种线条画法。

①线条宽度：0.18 mm、0.25 mm、0.35 mm、0.5 mm、0.7 mm、1.0 mm、1.4 mm、2.0 mm；粗实线宽 $b=0.5\sim2$ mm；细实线、波浪线、虚线、点画线宽为 $b/3$；粗双点画线宽 b。

②同图、同类线图基本上一致，虚线、波浪线、点画线、长度、间距大致相同。

③两条平行线之间（剖面线）间距不小于 $2b$，最小不小于 0.7 mm。

④圆中心线交点在圆心，点画线首末线端不是短画线。

2）图纸比例。一般初步设计图纸的比例为1∶100或1∶200；配置图（施工图）设计的比例可以是1∶50、1∶100、1∶200。

3）工艺设备在图中表示方法。

①主要工艺设备及金属构件用粗实线；

②皮带运输机用粗实线表示，如输送带、纵梁、头尾支架、拉紧装置、漏斗密封罩外形等，并在平面图中用箭头表示来往车间名称；

③同类设备只画一台，其余用中心线表示；

④起重设备在平面图上用粗双点画线表示，立面图标示梁高度，即吊钩的极限位置；

⑤与本图相关，但又不属本图工艺设备，用细线实线画；

⑥非安装设备，如车辆等按比例绘制；车间配电室、润滑室、值班室、休息室等也用细实线表示出位置，并注明名称。

4）土建。

①楼板、操作平台、混凝土平台基础、构筑矿槽、墙用细实线表示，标出各层平面的高度，并涂色。

②柱子的表示方法，立面图中用细实线表示，并画出中心线；平面图中用方块表示，以中心线相连，并标出跨柱、柱距的尺寸。

③梯子以所在平台为标准，用箭头表示上或下，并标注所至台面标高。

④车间吊装检修孔，包括有盖板形式和无盖板形式，具体画法如图5-7所示。

⑤在平面图上标示出门窗位置，并简单示出墙壁。

5）尺寸标注。

①标注尺寸的单位，一般平面尺寸标于平面图中，单位采用mm；标高尺寸标于主要立面图上，单位采用m。立面标高一般以地面作零标高（±0.00），高于地面为“正”，但不标“+”，低于地面为“负”，必须标“-”。

②工艺设备定位尺寸及设备之间主要连接尺寸，设备一般由中心线定位，可用墙、柱子的中心线或已定位设备中心线为坐标进行标注。

③标高直接标注在立面图上，或标注在平面图上，通常有两种标注方法，如图5-8所示。

④起重设备。对于单轨吊车，一般在梁底标高，即在下轨面标高；但对于双轨吊车，一般在轨面标高。

⑤矿槽。应标注矿槽槽面和排矿口的标高。

⑥对于管道、除尘器等在进出口中心线上标注标高。

⑦平台及通廊外形尺寸、标高、安装孔尺寸、车间内地坪等均应标注标高。

6）厂房、柱距、跨距标注。

①柱距大小为3的整数倍。

②编号（相对于厂房）：

纵向定位线，标注厂房或车间跨度的柱子中心线；

横向配置，与厂房纵向定位线相互垂直的配置；

纵向编号，从左至右用阿拉伯数字编号，写在ϕ10 mm细实线圆圈内；

横向编号，从下至上用大写英文字母（或甲、乙、丙……）编号，写在ϕ10 mm 细实线圆圈内，但是I、O、Z不得用于柱列线编号。

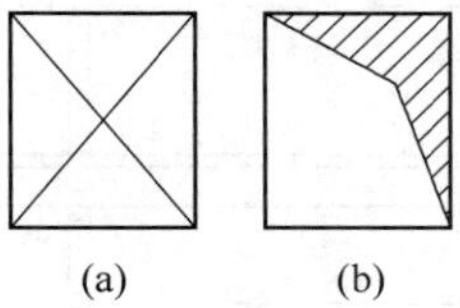

图 5-7 检修孔标注方法
（a）有盖板；（b）无盖板

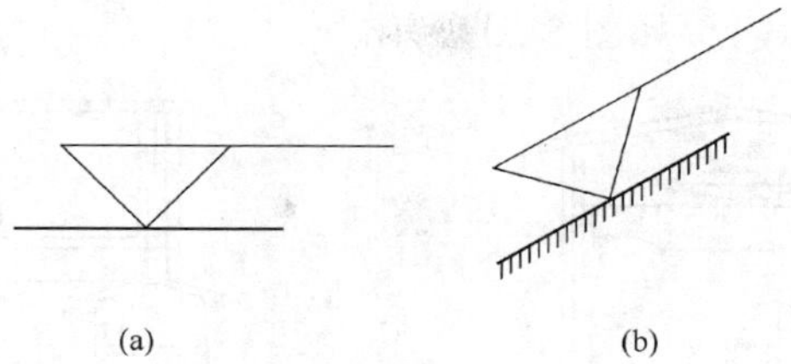

图 5-8 标高标注方法
（a）立面；（b）平面

7）平面。以该平面相对标高命名。

8）设备编号。一般按流程顺序对设备和部件进行编号，设备用 S-1、S-2…进行编号，部件用 B-1、B-2…进行编号。标号应写于引出线上，引出线为细实线，横线用粗实线。

5.3 烧结原料、熔剂和燃料的接受、储存及准备

钢铁厂未设置混匀料场时，烧结厂内应考虑原料的接受。

5.3.1 翻车机室

翻车机是一种大型卸车设备，机械化程度高，有利于实现卸车作业自动化或半自动化，具有卸车效率高，生产能力大，适用于翻卸各种散状物料，在大、中型钢铁企业得到广泛应用。

翻车机室的配置要求。

（1）翻车机室的排料设备及带式输送机系统的能力均应大于翻车机最大翻卸能力，排料设备采用板式给料机、圆盘给料机和胶带给料机。板式给料机对各种物料适应性较好，应用较为普遍。

（2）翻车机操作室的位置根据调车方式确定，当车辆由机车推送时，一般配置在翻车机车辆出口端上方，当车辆由推车器推入或从摘钩平台溜入时应设置在车辆进口端上方。操作室面对车辆进出口处，靠近车厢一侧设置大玻璃窗，玻璃窗下端离操作室平台约500 mm，操作室一般应高出轨面 6.5 m 左右，以利于观察。

（3）为保证翻车机正常工作、检修和处理车辆掉道，应设置检修起重机。

（4）翻车机室下部给料平台上设置检修用的单轨起重机。

（5）为保证下料通畅，翻车机下部应设金属矿仓，仓壁倾角一般为 70°。

（6）翻车机室各层平台应设置冲洗地坪设施。

（7）翻车机室下部各层平台设防水及排水设施，最下层平台有集水泵坑。

（8）翻车机室车辆进出大门的宽度及高度应符合机车车辆建筑界限的规定。

（9）翻车机端部至进出口大门的距离一般不小于 4.5 m，以保证一定的检修场地。

（10）严寒地区的翻车机室大门根据具体情况设置挡风、加热保温设施。

（11）翻车机室各层平台应设有通向底层的安装孔，在安装孔处设盖板及活动栏杆。

烧结厂 KFJ-3A 型三支座转子式翻车机室配置情况如图 5-9 所示。翻车机卸车自动线布置（横列式），如图 5-10 所示。

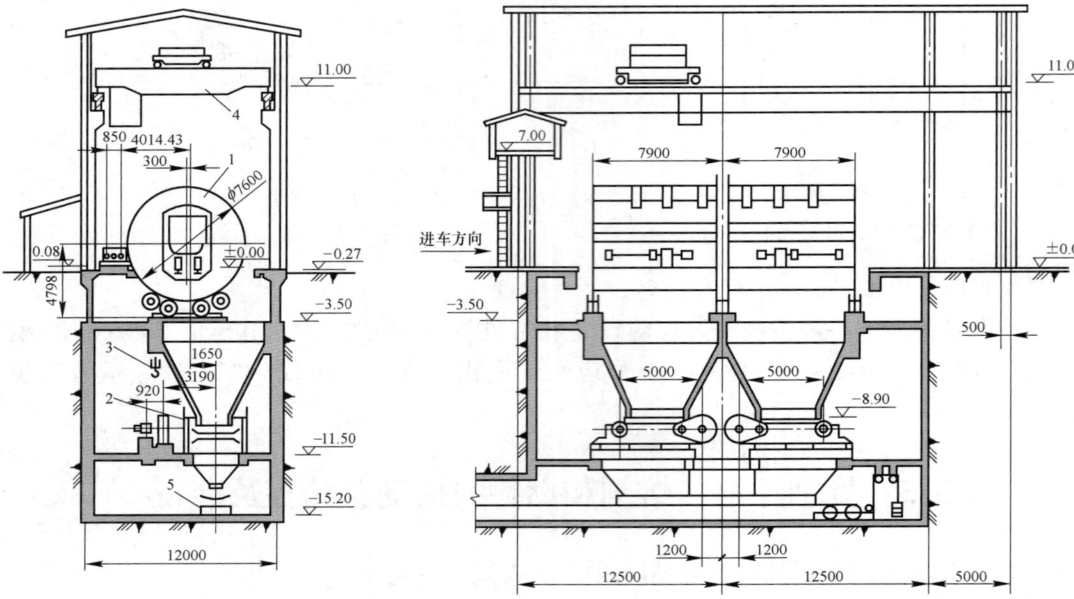

图 5-9　KFJ-3A 型三支座转子式翻车机室配置图

1—翻车机；2—板式给料机；3—手动单轨小车；4—桥式起重机；5—带式输送机

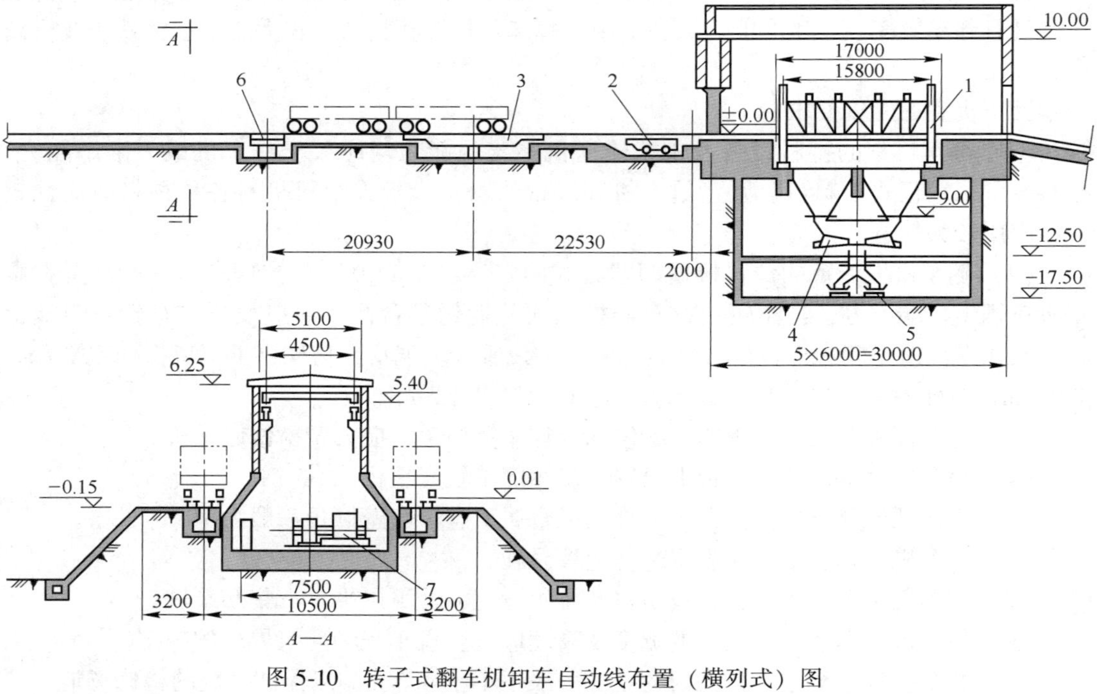

图 5-10　转子式翻车机卸车自动线布置（横列式）图

1—翻车机；2—重车铁牛；3—摘钩平台；4—电振给料器；5—带式输送机；6—电子秤；7—卷扬机

5.3.2　受料仓

受料仓用来接受钢铁厂杂料（如高炉灰、轧钢皮、转炉吹出物、硫酸渣、锰矿粉及某些辅助原料），对于中、小钢铁厂，受料仓也接受铁矿石和熔剂。

受料仓设计应尽量考虑机械化卸车，常用卸车设备有螺旋卸车机和链斗卸车机，螺旋卸车机的适应性较广。受料仓一般选用悬挂桥式螺旋卸车机，检修比较方便。

受料仓的配置要考虑以下问题。

（1）受料仓要考虑适用于铁路车辆卸料，或适用于汽车卸料。

（2）对中、小钢铁厂，受料仓也接受铁矿石和熔剂。受料仓的长度应根据卸料能力及车辆长度的倍数来决定，铁路车辆长度约为 14 m，故用于铁路车辆卸料的受料仓一般跨度为 7 m，其跨数应为偶数。

（3）受料仓的两端应设梯子间和安装孔。

（4）受料仓应有房盖及雨搭。地面设半墙，汽车卸料一侧应有 300～500 mm 高的钢筋混凝土挡墙，以防卸料汽车滑入料仓。

（5）受料仓下部应设检修用单轨起重机。

（6）房盖下应设喷水雾设施，以抑制卸料时扬尘，排料部位应考虑密封及通风除尘。

（7）受料仓上部应有值班人员休息室。

（8）受料仓与轨道之间的空隙应设置栅条，以免积料，减少清扫工作量，料仓上方都应设格栅，以防止操作人员跌入及特大块物料落进料仓。

（9）受料仓地下部分较深，应有排水及通风设施。

（10）受料仓轨面标高应适当高出周围地面（一般高出 350 mm 并设排水沟，以防止雨水灌入）。

（11）地下部分应有洒水清扫地坪或水冲地坪设施。

采用螺旋卸车机的受料仓配置如图 5-11 和图 5-12 所示。

采用链斗卸车机及自卸汽车的受料仓配置如图 5-13 所示。

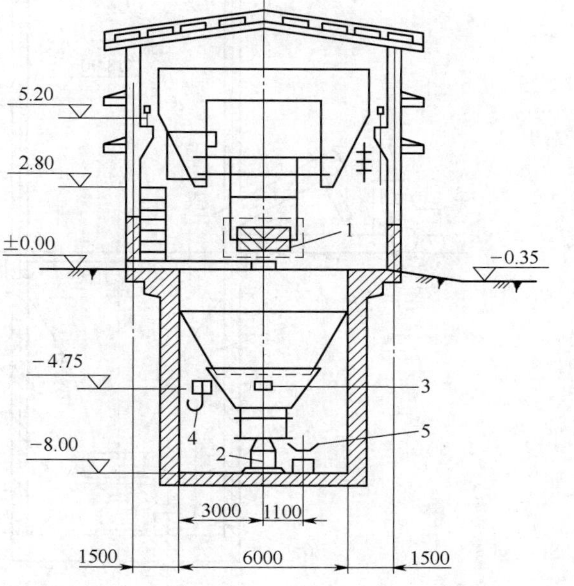

图 5-11　单系列受料仓横剖面图

1—桥式螺旋卸车机；2—ϕ2000 mm 封闭式圆盘给料机；3—附着式振动器；4—手动单轨小车；5—带式输送机

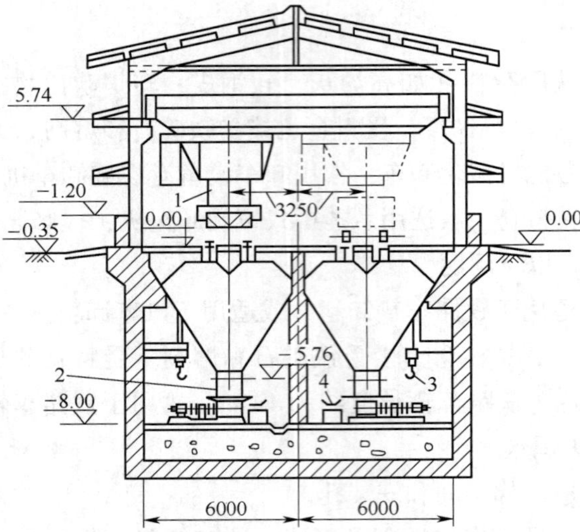

图 5-12　双系列受料仓横剖面图

1—螺旋卸车机；2—ϕ2000 mm 封闭式圆盘给料机；3—手动单轨小车；4—带式输送机

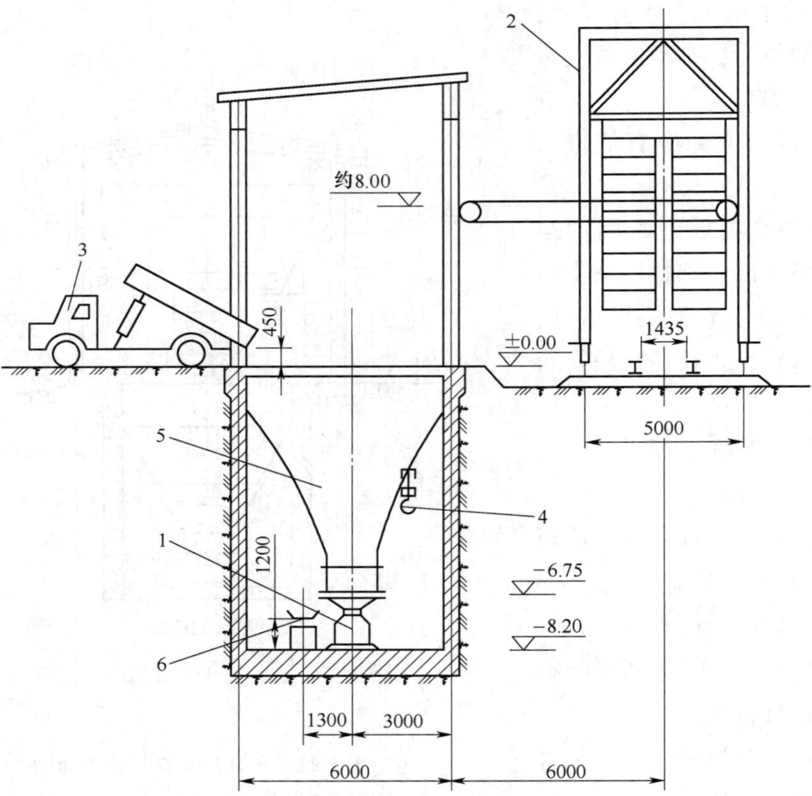

图 5-13　采用链斗卸车机及自卸汽车的受料仓配置图

1—ϕ2000 mm 圆盘给料机；2—链斗卸车机；3—自卸汽车；4—单轨小车；
5—指数曲线钢料仓；6—带式输送机

5.4 原料、熔剂及燃料仓库

5.4.1 原料仓库

5.4.1.1 原料仓库的设置

没有混匀料场的烧结厂需设置原料仓库储存一定数量的原料、熔剂和燃料以稳定烧结生产。有混匀料场时，原料在料场混匀后直接送入配料仓，不再单独设置原料仓库，但根据需要可在烧结厂设置熔剂、燃料缓冲矿仓。

设置原料仓库主要考虑下列因素：

(1) 铁路运输受各方面因素影响较多，难以保证均匀来料，因此，在无原料场的情况下应设原料仓库保证一定的储存量；

(2) 烧结厂卸车设备的检修影响进料，需设置原料仓库，储存一定数量的原料以保证烧结机的连续生产；

(3) 不同种类的原料在原料仓库内应占有一定比例的储量，以便对烧结料的化学成分进行调整，满足烧结矿质量的要求。

5.4.1.2 原料仓库储存时间

确定原料仓库储存时间要考虑的主要因素是：

(1) 一般自然灾害影响外部运输，3~5 d不能来料；

(2) 翻车机中、小修及一般事故的影响；

(3) 烧结机中、小修时能继续接受原料，不影响原料基地的生产。

对特大洪水和暴风雪等自然灾害造成的外部运输的影响，以及高炉和烧结厂大修对烧结厂原料仓库接受能力的影响则不考虑。

原料仓库的储存时间：

(1) 原料由专用铁路运输时，为5 d左右；

(2) 非专用铁路运输时，为7 d左右。

5.4.1.3 原料仓库的配置原则

原料仓库的主要配置原则如下。

(1) 决定仓库底深度的主要依据是地下水位的标高，仓库底应高于地下水位，以防止渗水影响原料水分。

(2) 抓斗作业过程中易产生粉尘及落矿，当仓库与配料室共建在一起时，应将配料仓上部平台建成一个整体，平台与仓库挡矿墙之间的间隙应加盖板，以隔绝抓斗工作区对配料区的污染，矿仓上部平台应设安全栏杆。

(3) 排料设备应置于地坪上，操作平面不宜设在±0.00 m平面以下，以保证良好的操作条件。

(4) 在同一仓库内，抓斗起重机的数量最多不应超过3台，以免在生产和维修时互相干扰。

(5) 应在仓库内的两端留有检修抓斗的场地，同时还应设有起吊抓斗提升卷扬机构的起重设备。

（6）为满足抓斗起重机的轨道及车辆定期检修的需要，在轨道的外侧整个长度铺设走台以利检修。

（7）较长的仓库一般应沿长度方向在两端和中间设3个以上起重机操作室的梯子，两端的梯子与起重机车挡间的距离保持10 m左右，以免起重机停车时发生碰撞车挡的现象。

（8）仓库内应设隔墙，分类储存原料，以便有效利用容积和避免原料互相混杂。

（9）当原料从仓库上部运入或由联合卸料机卸入仓库堆存时，仓库的挡墙不应低于6 m，以免矿粉外溢挤垮仓库的墙皮。

（10）当配料室设在仓库内时，配料仓用抓斗上料。为了避免抓斗卸料对料仓的冲击，防止对配料准确性的影响和保障人身安全，设计时须在矿仓口上设置箅板。

烧结厂原料仓库的配置，如图5-14和图5-15所示。

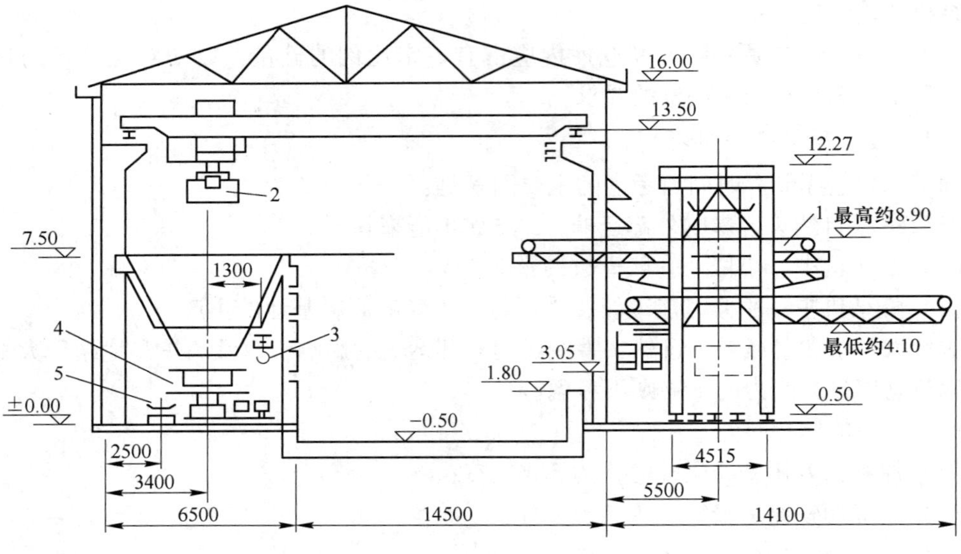

图5-14　门型卸车机受料的原料仓库

1—门型斗式卸料机；2—桥式抓斗起重机；3—手动单轨起重机；4—ϕ1500 mm圆盘给料机；5—带式输送机

5.4.2 熔剂、燃料仓库

没有设混匀料场时，中、小型烧结厂一般不单独设熔剂燃料仓，而与含铁原料共用一个仓库。大型烧结厂可以与含铁原料共用仓库，也可以单独设置熔剂燃料仓。圆筒式熔剂、燃料仓库配置如图5-16所示。

如有混匀料场时，烧结厂是否设置熔剂燃料仓库，视料场和烧结厂具体情况确定。

圆筒仓的排料设备根据物料的流动性决定。例如，燃料采用圆盘给料机，块状石灰石采用带电动阀门的溜槽式电振给料机。

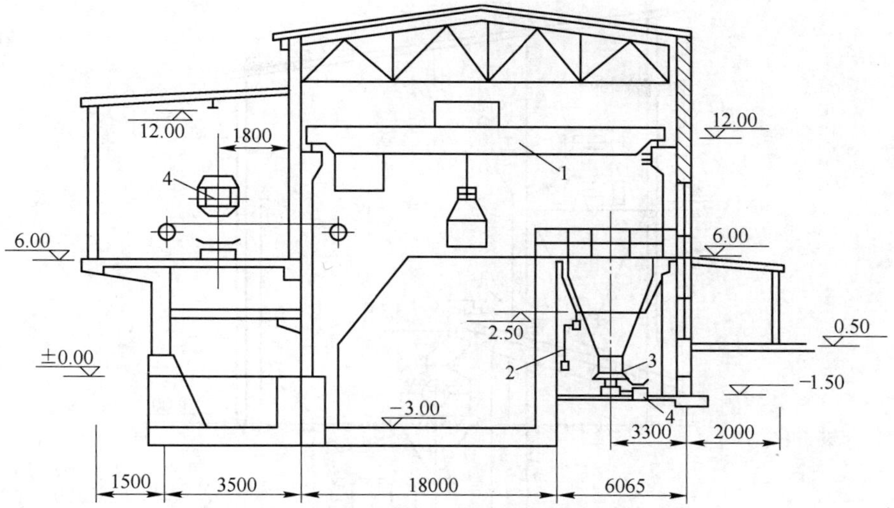

图 5-15　由带式输送机卸料的原料仓库

1—桥式抓斗起重机；2—TV-2 电动单轨起重机；3—ϕ1500 mm 圆盘给料机；4—带式输送机

5.4.3　熔剂破碎、筛分室的配置

破碎与筛分设备一般分设在两个厂房内，并在破碎设备和筛分设备之前均设矿仓，两厂房间用带式输送机传送物料。这种配置方式灵活、破碎设备与筛分设备互不影响，作业率高生产容易控制。

筛分设备的给料可通过手动闸板给到带式输送机上，再传送给筛子；也可用电振给料机或圆辊给料机直接给到筛子。破碎室配置如图 5-17 所示，筛分室配置如图 5-18 和图 5-19 所示。

破碎、筛分室配置时，应注意以下几点：

（1）用于破碎机给料的带式输送机应配设除铁器；

（2）破碎室的料仓的储存时间大致为30～60 min，料仓壁倾角不小于60°；

（3）在满足给料量的前提下，给料带式输送机速度宜在 1 m/s 以下。

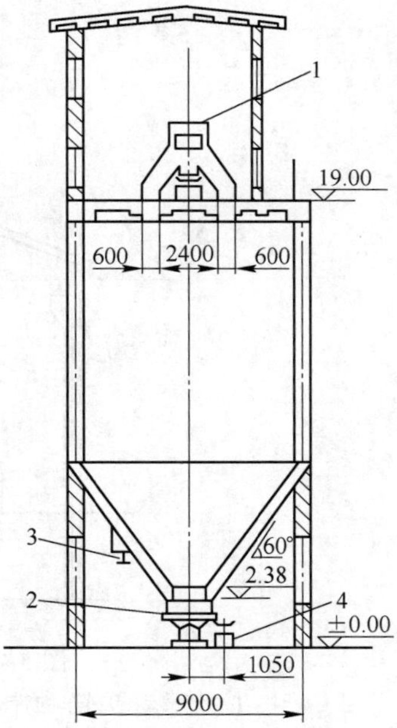

图 5-16　圆筒式熔剂、燃料仓库配置图

1—带式输送机；2—ϕ2000 mm 封闭式圆盘给矿机；3—手动单轨小车梁；4—带式输送机

5.4.4　燃料破碎室配置

对辊破碎机室、四辊破碎机室配置图分别如图 5-20～图 5-22 所示。

对辊破碎机室、四辊破碎机室的配置应考虑的事项如下。

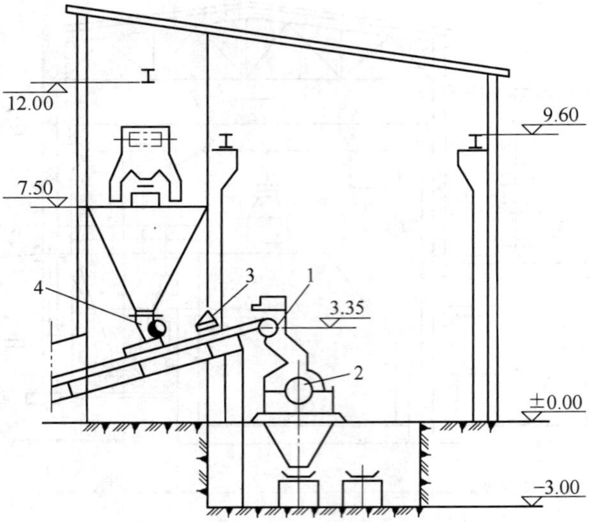

图 5-17 熔剂破碎室配置图

1—带式输送机；2—ϕ1000 mm×800 mm 单转子不可逆锤式破碎机；3—除铁器；4—手动闸板阀

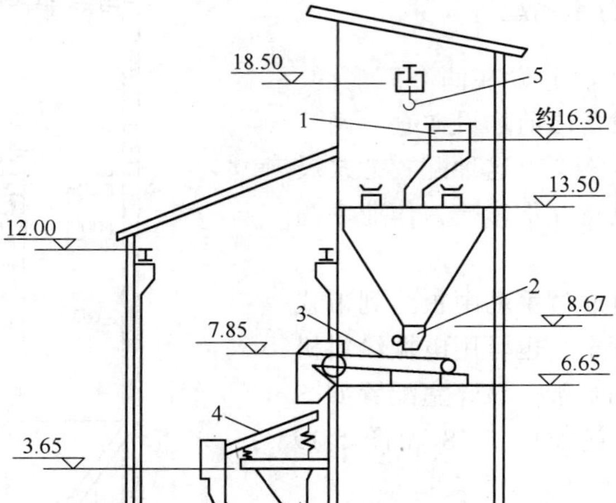

图 5-18 熔剂筛分室配置之一

1—带移动卸料车的带式输送机；2—带闸板漏斗；3—胶带给料机；
4—YA1542 圆振动筛；5—SDX-3 型手动单轨起重机

（1）当设置多台辊式破碎机，用一条带式输送机进料时，辊式破碎机前应设分配矿仓，其储存时间以 1 h 左右为宜，仓壁倾角不小于 60°，必要时仓壁上设置振动器。

（2）辊式破碎机给料用的带式输送机应与辊轴中心线垂直布置。

（3）为使辊面在长度方向的磨损尽可能均匀一致，给料带式输送机宽度应大于辊子长度，使给料宽度与辊子长度相近。带速应不大于 0.8 m/s，并采用平行上托辊。

（4）给料带式输送机应设除铁器。

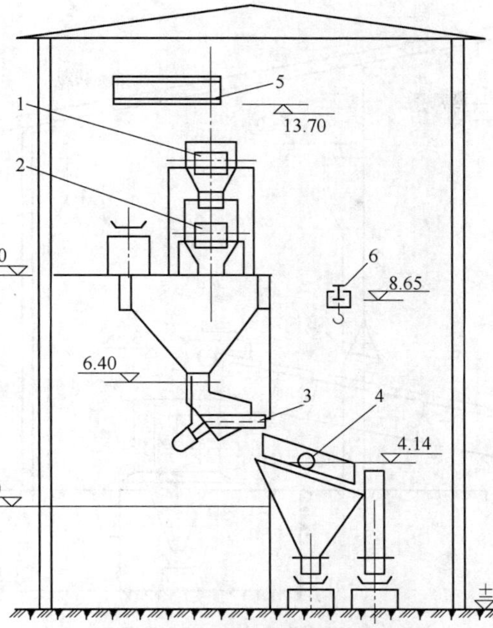

图 5-19　熔剂筛分室配置之二

1，2—带式输送机；3—GZ5 电磁振动给料机；4—YA1530 单层圆振动筛；
5—SDX-3 型手动单轨起重机；6—MD15-9D 电动单轨起重机梁

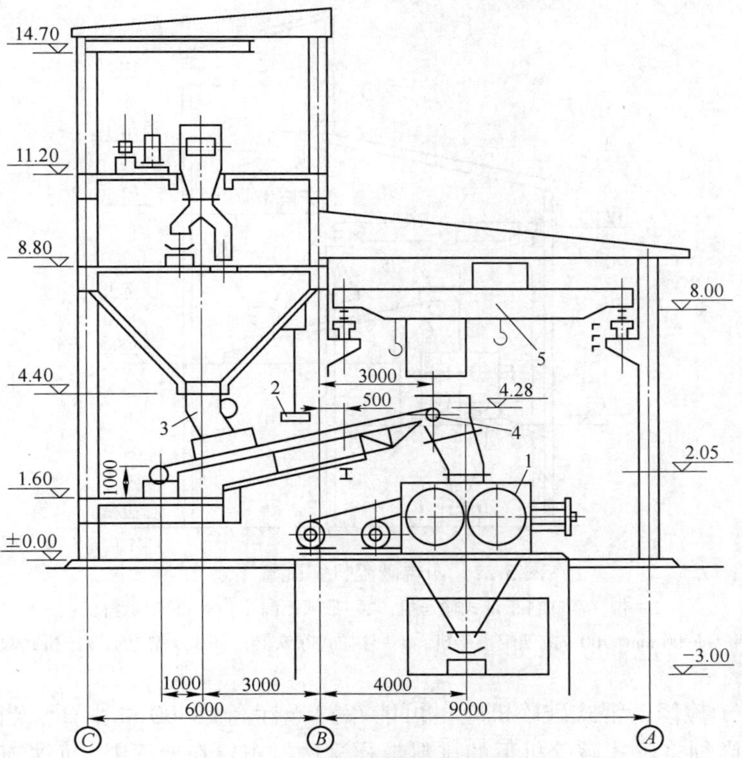

图 5-20　对辊破碎机室配置图

1—ZPG1200 mm×1000 mm 双光辊破碎机；2—CF60 电磁分离器；3—750 mm×800 mm 手动闸板阀；
4—带式输送机；5—电动桥式起重机（$Q=10$ t，$L_k=8$ m）

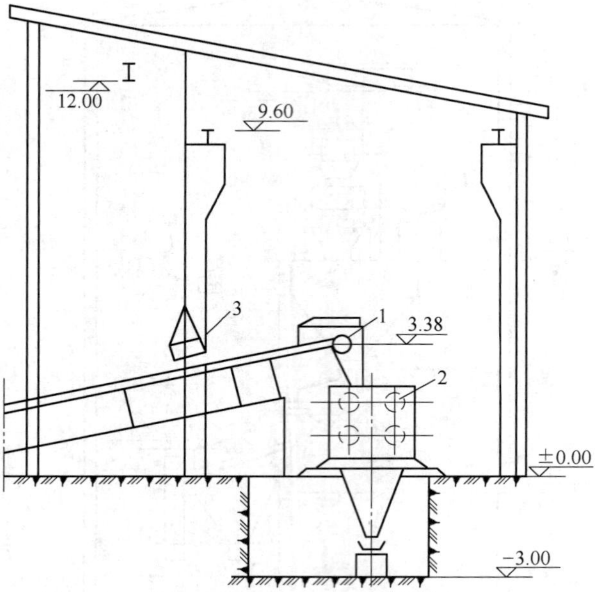

图 5-21 四辊破碎机室配置图之一

1—带式输送机；2—4PGϕ900 mm×700 mm 四辊破碎机；3—除铁器

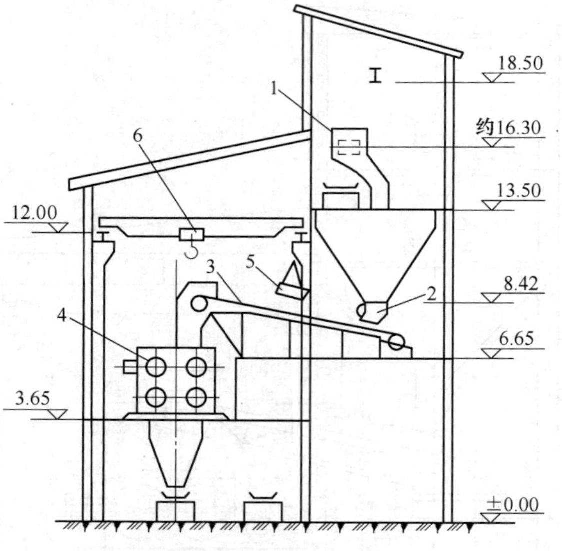

图 5-22 四辊破碎机室配置图之二

1—带移动卸料车带式输送机；2—带闸板漏斗；3—胶带给料机；
4—4PGϕ900 mm×700 mm 四辊破碎机；5—悬挂式除铁器；6—LH 型电动双梁桥式起重机

（5）为便于检修，辊式破碎机应尽可能布置于标高±0.00 m 平面。当所在地区地下水位较高时，尚须将辊式破碎机下的排料带式输送机布置在地面上，而将辊式破碎机布置在较高的平台上。

5.4.5　气力输送

气力输送具有防止物料受潮、污染或混入杂物等优点。相比其他物料输送方式，气力输送防尘效果好，便于实现机械化、自动化，可减轻劳动强度，节省人力，在冶金、化工等许多行业得到应用。烧结生产中生石灰即采用气力输送方式运至配料仓，球团中膨润土也是采用这种输送方式。

（1）马钢生石灰输送系统。马钢二烧气力输送生石灰的流程如图 5-23 所示。

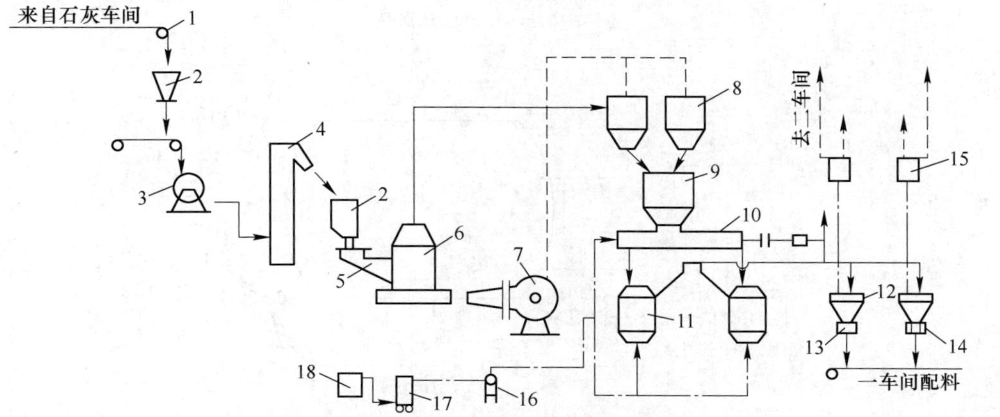

图 5-23　马钢二烧气力输送生石灰流程示意图

1—带式输送机；2—生石灰矿仓；3—250 mm×400 mm 复摆式破碎机；4—斗式提升机；5—板式给矿机；6—5R-401B 悬辊式磨粉机；7—鼓风机；8—收尘器；9—缓冲罐；10—给料机；11—上卸式仓式泵；12—配料仓；13—星形给料机；14—双螺旋给料机；15—布袋收尘器；16—空气过滤器；17—1.2 m^3 储气罐；18—3L-16/8 空压机

（2）宝钢烧结用生石灰气力输送系统。宝钢烧结生石灰输送为高浓度、高压气力输送方式。生石灰接受储存系统如图 5-24 所示。除了空气压缩机、袋式收尘器和生石灰接受仓以外，主要设备是带有仓式泵的密封罐车。H 型仓式泵的结构如图 5-25 所示。

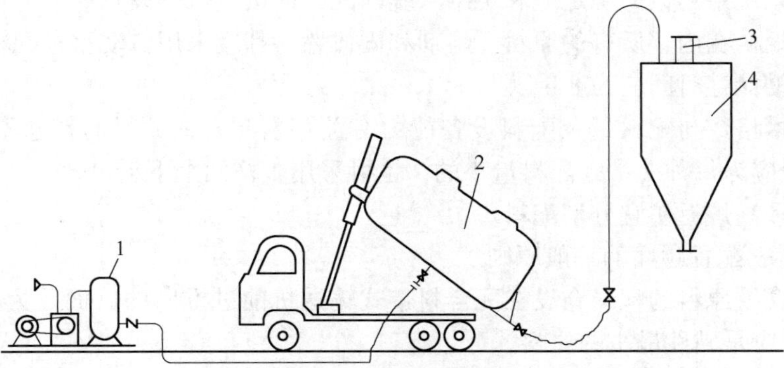

图 5-24　生石灰接受储存系统图

1—空气压缩机；2—密封罐车（带仓式泵）；3—布袋收尘器；4—生石灰接受仓

高压气力输送系统的特点是：

1）需要空气量少，低压输送时（2.9～6.9）$\times 10^4$ Pa 混合比为 2～10，高压输送时，混合比为 20～200；

2）因风量小，输送管径小，分离器结构简单，仓式泵风量为 5～18 m^3/min；袋式收尘器风量为 8～40 m^2/min。设备小，建设费用低；

3）节省劳力，可自动控制，事故少，维修工作量小；

4）输送采用密闭系统，环境保护好。

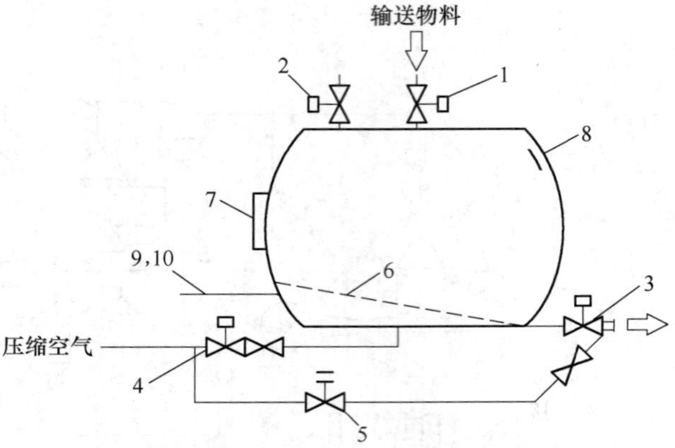

图 5-25　H 型仓式泵（高压气力型）结构示意图

1—给料阀；2—排气阀；3—排出阀；4—进气阀；5—加压阀；
6—空气分布板；7—人孔；8—料位计；9—压力开关；10—压力指示计

5.5　配料室的配置

配料可采用集中配料或分散配料。集中配料不论在操作、管理以及自动配料等方面都较分散配料优越，所以设计中应尽可能采用集中配料。

（1）配料室配置的基本要求。

1）配料系统系列数的确定应和烧结系统匹配，即按一对一设置。

2）包括返矿在内，所有的原料、熔剂和固体燃料都应采用自动重量配料。

3）配料槽储存时间应为 8 h 以上。

4）配料槽格数与配料量及配料设备能力有关；主要含铁原料的料仓不应少于 3 格，辅助原料一般应为每种 2 格，配料量小的，也可采用 1 格两个下料口。

5）烧结和高炉返矿宜分别配料。

（2）配料仓配置顺序的一般原则。

1）主要含铁原料的配料仓设在配合料带式输送机前进方向的后面。为减少物料粘胶带，最后面的应是黏性最小的原料。

2）从混匀料场以带式输送机送进的各种原料应配置在配料室的同一端以免运输设备相互干扰。

3）干燥的粉状物料及返矿，其矿仓应集中在配料室的同一侧，并位于配合料带式输送机前进方向的最前方以便集中除尘，而且矿仓上部的运输设备也不会与主原料运输设备发生干扰。

4）燃料仓不应设在配合料带式输送机前进方向的最末端，以免在转运给下一台皮带机时燃料粘在胶带上，造成燃料的流失和用量的波动。

各种原料在配料仓中的排列顺序如图 5-26 所示。

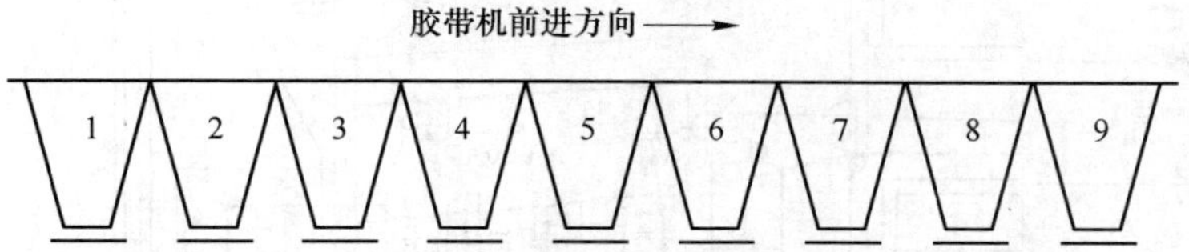

图 5-26　各种原料在配料仓的排列顺序

无热返矿时的顺序：1，2—混匀矿或粉矿；3—精矿；4—石灰石；5—蛇纹石或白云石；6—燃料；7—生石灰；8—返矿；9—杂料

有热返矿时的顺序：1，2—混匀矿或粉矿；3—精矿；4—杂料；5—燃料；6—石灰石；7—蛇纹石或白云石；8—生石灰；9—返矿

5.6　混合室的配置

混合室的配置包括混合料系统的选择、一次混合室的配置、二次混合室的配置，具体如下。

（1）混合料系统的选择。为了实现自动控制和保证烧结机作业率，应选择 1 个混合料系统与 1 台烧结机相对应的方式。

（2）一次混合室的配置。一次混合室配置时应注意的事项如下。

1）一次混合室一般应配置在±0.00 m 平面，如因总图布置的限制，也可布置在高层厂房内。

2）圆筒混合机与给料皮带机应尽量采用顺交方式配置。混合机的给料带式输送机有两种配置形式：与混合机筒体中心线呈同轴布置和呈垂直布置。同轴布置时料流畅通，漏斗不易堵。垂直布置时漏斗易堵，应尽量避免采用。

3）混合机配置在±0.00 m 平面时，排料带式输送机应尽量布置在±0.00 m 平面上，以保证操作方便并提供良好的劳动环境。排料带式输送机的受料点应尽量设计成水平配置的形式，以免漏料散料。混合机的排料与带式输送机亦有同轴和垂直两种配置形式。同轴配置将出现地下建筑物或使厂房平台增加，应尽量避免。垂直布置可与混合机同置于一层平台上，布置简单，方便操作。

4）混合机给料及排料漏斗角度一般应为 70°，必要时可在给料漏斗上设置振动器。

5）混合机给料带式输送机头部、混合机排料漏斗顶部须设置竖式风道，必要时还需设置除尘设备。

6）供润湿混合料的水在进入洒水管前必须过滤净化，以免杂物堵塞喷嘴。

7）混合室一侧的墙上应设置过梁，方便混合机筒体进出厂房，过梁位置视总图布置的条件而定，以方便设备搬运为原则。配置胶轮传动混合机的混合室，确定检修设备时应考虑能方便整体吊装胶轮组。

ϕ2800 mm×6500 mm 胶轮传动圆筒混合机的一次混合室的配置如图 5-27 所示。

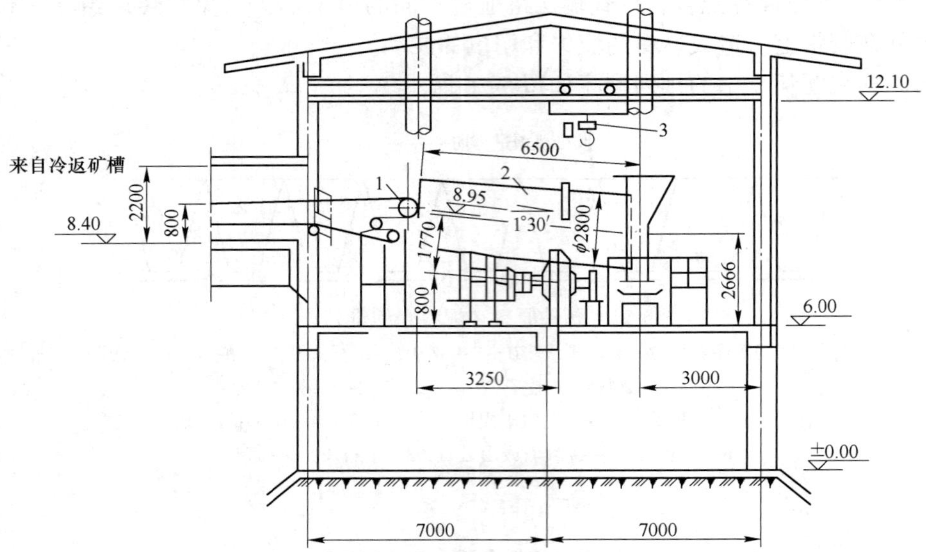

图 5-27 一次混合室配置图

1—带式输送机；2—ϕ2800 mm×6500 mm 圆筒混合机；3—SDXQ 型 3 t 手动单梁悬挂起重机

(3) 二次混合室的配置。二次混合可单独配置在主厂房外的二次混合室内，也可设在主厂房高跨的高层平台上。中、小型烧结厂如选用胶轮传动混合机，可考虑把二次混合设在主厂房内。大型烧结厂混合机采用齿轮传动，振动较大，宜单独设置二次混合室。

二次混合室配置的注意事项与一次混合室基本相同。单独设置的二次混合室配置如图 5-28 所示。

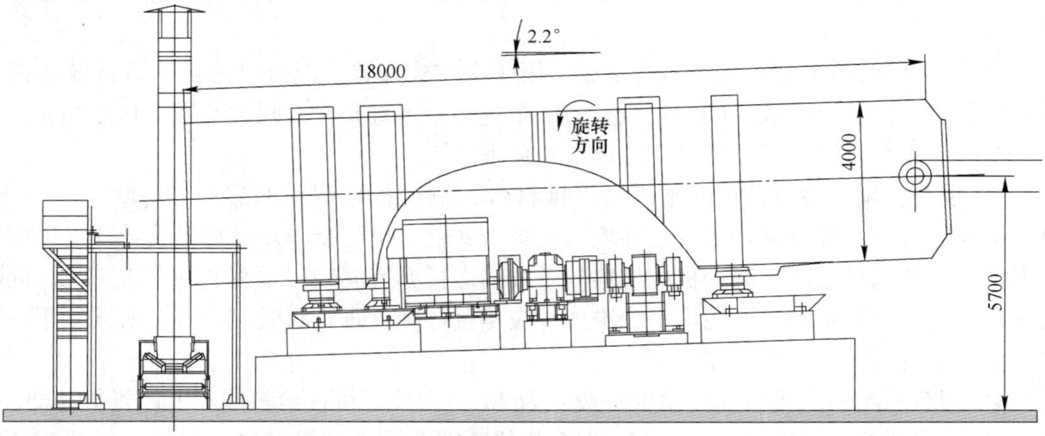

图 5-28 二次混合 ϕ4000 mm×18000 mm 圆筒混合机配置图

随着设备大型化，大型圆筒混合机一般露天配置在地面上。这种配置使设备检修比较灵活。在严寒地区，如采用这种配置应有防止物料冻结的设施。

露天配置的混合机如图 5-29 所示。

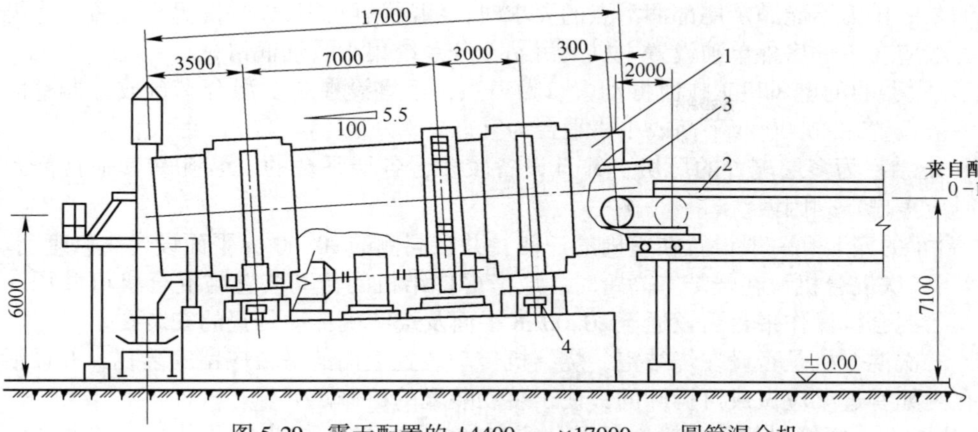

图 5-29 露天配置的 ϕ4400 mm×17000 mm 圆筒混合机

1—圆筒混合机 ϕ4400 mm×17000 mm；2—带式输送机；3—水管；4—废油油箱

5.7 烧结室的配置

烧结室设备较多，共同配置在一个厂房内，成为烧结厂主要部分，又称主厂房。主厂房设备配置复杂，往往采用多层配置。

5.7.1 烧结室配置的一般原则

（1）烧结室的厂房配置，应全面考虑工艺操作要求及满足有关专业的需要。当车间分期建设时，应考虑扩建的可能性。

（2）在一个烧结室内烧结机的台数最多不宜超过 2 台。对于大型烧结机，一般一个烧结室内只配置 1 台，以便于设备检修管理。

（3）烧结机中心距，应根据烧结机传动装置外形尺寸、冷却形式以及检修条件而定。

（4）在保证工艺合理，操作和检修都安全方便的前提下，应尽可能降低厂房标高。但是，在确定烧结机操作平台的标高时，应考虑以下因素。

1）机尾返矿仓一般需设在地面以上，避免置于地下，有条件时应将部分做成敞开式的，以改善操作环境。

2）通过机尾的双混合料带式输送机系统，两条带式输送机的中心距应比同规格的一般双胶带系统宽 1.0~1.5 m。

3）机尾热返矿用链板运输机运输时，应考虑双系统，为了便于链板的检修和改善操作环境，两条链板之间应留有足够的净空。

4）烧结机基础平面和机尾散料处理方式是影响标高的因素之一。如何处理应结合具体情况决定，这两部分散料不应作为返矿，应直接送整粒系统。

（5）计器室、润滑站及助燃风机的设置。

1）中型烧结机计器室应设在机头的操作平台上，面向机头的一侧与机头平台孔边的距离一般不小于 2.5 m，大型烧结机应在主厂房之外单独设置电气控制室，把全厂的自控和检测集中起来，以适应全厂自动化水平的要求。

2）烧结机润滑站一般应设在机头操作平台上，因润滑设备较精密，混入灰尘容易损坏。当油泵的压力不能满足尾部润滑点的要求时，润滑站可按具体情况另行配置。大型烧结机，一般应在主厂房外单独设置主机润滑站，分系统集中自动润滑。

3）点火器的助燃风机工作时振动大、噪声强，不宜设在二次混合平台或计器室的房顶上，一般设置在±0.00 m 平面或小格平台为宜。

（6）烧结室为多层配置的厂房，并且设备较多，各层平台的安装孔和其他检修条件在布置时应考虑下列因素。

1）台车的安装孔一般设置在室内的一侧，并在同侧的±0.00 m 平面设台车修理间。

2）当二次混合机设在烧结室高跨时，应考虑烧结机的传动装置与混合机可共用一个检修吊车。混合机操作平台需设通至±0.00 m 平面及烧结机传动装置的安装孔。

不论二次混合机是否设在烧结室，烧结机传动装置上面的平台应留安装孔，并设活动盖板，孔内如有过梁应做成可拆卸的，便于传动装置的检修。

3）烧结室上面给料的带式输送机平台须有吊装带式输送机头轮及其传动装置的安装孔和其他设施。

4）在烧结机操作平台的两台烧结机之间应铺设一段轨道，以备检修时堆放台车，台车检修间可设在±0.00 m 平面。

5）烧结机尾部各层平台应考虑设备吊装的可能。

6）当二次混合机设在烧结室时，因厂房较高，可设客货电梯，最高层通到二次混合给料平台。大型烧结机烧结室应设电梯。其他根据具体情况确定。

（7）劳动保护及安全设施。

1）烧结机操作平台除中部台车外，烧结机的头部和尾部均应设密封罩及排烟气罩；混合料带式输送机及二次混合机排料门，一般需设排气罩及排气管；混合料矿仓上面的进料口应设箅板，返矿运输系统应有密封排气罩。受料点应考虑除尘；除尘器和降尘管的灰尘运输设备应该密闭；除尘器的灰尘应经湿润后方能进入下一工序。

2）各层平台之间及局部操作平台应设置楼梯，其数量及位置应按具体情况合理布置；平台上一般只设过人的走道，在不靠近设备运转部分宽度应不小于 0.8 m，靠近设备运转部分应不小于 1.0 m；过道上净空高度在局部最低点应不小于 1.9 m；平台上所有安装孔应根据需要设保护栏杆和金属盖板。

3）室内地坪、平台、墙及楼梯上的灰尘，一般应考虑用水冲洗。

（8）烧结室的房盖和墙。

1）对于中、小型烧结机，在北方地区，烧结室一般需有房盖及墙（机尾局部可以不设墙）；在南方地区，一般需有房盖、半墙及雨搭；不论南北方地区，烧结机上面的房盖需设天窗，混合机操作平台靠点火器的一侧需设隔墙，以防止烧结过程产生的烟气、灰尘进入，恶化操作环境。

2）对于大型烧结机，因为烧结机较长，两边的温度差容易使烧结机跑偏。因此，从小格平台以上应考虑全墙封闭，小格平台的墙上开百叶窗，操作平台的墙上设采光玻璃窗，小格平台和操作平台墙边，从机头至机尾应设置箅条状的通风道，使这两层平台的热量以对流的方式，由下向上从烧结室顶部排出，降低环境温度，并防止烧结机因两侧空气流动引起的温差而跑偏。烧结机上面的房盖需设天窗。

5.7.2 烧结厂烧结室配置实例

烧结厂烧结室配置实例如图 5-30~图 5-33 所示。

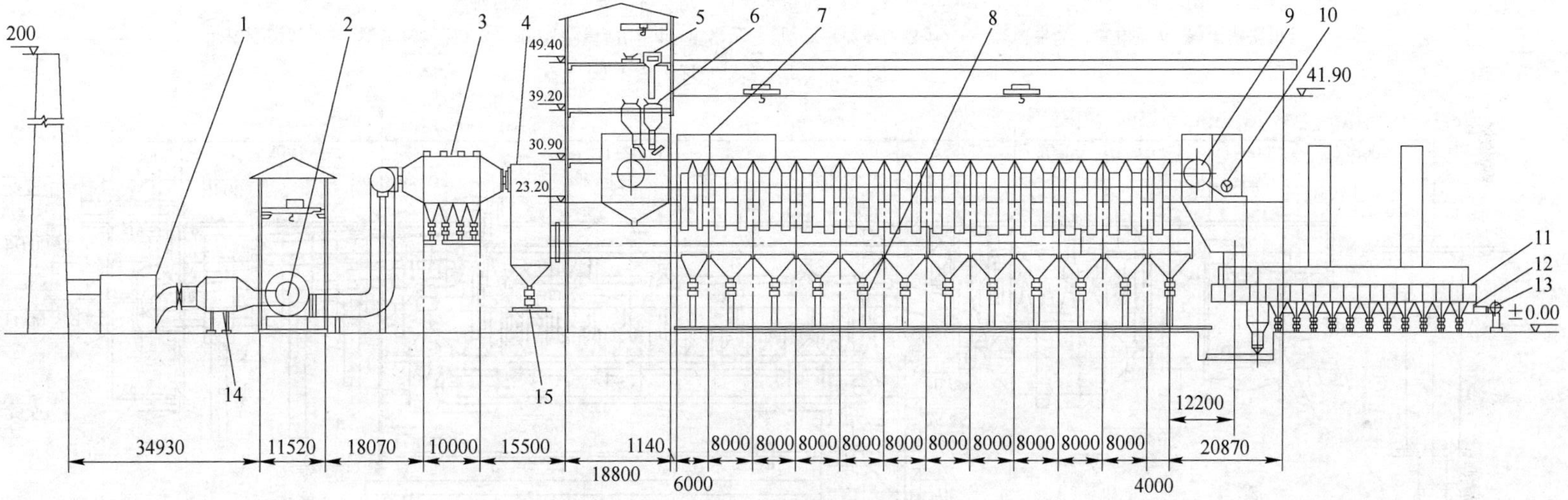

图 5-30 2×450 m^2烧结室断面图

1—脱硫脱硝设施；2—主抽风机；3—电除尘器；4—重力除尘器；5—带式输送机；6—梭式布料机；7—点火保温炉；8—双层卸灰阀；9—450 m^2 烧结机；10—单辊破碎机；11—鼓风环冷机；12,14—消声器；13—鼓风机；15—刮板输送机

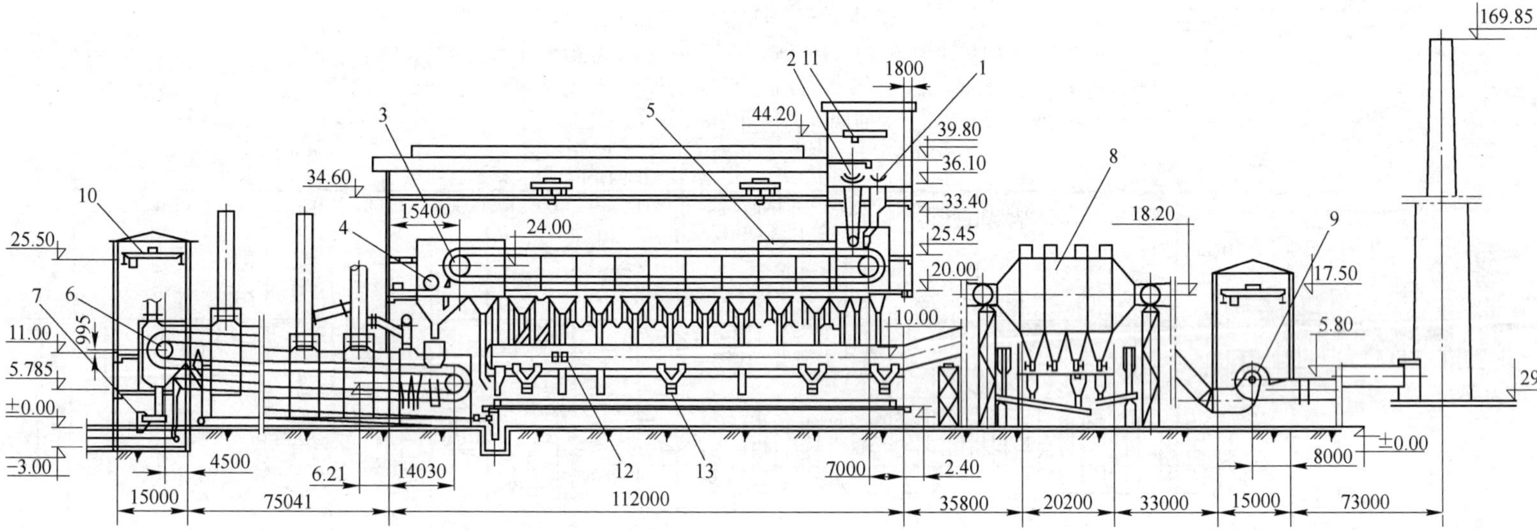

图 5-31 300 m²烧结室断面图

1—带式输送机；2—梭式布料器；3—300 m²烧结机；4—单辊破碎机；5—点火保温炉；6—鼓风带式冷却机；7—链板输送机；8—主电除尘器；9—主抽风机；10—桥式起重机；11—电葫芦；12—翻板式冷风阀；13—气动双层漏灰阀

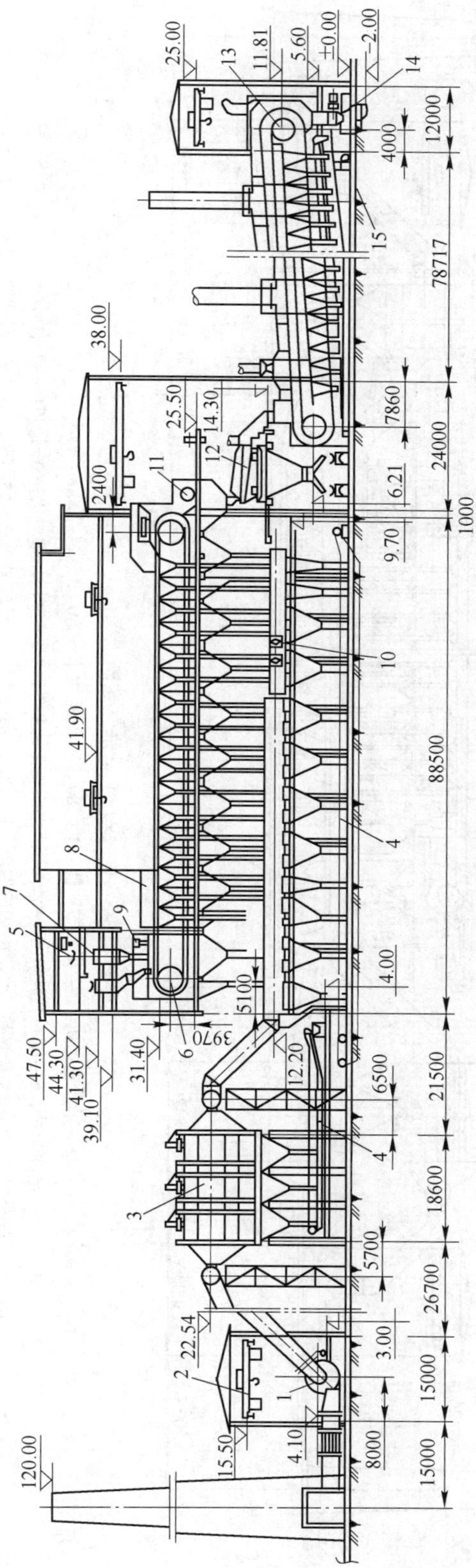

图 5-32　264 m²烧结机室断面图

1—离心抽风机；2—桥式起重机；3—机头电除尘器；4—水封拉链机；5—带式输送机；6—264 m²烧结机；

7—梭式布料器；8—点火器、保温炉；9—圆辊给料机；10—冷风吸入阀；11—单辊破碎机；12—热矿振动筛；

13—鼓风带式冷却机；14—板式给矿机；15—冷却鼓风机

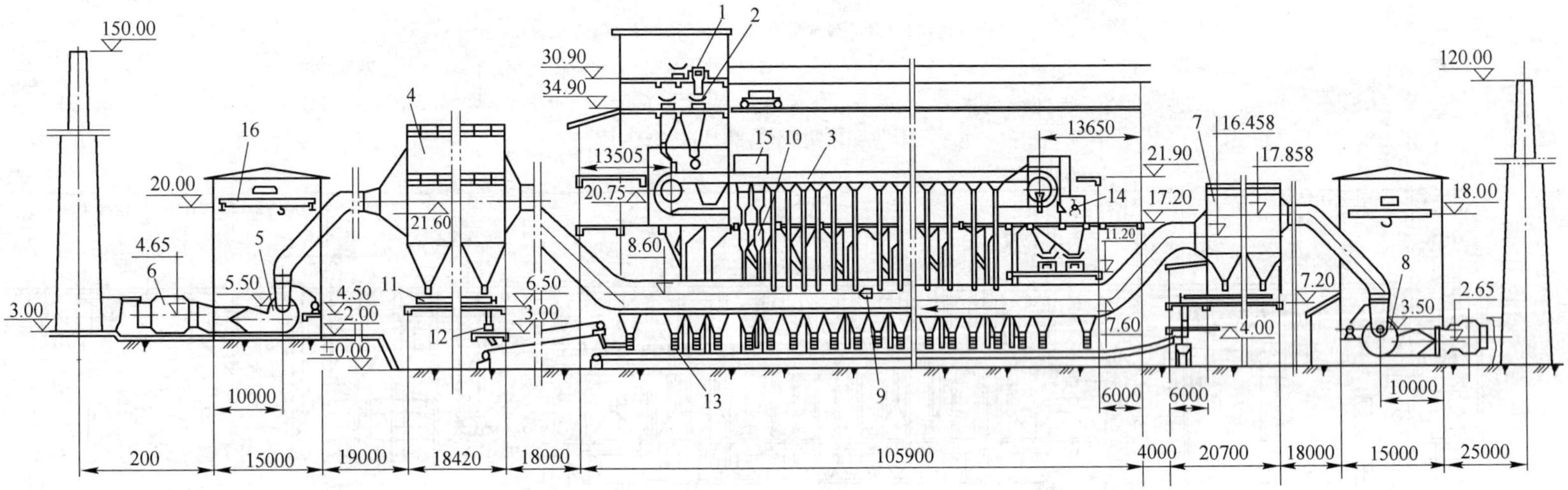

图 5-33 2×180 m²烧结室断面图

1—带式输送机；2—梭式布料器；3—180 m²烧结机（其中 90 m²烧结，90 m²冷却）；
4—电除尘器；5—离心鼓风机；6—消声器；7—多管除尘器；8—冷却段用抽风机；9—冷风吸入阀；
10—旋风除尘器；11—螺旋输送机；12—螺旋润湿机；13—双层卸灰阀；14—单辊破碎机；15—点火器；16—桥式起重机

5.8 抽风除尘系统的配置

抽风除尘系统的主要配置原则如下。

（1）机头除尘配置的一般原则。

1）机头除尘器不论是采用多管除尘器还是采用电除尘器，为获得良好的气流分布，提高除尘效率，降低阻力损失，在一般情况下应配置在烧结室（机头）的正前方。

2）为方便检修，可考虑在多管除尘器上部设电动单轨或电动单梁起重机。如果采用电除尘器，供电装置放在除尘器顶部，应该考虑设置检修起重机，对顶部的供电装置进行整体更换。

（2）抽风机室配置的一般原则。

1）抽风机室一般应配置在机头除尘器的正前方，特殊情况可放在烧结室的一侧。室内应设检修吊车及检修跨。转子的平衡工作根据附近机修车间条件确定抽风机室是否设置转子平衡台。

2）抽风机的操作室一般应考虑隔声措施。

3）不论南北方地区，抽风机室一般需有墙和房盖，并设天窗。

（3）烟道设计的一般原则。

1）烟道截面积由烟气流量和流速决定，当烟气流量较小时，其流速可取较小值。

2）烧结厂多为几条烟道共用一个烟囱，设计时不要使所有烟道的烟气合流后进入烟囱，应该使烟气分两股进入烟囱。烟道和烟囱底部应设隔墙，避免窜烟，影响烟道及烧结降尘管检修人员的安全。

3）烟道和烟囱底部须定期检查衬里磨损情况并清理积灰，因此烟道须设置检修门，平时用红砖砌筑。

4）烟道应避免向下坡，接至烟囱水平总烟道方向的上坡度一般为3%以上。

5）如两台以上烧结机共用一个烟囱时，在每个风机出口的支烟道上应设有检修时可以临时切断烟气的隔板或闸阀，以备在一台烧结机停机检修时，防止发生窜烟和由于烟囱负压使风机转子很难停下来的现象。

5.9 烧结矿处理设备配置

冷烧结矿有利于强化高炉冶炼、降低炼铁焦比、提高生铁质量，延长高炉炉顶寿命，并可以用皮带机运输和给高炉上料。这些优越性都极大地促进了烧结矿冷却技术的发展。

为了改善烧结矿的质量和烧结生产，冷却工艺也为烧结饼进行严格的整粒处理和分出铺底料创造了条件。

5.9.1 烧结矿冷却设备配置

当采用机上冷却方法时，其设备配置与烧结机布置相同，只是冷却用抽风管道与风机应单独配置。

当采用带式冷却机时，一般配置于烧结机机尾，其纵向中心线与烧结机纵向中心线重合，设备与地平有一定倾角起提升运输作用，冷却用的抽风机均配置于带冷机上方。

当采用环式冷却机时，应配置在烧结机机尾地平上。对于一室单机烧结厂，其环冷机中心线与烧结机中心线重合。而在一室两台烧结机时，两台设备的中心距一般为10～11 m，而且给料槽与烧结机中心线成6°，与环冷机水平交角为38°左右。

使用环式冷却机时在配置安装时要求注意以下问题：

（1）主动摩擦轮中心线与减速机主轴中心线同心，且中心线延长线应通过环冷机中心点。

（2）设在环冷机上的装料和卸料点应靠近烧结机机尾。

（3）冷却机内环应设用于维修的吊装设施。

（4）两台设备之间应留有余地以便于检修。

5.9.2 烧结矿整粒设备配置

整粒设备配置一般均单独配置在整粒室中。设备配置应注意以下问题。

（1）一般配置为双系列。具体有三种形式：1）每系列的能力为总能力的50%；2）一个系列生产一个系列备用；3）每系列的能力为总生产能力的70%～75%。一般大型厂采用第一种形式，中型厂采用第二或第三种形式。

（2）烧结矿筛分应采用筛分效率高、能耗低、运行可靠、使用寿命长、质量好、体积小、质量轻的设备。

（3）采用一段破碎四段筛分时，一段破碎和一段筛分配置于同一筛分室。破碎前宜采用固定条筛筛出大于50 mm的烧结矿进行破碎，破碎设备宜采用双齿辊破碎机，破碎后烧结矿与筛下产品一起送入第二筛分室进行筛分。

（4）烧结矿的筛分设备应根据工艺布置要求选择各次振动筛的筛孔尺寸和筛分效率。筛分大于18 mm粒级时，振动筛的筛分效率宜不小于80%；筛分铺底料时，振动筛的筛分效率宜不小于70%；筛分返矿时，振动筛的筛分效率应不小于90%。一次筛分的筛孔为10～12 mm时，振动筛的筛分效率应不小于90%。

（5）由于筛分室之间有一定的距离；皮带机安装倾角应小于一定角度，考虑成品烧结矿的安息角。

（6）筛分后，产生小于5 mm返矿，设备配置时应考虑返矿槽位置。

（7）每个筛分室应留有设备检修场地和单轨车梁。

（8）筛分室应设除尘设施。

（9）在筛分室配置时，应在三次筛分室设运输皮带机，分出铺底料。

整粒系统也可采用多层配置，设在一个室内。整粒系统示例分别如图5-34～图5-37所示。为减少工艺环节，提高生产效率，目前国内不少企业采用图5-37的流程进行整粒设备配置。

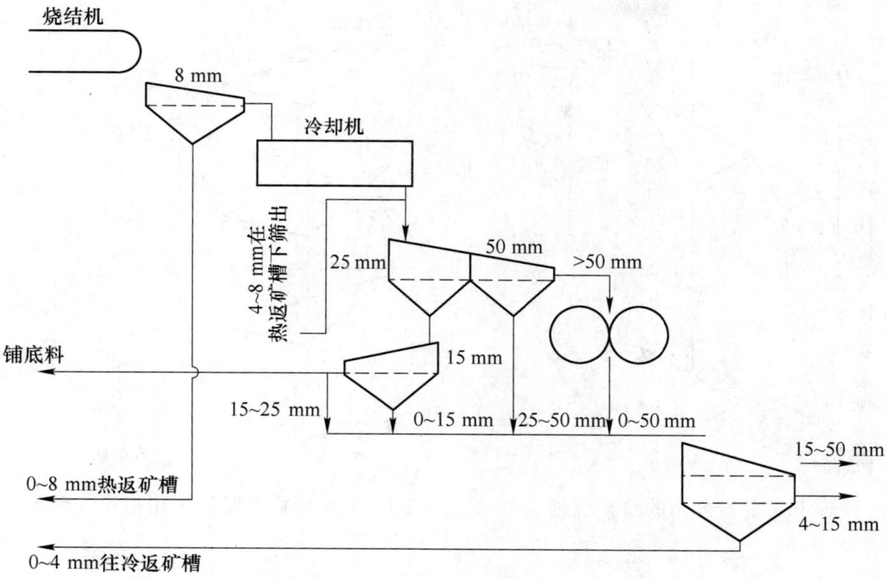

图 5-34　欧洲某厂烧结矿整粒设备示意图（一）

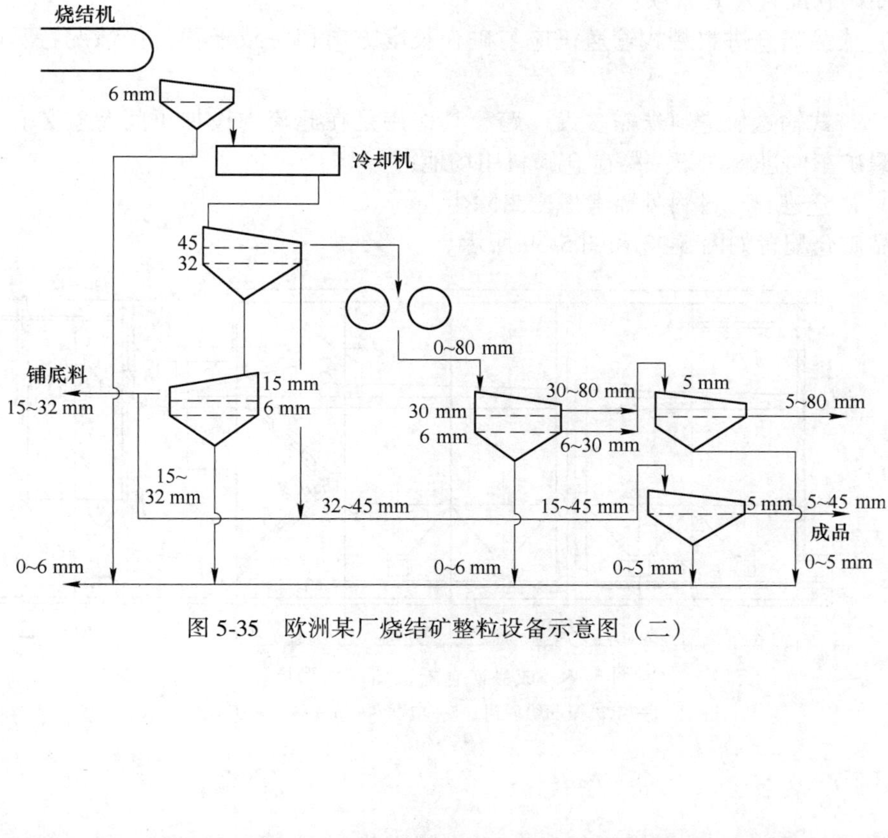

图 5-35　欧洲某厂烧结矿整粒设备示意图（二）

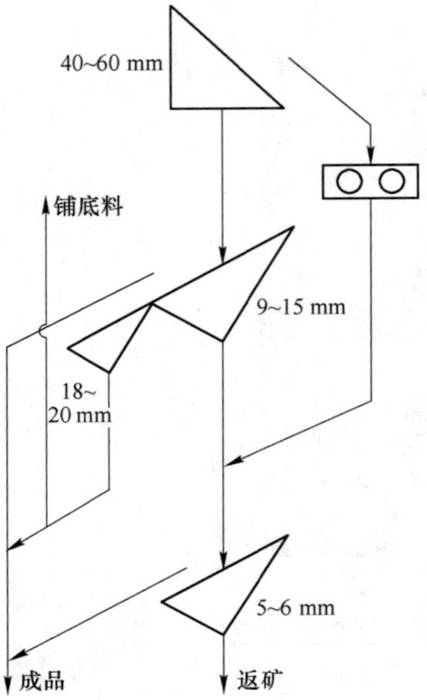

图 5-36　鲁奇公司的整粒流程

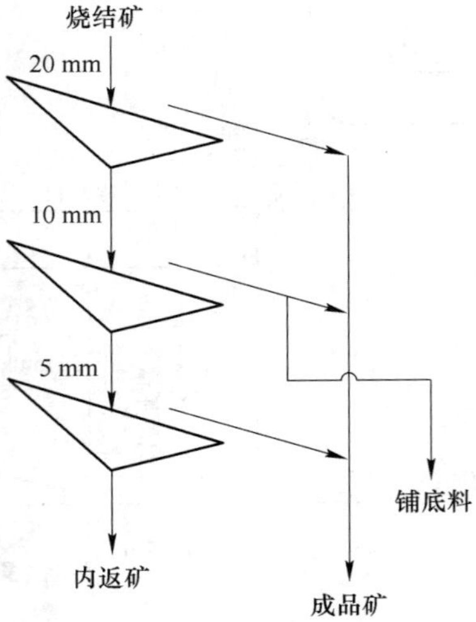

图 5-37　国内烧结厂常用整粒流程图

5.10　成品烧结矿储存设备配置

由于炼铁和烧结生产的不平衡，设备作业率的差异以及与高炉上料系统的不协调，有必要设置烧结矿成品储存设施。

成品矿仓配置注意事项：

（1）成品矿仓进料带式输送机应与矿仓长度方向相一致配置，仅情况特殊时方可垂直配置；

（2）带式输送机进料端需多设一跨，其作用是在此跨内设梯子间及安装孔，以及作为移动漏矿车向进料端第一格矿仓卸料用场地；

（3）矿仓进料、排料处需考虑密封除尘。

成品矿仓配置如图 5-38 和图 5-39 所示。

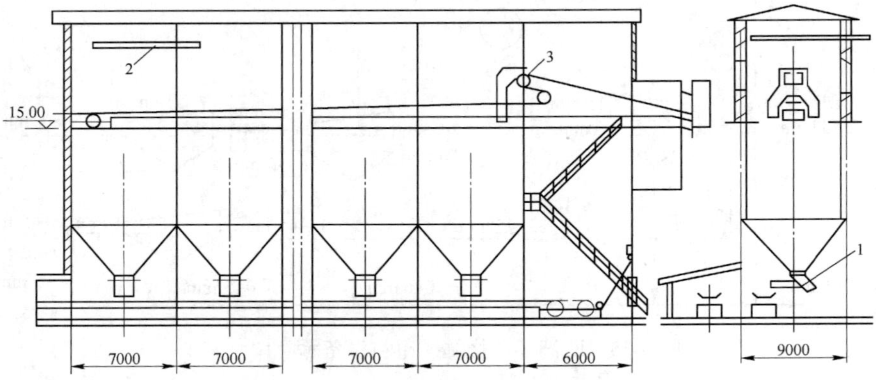

图 5-38　成品矿仓配置图（大型厂用）

1—电机振动给矿机；2—电葫芦；3—移动漏矿车

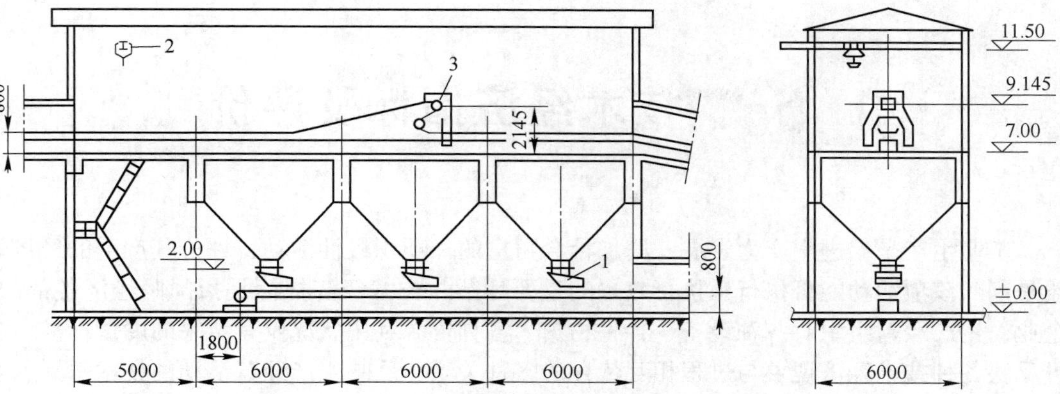

图 5-39　成品矿仓配置图（中、小型厂用）

1—电机振动给料机；2—手动单轨小车；3—移动漏矿车

复习思考题

5-1　车间配置设计规定中的线条画法、尺寸标注柱距和跨距要注意哪些？

5-2　配料室的配置特点是什么？

5-3　混合室配置应注意什么？

5-4　烧结矿冷却和整粒系统的配置特点是什么？

5-5　图纸幅面和格式要求是什么？

6 技术经济指标及评价

工业生产是促进生产力发展、增加社会财富的一项积极性活动，评价其产生的经济效益是判断该项活动能否执行和执行效果的重要环节。技术经济指标是指国民经济各部门、企业、生产经营组织对各种设备、各种物资、各种资源利用状况及其结果的度量标准。它可反映各种技术经济现象与过程相互依存的多种关系，反映生产经营活动的技术水平、管理水平和经济成果。各部门和企业都有一套与本部门、本企业的技术装备、工艺流程、所用原料、燃料动力以及产品特点相适应的技术经济指标。在设计工作中，运用各项技术经济指标进行评价，可为工程设计方案选定、工程建设投资决策提供依据。

烧结与球团生产的主要技术经济指标包括生产能力、产品质量指标和能耗指标等，各项指标反映了生产操作水平、技术装备情况，并且与能耗密切相关。本章介绍了烧结与球团企业各项技术经济指标的有关资料，为烧结与球团工程设计提供帮助。

6.1 烧结厂主要技术经济指标

烧结厂主要技术经济指标及计算方法如下。

（1）利用系数。在烧结机单位面积上单位时间内生产成品矿的质量称烧结机利用系数，单位为 $t/(m^2 \cdot h)$。它用台时产量与烧结机有效抽风面积的比值表示：

$$利用系数 = q/F \tag{6-1}$$

式中 q——台时产量，t/h；

F——有效抽风面积，m^2。

利用系数是衡量烧结机生产效率的指标，它与烧结机有效面积的大小无关。

（2）烧结机台时产量。台时产量是指每台烧结机每小时的成品烧结矿产量。这个指标体现烧结机生产能力的大小，它与烧结机有效面积的大小无关。

$$q = Q/t \tag{6-2}$$

式中 Q——一台烧结机生产总量，t；

t——烧结机实际运行时间，h。

烧结机台时产量还可由式（6-3）进行计算：

$$q = 60kpvBL = 60kpBhV \tag{6-3}$$

式中 k——烧结矿成品率，%；

p——烧结料体积密度，t/m^3；

v——垂直烧结速度，m/min；

B——烧结机宽度，m；

L——烧结机长度，m；

h——烧结机料层高度，m；

V——烧结机台车移动速度，m/min。

（3）烧结机作业率。作业率是设备工作状况的一种表示方法，以运转时间占设备日历时间的百分数表示：

$$\text{设备作业率} = \frac{\text{运转台时}}{\text{日历台时}} \times 100\% \tag{6-4}$$

日历台时是个常数，每台烧结机 1 d 的日历台时即为 24 台时。它与台数、时间有关。

$$\text{日历台时} = \text{台数} \times 24 \times \text{天数} \tag{6-5}$$

事故率。事故率是指内部事故时间与运转时间的比值，以百分数表示：

$$\text{事故率} = \frac{\text{事故台时}}{\text{运转台时}} \times 100\% \tag{6-6}$$

设备完好率。设备完好率是衡量设备良好状况的指标。按照完好设备的标准，进行定期检查。设备完好率是全厂完好设备的台数与设备总台数的比值，用百分数表示：

$$\text{设备完好率} = \frac{\text{完好设备台数}}{\text{设备总台数}} \times 100\% \tag{6-7}$$

（4）成品率。烧结矿成品率是指成品烧结矿量占烧结混合料总消耗量的百分数，即：

$$\text{成品率} = \frac{\text{成品烧结矿量}}{\text{烧结混合料总消耗量}} \times 100\% \tag{6-8}$$

（5）烧成率。烧成率是指烧结混合料经烧损后得到的成矿量占混合料总消耗量的百分数，即：

$$\text{烧成率} = \frac{\text{成品矿量} + \text{返矿量}}{\text{混合料总消耗量}} \times 100\% \tag{6-9}$$

（6）返矿率。返矿率是指烧结矿经破碎筛分后得到的筛下返矿量占烧结混合料总消耗量的百分数，即：

$$\text{返矿率} = \frac{\text{返矿量}}{\text{混合料总消耗量}} \times 100\% \tag{6-10}$$

（7）质量合格率。烧结矿的化学成分和物理性能符合标准《铁烧结矿》（YB/T 421—2014）要求的为烧结矿合格品，不符合的烧结矿为出格品。

根据上述标准的规定，实际生产检验过程及工艺试验中出现的一部分未检验品和试验品，不参加质量合格率的计算。因此：

$$\text{质量合格率} = \frac{\text{总产量未验品量} - \text{试验品量} - \text{出格品量}}{\text{总产量} - \text{未验品量} - \text{试验品量}} \times 100\% \tag{6-11}$$

质量合格率是衡量烧结矿质量好坏的综合指标。

烧结矿合格品、一级品或出格品的判定根据其物理化学性能的检验结果而定，主要包括烧结矿全铁（TFe）、氧化亚铁（FeO）、硫（S）含量，碱度（CaO/SiO_2），转鼓指数（不小于 6.3 mm），以及粉末（小于 5 mm）等，有的厂还包括氧化镁（MgO）、氟（F）、磷（P）等。

$$\text{一级品率} = \frac{\text{一级品量}}{\text{合格品量}} \times 100\%$$

$$\text{转鼓指数} = \frac{\text{检测粒度(不小于 6.3 mm) 的质量}}{\text{试样质量}} \times 100\%$$

$$烧结矿筛分指数 = \frac{筛分后粒度(不大于5\ mm)的质量}{试样质量} \times 100\%$$

（8）烧结矿的原料、燃料、材料消耗定额。生产 1 t 烧结矿所消耗的原料、燃料、动力、材料等的数量叫消耗定额，包括含铁原料、熔剂料、燃料、煤气、重油、水、电、炉箅条、胶带、破碎机锤头、润滑油、蒸汽等。

（9）生产成本与加工费。生产成本是指生产 1 t 烧结矿所需的费用，由原料费及加工费两部分构成。

加工费是指生产 1 t 烧结矿所需的加工费用（不包括原料费）。它包括辅助材料费（如燃料、润滑油、胶带、炉箅条、水、动力费等）、工人工资、车间经费（包括设备折旧费、维修费等）。

（10）劳动生产率。劳动生产率是指每人每年生产烧结矿的吨数。这个指标反映工厂的管理水平和生产技术水平，它又称全员劳动生产率（全员包括工人和干部）。另外，还有工人劳动生产率，即每个工人每年生产的烧结矿吨数。

（11）烧结工序能耗。生产单位烧结矿消耗的固体燃料、点火用气体或液体燃料、电力、水、蒸汽、压缩空气和氧气等总和为吨烧结矿的能耗。我国将生产 1 t 烧结矿所消耗的上述总能量折算为标准煤，称为烧结工序能耗。烧结工序能耗是衡量烧结生产能耗高低的一项重要技术经济指标。

$$烧结工序能耗(标煤) = \frac{烧结车间总能耗量(净)}{车间烧结矿总量} \tag{6-12}$$

$$烧结车间总能耗量 = 车间各种能源消耗量 - 二次能源回收量 \tag{6-13}$$

（12）电能消耗指标。单位烧结矿的电能消耗有两种表示方法。

1）烧结厂总电耗与成品烧结矿总量之比。

2）抽风机所耗电能与成品烧结矿总量之比。在分析风量、烧结矿产量以及电耗之间的关系时用此法。

无论以哪种形式表示电能，均采用如下公式：

$$U = \frac{W}{Q} \tag{6-14}$$

式中 U——单位烧结矿的电能消耗，kW · h/t；

W——烧结厂总电耗（或抽风机电耗），kW · h；

Q——烧结机生产成品矿总量，t。

2023 年部分烧结厂生产能力指标见表 6-1。

表 6-1 2023 年部分烧结厂生产能力指标

项目	宝钢烧结厂	武钢烧结厂	首钢京唐烧结厂	鞍钢炼铁总厂	宝武马钢	湘钢炼铁厂	柳钢烧结厂	本钢炼铁厂	攀钢炼铁厂
利用系数 /t · (m² · h)⁻¹	1.30	1.31	1.21	1.46	1.31	1.61	1.35	1.30	1.27
作业率/%	94.66	97.38	91.99	95.75	93.26	98.31	96.00	94.02	83.46
料层厚度/mm	1013	747	926	765	910	1011	838	744	743

2023 年部分烧结厂的能耗见表 6-2。

表 6-2 2023 年部分烧结厂的能耗

项目	宝钢烧结厂	武钢烧结厂	首钢京唐烧结厂	鞍钢炼铁总厂	宝武马钢	湘钢炼铁厂	柳钢烧结厂	本钢炼铁厂	酒钢烧结厂
工序能耗(标煤)/kg·t^{-1}	42.30	57.44	36.99	48.82	47.88	37.30	40.30	46.32	46.13
固体燃耗/kg·t^{-1}	46.23	58.61	38.84	53.00	45.47	40.79	46.59	48.93	51.41
点火煤气消耗/MJ·t^{-1}	39.96	61.38	36.00	65.00	52.30	47.90	47.74	76.00	100.03
主线生产电耗/kW·h·t^{-1}	51.43	50.61	35.40	50.51	27.10	39.12	26.11	42.80	42.25

我国铁烧结矿的技术指标（YB/T 421—2014）见表 6-3，2023 年部分烧结厂烧结矿质量指标见表 6-4。

表 6-3 铁烧结矿的技术指标

优质铁烧结矿的技术指标

项目名称	化学成分（质量分数）/%				物理性能			冶金性能	
	TFe	FeO	CaO/SiO_2	S	转鼓指数（+6.3 mm）/%	筛分指数（−5 mm）/%	抗磨指数（−0.5 mm）/%	低温还原粉化指数 *RDI*（+3.15 mm）/%	还原度指数 *RI*/%
允许波动范围	±0.40	±0.50	±0.05	—	—	—	—	—	—
指标	≥56.00	≤9.00	—	≤0.03	≥78.00	≤6.00	≤6.50	≥68.00	≥70.00

普通铁烧结矿的技术指标（碱度为 1.50~2.50）

项目名称	化学成分（质量分数）/%				物理性能			冶金性能	
	TFe	CaO/SiO_2	FeO	S	转鼓指数（+6.3 mm）/%	筛分指数（−5 mm）/%	抗磨指数（−0.5 mm）/%	低温还原粉化指数 *RDI*（+3.15 mm）/%	还原度指数 *RI*/%
	允许波动范围		不大于						
一级	±0.50	±0.08	10.00	0.060	≥74.00	≤6.50	≤6.50	≥65.00	≥68.00
二级	±1.00	±0.12	11.00	0.080	≥71.00	≤8.50	≤7.50	≥60.00	≥65.00

注：1. TFe 和 CaO/SiO_2（碱度）基数由各生产企业自定；
2. 冶金性能指标暂不考核，但各生产厂家应进行检测并报出数据。

表 6-4 2023 年部分烧结厂烧结矿质量指标实例

项目		宝钢烧结厂	武钢烧结厂	首钢京唐烧结厂	鞍钢炼铁总厂	安钢烧结厂	湘钢炼铁厂	柳钢烧结厂	本钢炼铁厂	酒钢烧结厂
化学成分(质量分数)/%	TFe	56.82	56.71	54.50	55.66	56.33	57.15	55.77	55.34	48.35
	FeO	8.92	8.09	8.88	8.68	8.87	7.55	9.14	9.94	8.89
	SiO_2	5.42	5.90	5.80	5.66	5.19	4.93	5.36	5.73	8.66
转鼓指数/%		81.67	79.39	82.34	80.48	81.08	79.62	76.30	81.64	84.94
成品率/%		80.96	80.49	78.38	—	88.84	—	—	87.61	83.00

6.2 球团厂主要技术经济指标

球团厂主要技术经济指标及其计算方法如下。

(1) 利用系数。单位面积或单位体积 1 h 的生产量称为利用系数，它用台时产量与有效设备面积或体积的比值表示：

$$利用系数=\frac{台时产量(t/(台\cdot h))}{有效面积(m^2)} \tag{6-15}$$

或

$$利用系数=\frac{台时产量(t/(台\cdot h))}{有效体积(m^3)} \tag{6-16}$$

式 (6-15) 用作带式焙烧机、链箅机、竖炉的利用系数计算。

式 (6-16) 用作回转窑的利用系数计算。

(2) 作业率。作业率是设备工作状况的一种表示方法，它以运转时间占设备的日历时间的百分数来表示：

$$设备作业率=\frac{运转时间}{日历台时}\times 100\% \tag{6-17}$$

日历台时是个常数，它与台数、时间有关。即

$$日历台时=台数\times 天数\times 24$$

(3) 质量合格率。质量合格率是衡量产品质量好坏的综合指标，凡符合规定的质量标准的为合格品，反之，为出格品。

$$质量合格率=\frac{总产量合格品量}{总产量}\times 100\% \tag{6-18}$$

(4) 消耗定额。生产 1 t 球团矿所需要的原料、燃料、动力、材料等的数量称为消耗定额。包括含铁原料、膨润土等黏结剂、熔剂、燃料、煤气、重油、水、电、炉箅条、胶带、润滑油、蒸汽等。

(5) 生产成本及加工费。生产成本是指生产 1 t 成品球团矿所需要的费用，它由原料费用及加工费用两部分组成。

加工费是生产 1 t 成品球团矿所需要的辅助材料费（如膨润土、燃料、润滑油、胶带、箅条、水及动力费等)、工人工资、车间经费（包括设备折旧费、维修费等)。

(6) 劳动生产率。劳动生产率是指全厂工人每人每年生产产品的吨数，它反映了工厂的管理水平和技术水平。

$$劳动生产率=\frac{年产品吨数}{全厂工人数}(t/(人\cdot a)) \tag{6-19}$$

2023 年部分球团厂生产能力指标见表 6-5。

表 6-5 2023 年部分球团厂生产能力指标

厂　名	利用系数 竖、带/t·(m²·h)⁻¹；回/t·(m²·d)⁻¹	作业率/%	合格率/%
京唐钢铁公司（带焙机）	1.07	96.7	99.89
南京钢铁（带焙机）	1	91.92	100
宝钢湛江（回转窑）	8.45	87.57	94.81
鞍钢弓长岭（回转窑）	1.36	75.27	100
攀钢白马球团厂（回转窑）	7.88	90.54	99
程潮铁矿（回转窑）	7.1	85.71	—
湘潭球团公司（竖炉）	8.98	73.13	—
酒钢宏兴（竖炉）	7.79	80.04	98.86

2023 年部分球团厂的原料、燃料和动力消耗指标实例见表 6-6。

表 6-6 2023 年部分球团厂的原料、燃料和动力消耗指标实例

厂　名	精矿粉用量 /kg·t⁻¹	膨润土用量 /kg·t⁻¹	工序能耗 (标煤)/kg·t⁻¹	煤气消耗 /MJ·t⁻¹	电耗 /kW·h·t⁻¹	固体燃耗 /kg·t⁻¹
京唐钢铁公司（带焙机）	934.93	13.17	14.68	371.59	21.94	—
鞍钢球团厂（带焙机）	982	18	20.24	449	35.31	—
宝钢湛江（回转窑）	984.77	9.82	30.47	301.46	39.57	16.51
攀钢白马球团厂（回转窑）	1015.83	19.43	27.87	—	41.27	21.51
程潮铁矿（回转窑）	984.6	11.11	29.46	—	46.89	28.33
柳钢（回转窑）	986.91	12.26	19.15	457.26	32.65	—
湘潭球团公司（竖炉）	963.29	13.93	13.64	288	31.09	—
酒钢（竖炉）	1009.93	21.18	24.31	50.43	51.04	—

我国球团矿的技术指标《高炉用酸性铁球团矿》（GB/T 27692—2024）见表 6-7，2023 年部分球团厂球团矿质量指标见表 6-8，国外部分氧化球团各类指标见表 6-9～表 6-12。

表 6-7 铁球团矿化学成分、冶金性能技术指标

项目名称	品级	化学成分（质量分数）/%				物理性能					冶金性能		
		TFe	SiO_2	S	P	抗压强度 /N·个⁻¹	转鼓指数 (+6.3 mm)/%	抗磨指数 (−0.5 mm)/%	筛分指数 (−5 mm) /%	粒度 (8～16 mm)/%	还原膨胀指数 *RSI* /%	还原度指数 *RI*/%	低温还原粉化指数 *RDI*(+3.15 mm)/%
指标	一级品	≥65.00	≤3.50	≤0.02	≤0.03	≥2500	≥92.00	≤5.00	≤3.00	≥95.00	≤15.00	≥75.00	≥75.00
	二级品	≥62.00	≤5.50	≤0.06	≤0.06	≥2300	≥90.00	≤6.00	≤4.00	≥90.00	≤20.00	≥70.00	≥70.00
	三级品	≥60.00	≤7.00	≤0.10	≤0.10	≥2000	≥86.00	≤8.00	≤5.00	≥85.00	≤22.00	≥65.00	≥65.00

注：抗磨指数、冶金性能指标应报出检验数据，暂不作考核指标，其检验周期由各厂自定。

表 6-8 2023 年部分球团厂球团矿质量指标

厂　　名	w(TFe)/%	抗压强度/N·个$^{-1}$	ISO 转鼓指数/%	筛分指数（-5 mm）/%
鞍钢球团厂（带焙机）	63.92	3297	93.41	3.2
京唐钢铁公司（带焙机）	65.44	3165.69	96.37	0.18
攀钢钢城球团厂（回转窑）	53.42	2087	94.7	1.34
山钢日照（回转窑）	62.99	3798	97.02	0.69
程潮铁矿（回转窑）	63.84	2631.81	—	1.11
柳钢（回转窑）	64.2	2313.09	95.61	1.32
湘潭球团公司（竖炉）	63.31	2578	92.89	0.62
酒钢（竖炉）	59.89	2713	91.55	10.41

表 6-9 国外部分氧化球团矿化学成分（质量分数） （%）

成　分	w(TFe)	w(FeO)	w(SiO_2)	w(CaO)	w(Al_2O_3)
澳大利亚球团	63.66	0.80	5.28	0.85	2.75
巴西球团	65.95	0.30	2.47	1.82	0.61
印度球团	65.61	0.54	4.14	1.15	0.56
秘鲁球团	65.33	0.45	4.60	0.61	0.51
瑞典 KLAB 球团	66.95	0.76	2.18	0.20	0.25
加拿大 QCM 球团	65.75	0.27	5.40	0.39	0.46
加拿大 DC 球团	64.70	0.36	5.36	1.03	0.41

表 6-10 国外部分氧化球团矿机械强度和还原性能 （N/个）

种　　类	单球抗压强度（常温）			抗压强度（还原后）
	最大	最小	平均	
澳大利亚球团	3900	784	2420.8	218.5
巴西球团	—	—	2373	423.0
印度球团	4047.4	705.6	2619.5	308.7
秘鲁球团	3381.0	1078.0	2278.5	385.0
瑞典 KLAB 球团	4217.0	1353.4	2509.0	449.5
加拿大 QCM 球团	3969.0	1078.0	2479.0	402.9
加拿大 DC 球团	3332.0	1107.4	2309.0	267.6

表 6-11 国外部分氧化球团矿冶金性能

种　　类	低温还原粉指数（*RDI*）/%	还原度指数（*RI*）/%	软件开始温度(T_A)/℃	软化结束温度(T_S)/℃	滴落温度(T_M)/℃	软化温度区间（ΔT_{BA}）/℃	熔化温度区间（ΔT_{ml}）/℃
澳大利亚球团	40.1	63.5	1070	1326	1439	256	113
巴西球团	16.7	70.5	1157	1366	1455	209	89
秘鲁球团	18.7	66.2	1112	1384	1488	272	104

续表 6-11

种　类	低温还原粉指数（*RDI*）/%	还原度指数（*RI*）/%	软件开始温度(T_A)/℃	软化结束温度(T_S)/℃	滴落温度(T_M)/℃	软化温度区间（ΔT_{BA}）/℃	熔化温度区间（ΔT_{ml}）/℃
印度球团	12.3	71.2	1101	1320	1470	219	150
瑞典 KLAB 球团	10.4	72.9	1166	1370	1470	204	100
加拿大 QCM 球团	10.5	65.4	1133	1358	1492	228	134
加拿大 DC 球团	8.6	67.2	1135	1377	1483	242	106

表 6-12　国外球团厂技术指标情况

设备	利用系数 $/t \cdot (m^2 \cdot h)^{-1}$	作业率 /%	能　耗	
			煤气/$MJ \cdot t^{-1}$	电/$kW \cdot h \cdot t^{-1}$
竖炉	4~5	98	530	23.5
带式机	1.2	90	336~1220①	23~35
链算机-回转窑	2.7/0.4②	90	610~1018①	20~22

①与矿石种类有关；②2.7 为链算机的利用指数，0.4 为回转窑的利用指数。

复习思考题

6-1　某厂某月烧结矿总产量为 20.8 万吨，碱度合格率为 87.5%，未验率为 5%，求不合格量是多少。

6-2　某厂 180 m^2的烧结机，5 月产量为 20.5 万吨，日历作业率为 95%，求利用系数。

6-3　某厂某月生产烧结矿 19 万吨，消耗无烟煤 1.16 万吨，焦粉 1730 t，高炉煤气 209 万米^3，焦炉煤气 76 万米^3，电 380 万 kW · h，蒸汽 1500 t，试计算烧结矿工序能耗（折算系数：煤 0.783，焦粉 0.89，高炉煤气 0.1286 kg/m^3，焦炉煤气 0.5714 kg/m^3，蒸汽 0.129 t/t，电 0.404 kg/(kW · h)）。

参考文献

[1] 中国冶金建设协会．GB/T 50491—2018 铁矿球团工程设计标准［S］．北京：中国计划出版社，2018.
[2] 中国冶金建设协会．GB 50408—2015 烧结厂设计规范［S］．北京：中国计划出版社，2015.
[3] 中国冶金建设协会．GB 50427—2015 高炉炼铁工艺设计规范［S］．北京：中国计划出版社，2015.
[4] 中国钢铁工业协会．GB/T 34473—2017 烧结机热平衡测试与计算方法［S］．北京：中国标注出版社，2017.
[5] 储满生，王茗，玉唐珏，等．基于大数据的智能化烧结技术研究进展［J］．钢铁，2023，58（9）：26-38.
[6] 王涛，谢春帅．烧结烟气循环技术研究进展与展望［J］．冶金能源，2020，39（2）：55-59.
[7] 王艺帆，张淑会，么洪勇，等．降低烧结返矿率的技术现状及展望［J］．烧结球团，2023，48（5）：16-23.
[8] 丁成义，常仁德，薛生，等．铁矿粉烧结原料智能制备研究进展［J］．钢铁，2024，59（3）：46-57.
[9] 唐珏，王茗玉，储满生，等．国内外烧结优化配矿研究进展［J］．钢铁，2024，59（9）：102-113.
[10] 李国玮，夏雷阁，青格勒，等．京唐带式焙烧机原料方案及热工制度研究［J］．烧结球团，2011，36（2）：20-24.
[11] 刘宝先，任大鹏．链篦机物料平衡及热平衡计算［J］．现代冶金，2009，37（6）：62-64.
[12] 张一敏．球团矿生产技术［M］．北京：冶金工业出版社，2005.
[13] 范晓慧，黄晓贤，陈许玲，等．烧结过程智能控制研究进展［J］．烧结球团，2023，48（6）：1-9，21.
[14] 林文龙，张玉柱，刘超，等．烧结烟气污染物治理工艺研究进展［J］．环境工程，2023，41（6）：248-258.
[15] 冶金工业部长沙黑色冶金矿山设计研究院．烧结设计手册［M］．北京：冶金工业出版社，2008.
[16] 王悦祥．烧结矿与球团矿生产［M］．北京：冶金工业出版社，2006.
[17] 冯二莲，李楠，姜涛．现代烧结生产实用技术［M］．北京：化学工业出版社，2022.
[18] 侯向东，薛方．烧结球团生产操作与控制［M］．2 版．北京：冶金工业出版社，2024.
[19] 陈铁军．现代烧结造块理论与工艺［M］．北京：冶金工业出版社，2018.
[20] 肖扬，翁得明．烧结生产技术［M］．北京：冶金工业出版社，2013.
[21] 许满兴，何国强，张天启，等．铁矿石烧结生产实用技术［M］．北京：冶金工业出版社，2019.
[22] 全国烧结球团信息网．2023 年度全国烧结球团厂技术经济指标汇编［N］．2024.